U0177403

THE NEW CRAFT OF THE COCKTAIL

调酒的细节

真正掌握调制鸡尾酒技艺的精髓

〔美〕戴尔·德格罗夫◎著　晏夕◎译　摸灯醉叔叔团队◎审订

北京科学技术出版社

Copyright © 2014 by Dale DeGroff

This translation published by arrangement with Clarkson Potter/Publishers,an imprint of Random House, a division of Penguin Random House LLC

Simplified Chinese translation copyright © 2023 by Beijing Science and Technology Publishing Co., Ltd.

著作权合同登记号　图字：01-2022-1732

图书在版编目（CIP）数据

调酒的细节 / (美) 戴尔·德格罗夫著；晏夕译 . — 北京：北京科学技术出版社，2023.8（2024.8重印）
书名原文：THE NEW CRAFT OF THE COCKTAIL
ISBN 978-7-5714-2993-5

Ⅰ . ①调… Ⅱ . ①戴… ②晏… Ⅲ . ①鸡尾酒—基本知识 Ⅳ . ① TS972.19

中国版本图书馆 CIP 数据核字 (2023) 第 062396 号

策划编辑：	廖　艳
责任编辑：	廖　艳
责任校对：	贾　荣
责任印制：	李　茗
图文制作：	天露霖文化
出 版 人：	曾庆宇
出版发行：	北京科学技术出版社
社　　址：	北京西直门南大街 16 号
邮政编码：	100035
电　　话：	0086-10-66135495（总编室）　0086-10-66113227（发行部）
网　　址：	www.bkydw.cn
印　　刷：	北京捷迅佳彩印刷有限公司
开　　本：	720 mm × 1000 mm　1/16
字　　数：	449 千字
印　　张：	16.25
版　　次：	2023 年 8 月第 1 版
印　　次：	2024 年 8 月第 3 次印刷

ISBN 978-7-5714-2993-5

定　价：239.00 元

我爱上了纽约的酒吧，因为它们向我展现了无拘无束、混乱无序和令人惊奇的生活方式。那些常客、不速之客和孤独的酒徒在酒吧里有条不紊地走向一天的终点，并自发地庆祝新一天的开始。我在酒吧里度过了一天又一天，与许许多多有故事的人相遇。他们的故事就像鸡尾酒，有的酸，有的甜，有的浓，有的淡，总能让我不断回味。我把这本书献给所有的朋友和陌生人，感谢他们花时间给我讲了这些令我终生难忘的好故事。

修订版要特别献给已故的加里·里根（外号"加斯"，Gary "Gaz" Regan），他教导很多调酒师每次只专心招待一位顾客，这样可以使这个世界变得更美好。

此外，还要献给在禁酒令废止后推动行业复兴，并为新千年的鸡尾酒技术革命奠定基础、具有开拓精神的调酒师们。以下是这些著名调酒师中的一小部分。

康斯坦特·里巴莱古阿·韦尔特（Constante Ribalaigua Vert），他是古巴哈瓦那埃尔·弗罗里迪塔（El Floridita）酒吧的老板。从1918年到1952年他去世的这30多年间，即使在禁酒时期他依然招待旅居哈瓦那的游客。在漫长的职业生涯中，他将调酒技艺提升到了卓越的水平。

海伦·戴维（Helen David），她是一位具有创新精神的调酒师和酒吧老板，于1937年在美国密歇根州休伦港开了布拉斯·雷尔（Brass Rail）酒吧并经营了69年，直到2006年去世。

哈里·麦克尔霍恩（Harry MacElhone），从1923年至1958年去世，他一直在巴黎经营哈里的纽约酒吧（Harry's New York Bar），著有《哈里的鸡尾酒入门知识》（Harry's ABC of Mixing Cocktails，1921年）和《酒吧常客和鸡尾酒》（Barflies and Cocktails，1927年）。

费迪南德·珀蒂奥（外号"皮特"，Ferdinand "Pete" Petiot），曾在巴黎哈里的纽约酒吧师从哈里·麦克尔霍恩，之后的30年在纽约富有传奇色彩的瑞吉酒店国王科尔酒吧（King Cole Bar）担任调酒师。珀蒂奥被认为是使血腥玛丽和红鲷鱼广受欢迎的人。

哈里·克拉多克（Harry Craddock），一位在美国受训的英国调酒师，编撰了经典著作《萨伏伊鸡尾酒书》（The Savoy Cocktail，1930年），并于1934年与其他人一起创立了英国调酒师协会（United Kingdom Bartenders Guild）。

威廉·J.塔林（外号"比尔"，W. J. "Bill" Tarling），国际调酒师协会（International Bartenders Association，IBA）首任主席，著有《皇家咖啡馆鸡尾酒手册》（The Café Royal Cocktail Book，1937年）。

欧内斯特·雷蒙德·博蒙特·甘特（Ernest Raymond Beaumont Gantt），曾先后以"沙滩流浪者"和"唐沙滩"为名，经营了一家名为"沙滩流浪者"（Don the Beachcomber）的餐厅。他在禁酒令颁布之后发明了一种新的调酒方式——以朗姆酒为主营造出梦幻般的波利尼西亚风味。

维克托·贝热龙（Victor Bergeron），美国加利福尼亚州奥克兰市一家酒吧的老板，受"沙滩流浪者"独特的朗姆酒调酒法的启发，创立了全球品牌"商人维克"（Trader Vic）。

弗雷德·艾尔顿（Fred Ireton），长滩游艇俱乐部（Long Beach Yacht Club）调酒师，美国调酒师协会（United States Bartenders' Guild）第一分会的创办者。

瓦伦丁·格斯亚特（Valentine Goesaert），一家酒吧的女调酒师和老板，1948年，她在最高法院关于废除美国密歇根州禁止女性拥有酒吧和在酒吧工作的法律的诉讼中败诉。幸运的是，她坚持游说立法机构，最终立法机构废除了这项法律。

乔伊·珀赖因（Joy Perrine），一位在美国肯塔基州路易维尔从业40年的调酒师，也是《肯塔基波本威士忌鸡尾酒手册》（The Kentucky Bourbon Cocktail Book，2009年）的合著者。

雷·福利（Ray Foley），曾为调酒师，《调酒师》（Bartender）杂志创办者及"调酒师名人堂"（Bartender Hall of Fame）创始人，调酒师行业的为数不多的拥护者之一。

克里斯·麦克米伦（Chris McMillian），研究鸡尾酒历史的专家，在美国新奥尔良市做调酒师多年，并且和妻子劳拉（Laura）共同经营陶醉咖啡酒吧（Revel Cafe and Bar）。

新千年

1985—2001年，我一直在为罗克（B. E. Rock）和文德斯（B. E. Windows）工作。他们经营着纽约两家著名的同时也是当时世界最高的餐厅：位于洛克菲勒中心65层的彩虹屋餐厅（Rainbow Room）和位于世界贸易中心北塔107层的"世界之窗"餐厅（Windows on the World）。1999年，我们在与铁狮门（Tishman）公司的杰里·斯派尔（Jerry Speyer）的谈判中失利，失去了彩虹屋；2001年，我们又因"9·11"事件失去了"世界之窗"。"9·11"事件可谓自美国内战后对美国影响最大的事件。

时机就是一切。2002年本书的第一版出版时，时机是如此之好，又是如此不好。发生在纽约、华盛顿和宾夕法尼亚州的"9·11"恐怖袭击犹如晴天霹雳，一夜之间使我们的世界天翻地覆。我们日常的生活像按了停止键，各行各业都停了下来，整个经济被冻结，没有人知道未来会发生什么。突如其来的经济衰退对酒店业和娱乐业产生了巨大的影响。对我来说，这标志着长达16年职业生涯的结束。对美国来说，这是一个未来充满了不确定性的时代的开始。

随着新千年的到来，鸡尾酒行业又有了复苏的希望。我向年轻的职业调酒师和愿意听我说话的媒体记者保证，早早脱颖而出的新一代调酒师们将如同20世纪90年代的明星大厨们一样享有盛名。当然，他们也有可能声名狼藉。调酒师不断开拓新领域、创造新工艺，取得了自19世纪晚期以来前所未有的成功。这将是明星调酒师的时代。就如同烹饪革命的推动者们已经经历过的，对调酒师来说，这个时代既有回报也充满了挑战。

2001年9月10日晚，我在"世界之窗"主持了"天空盒子里的灵魂"系列活动中的一场。这场活动在可以俯瞰酒吧主场地的"天空盒子"酒吧举行，内容包括制作特其拉（Tequila）鸡尾酒和品尝不同的鸡尾酒。活动结束时，我们都感到有点儿头晕，需要吃一些食物。我的一些朋友也参加了这场活动，于是我问夜班经理能否在酒吧里摆放一张大桌子，这样可以在有需要时扩大派对规模。我为进餐的宾客们奉上了凯歌香槟（Veuve Clicquot），这是我们的"世界之窗特酿香槟"，它让所有人都飘然欲醉。之后，我们跟着一位出色的女DJ播放的音乐跳舞，一直待到打烊。那天晚上我签的支票连同数千份文件被季风卷走，从纽约港飘散到布鲁克林的社区。之后，布鲁克林的居民联系到了乔·鲍姆（Joe Baum）的家人，把从后院捡到的由他签署的文件交给了他。

那天，"世界之窗"损失惨重，餐厅当时正在准备一场有200位客人参加的大型早餐活动。当飞机撞向北塔

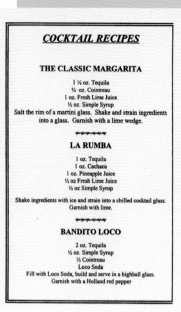

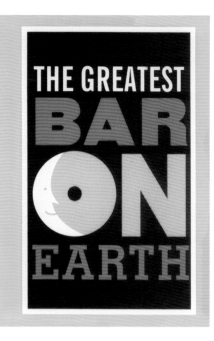

时，只有少数客户组织者在场，但是"世界之窗"的73位员工——所有服务生正在准备早餐，他们由于身处撞击点以上，无法逃离大楼。在那个阳光明媚的星期二早晨，共2 753人在双子塔遇难。要从灾难中恢复需要几代人的时间。

经历了19个月的创伤后，纽约人虽仍在蹒跚前行，但已下定决心找到一条恢复正常生活的路。2003年秋季，当我们开始重整旗鼓时，整座城市也仿佛被点燃了：酒吧和餐馆恢复营业，而且远不止于此。我们不会因为恐怖分子而改变我们的生活方式，我们热烈地庆祝节日。我把《调酒的细节》（*The Craft of The Cocktail*）当作自己的"护照"，带着它四处奔波，在美国和英国各地举办活动，甚至还得到了一份咨询工作，在伦敦一家规模不大但颇具影响力的公司——契合酒吧集团公司（Match Bar Group）担任鸡尾酒总监。

鸡尾酒行业进入了高速发展阶段，在世界各地渴望了解手工鸡尾酒的网友推动下，它重新得以复苏了。在伦敦、纽约、旧金山、波特兰、西雅图和悉尼都有一些影响力的调酒师和酒吧老板组成的网上社区，他们每天都参与到吸引人的对话中。名为"饮酒男孩"

（DrinkBoy.com）的聊天室是微软公司项目主管罗伯特·赫斯（Robert Hess）做的一个实验，他的业余爱好是喝好喝的鸡尾酒。他与世界各地的调酒师对话，与他们分享配方、技术、产品和其他资源。关于鸡尾酒的历史及传说的争论在留言板上频频出现，每次都会持续好几天。鸡尾酒大师纷纷出现在网络世界，包括"鸡尾酒博士"特德·黑格（Ted "Dr. Cocktail" Haigh），2004年他出版了一本很有影响力的书《老式烈酒和被遗忘的鸡尾酒》（*Vintage Spirits and Forgotten Cocktails*）。这本书启发烈酒生产商重新审视在禁酒时期消失的烈酒和苦酒。

烈酒的盛世就此到来，大大小小的公司纷纷推出了优质和超优质的威士忌品牌、特其拉品牌和伏特加品牌。灰雁（Grey Goose）是一款在市场上仅销售了7年的超高档伏特加，它是百加得有限公司（Bacardi Limited）从悉尼弗兰克进口公司（Sidney Frank Importing Co.）以超过20亿美元的价格收购的。苦酒，又叫比特酒、苦味酒、苦精，是鸡尾酒的标志性成分，它在禁酒令颁布之后就被打入冷宫，但在手工鸡尾酒运动期间卷土重来，100多个品牌总共生产了几百种口味的苦酒。

鸡尾酒史学家戴维·旺德里希（David Wondrich）博士曾是大学教授，后来为《时尚先生》（Esquire）的饮料专栏撰稿。他于2007年出版了影响深远的著作《饮酒！》（Imbibe!），在此之前他还出版过2本书。《饮酒！》是一部关于饮料历史的杰作，之所以评价如此之高，是因为真实的历史事件往往像恐龙的足迹一样罕见。2010年，旺德里希又撰写了《潘趣酒》（Punch），这是另一部改变酒吧业的饮料史。上流社会喝潘趣酒的历史已有250年，它最终成为鸡尾酒的前身。《潘趣酒》这本书对以烈酒为基酒的潘趣酒的历史进行了深入研究。此后，世界各地技艺精湛的调酒师开始为客人提供18世纪的经典灌木潘趣酒（Shrub-Based Punches）。

与此同时，我编写的调酒指南《调酒的细节》也在不断重印，因为很多聪明的年轻人放弃了自己原本的职业和专业，开始把它作为自己的教科书。全美各地的父母们一定都在想方设法"追杀"戴尔·德格罗夫，因为他的书让他们的孩子放弃了"真正"的职业而去做调酒师了。

是的，人们开始意识到调酒师可能再次成为一种"真正"的职业。豪华酒店和餐厅的经营者意识到，他们需要熟知东西方鸡尾酒、烈酒、葡萄酒、啤酒、茶和咖啡的知识的饮料专家。拥有这些专业知识的调酒师收入提高了，饮料专家也成了一种新兴职业。

那些在鸡尾酒业重生上押下重注并大获成功的大型饮料公司希望确保这并非昙花一现。它们将资金投入这一行业，并投资了一些项目和活动，如西格雷姆烈酒与鸡尾酒学校（Seagram's School of Spirits and Cocktails）、鸡尾酒传奇大会（Tales of the Cocktail）、"酒吧智慧"教育项目、世界级调酒大师赛（World Class）和百加得传世（Bacardi Legacy）全球鸡尾酒大赛。这些公司认为可以从受过教育的消费者那里获得巨大的回报，于是加大对软广告的投资，邀请保罗·帕柯特（F. Paul Pacult）、戴夫·布隆姆（Dave Broom）等知名酒类职业撰稿人进行研究和写作。他们还邀请消费者去参观美国肯塔基州的酿酒厂和苏格兰的泥炭沼泽及大麦种植地。我认为，

尼克诺拉杯（THE NICK & NORA GLASS）

1987年，彩虹屋重新营业时，我需要一种复古风格的鸡尾酒酒杯。乔·鲍姆让我去矿工设计（Minners Designs）公司。那家公司在一座历史悠久的房子里，几十年来一直为纽约的酒店和餐馆供应瓷器和玻璃杯，但遗憾的是当时它已经停产了。我在描述我需要的玻璃杯时参考了电影《瘦子》（The Thin Man）：它不是"V"形的，而是像一个插在枝干上的小碗，就是电影主人公尼克·查尔斯和诺拉·查尔斯（Nick and Nora Charles）夫妇喝马天尼（Martini）时用的那种杯子。设计师让我看了他们的古董商品目录，告诉我许多型号已经停产了，并且因为其他未停产的型号已经断货，他们需要重新制作模具。

一天，我在目录里找到了名为"小马天尼"的酒杯，它就是我要的！我们在长廊酒吧（Promenade Bar）制作模具，制作出了失传已久的鸡尾酒酒杯。每次订购酒杯时，我都叫它"尼克诺拉杯"。进入新千年后，瓷器和玻璃餐具公司——斯蒂莱特国际（Steelite International）买断了矿工设计公司的一些设计，其中就包括"小马天尼"。你如果去看这家公司的产品目录，就会发现它在目录中被称为"尼克诺拉杯"。2005年，奥德丽·桑德斯（Audrey Saunders）在纽约具有传奇色彩的佩古俱乐部（Pegu Club）使用了尼克诺拉杯。几年后，这种玻璃酒杯被世界各地的手工酒吧使用。如今，就连利比玻璃公司也推出了另一版本的尼克诺拉杯。

这笔投资（包括后续的投资）获得了可观的红利。

饮料公司并不是唯一的赢家。利比（Libbey）玻璃公司和许多小型瓷器、玻璃供应商也蓬勃发展。1990—2018年，仅鸡尾酒酒杯就进行了快速的更新换代。

如今在美国，鸡尾酒似乎无处不在，但最重要的是，它重新回到了自己在美国文化和饮食生活中应有的位置。回顾手工鸡尾酒这一美国独特的饮食艺术是如何发展了200余年，并在20世纪早期实施禁酒令期间险些失传，我们很难不为它在21世纪发展到如此的水平感到震惊。

目 录

第一部分

鸡尾酒调制技艺

1

鸡尾酒的历史 3

调制鸡尾酒的原料 19

调制鸡尾酒的工具、技术和装饰物 49

第二部分

鸡尾酒配方和配方的故事

65

配方 66

基础配方 218

第三部分

附录

223

资源推荐 224

调酒术语和技术 228

词汇表 230

参考文献 244

致谢 245

鸡尾酒调制技艺

鸡尾酒的历史

　　如果用一句话来概括鸡尾酒的历史，那就是，鸡尾酒和美国一样大、一样多变、一样丰富多彩。事实上，甚至可以说鸡尾酒是对美国人的一种隐喻：它是一种复合饮料，而美国是一个复合民族的国家。让我们先来看看它的前身是怎样的吧。

早期的酿酒业

欧洲人在定居美洲之前的几百年里已经形成了酿酒的传统。在地中海周围，南欧人酿造葡萄酒并最终酿出了白兰地。而居住在欧洲北部的人们则形成了酿造啤酒和谷物蒸馏酒的文化和传统，因为那里太冷了，不适合种植酿酒用的葡萄（值得一提的是，自本书第一版出版以来，气候变化已经使葡萄种植区扩展到了以前因太冷而无法酿造葡萄酒的地区）。

发酵的水果和谷物的蒸馏物因其药用价值而备受推崇，并且这一点体现在了它们的名称上：在拉丁语中被称为Aqua Vitae，在法语中被称为Eau-De-Vie，在凯尔特语中被称为Usquebaugh，在英语中被称为Water of Life，意思都是"生命之水"。这些名称足以表明它们的影响力有多大。饮酒通常被认为是一种宗教活动，饮酒可以使人接近神。

随着技术的进步，蒸馏酒得以大量生产。最终，烈酒成功从实验室进入商业世界，酒作为一种饮料建立起牢固的地位。

新大陆的酿酒业

欧洲人在美洲定居下来后，充分利用了他们从欧洲带来的酿造啤酒、酿造葡萄酒和蒸馏的技术。早期殖民者是贪婪的实验者，他们几乎把手边所有的东西都拿来发酵和制作饮料，如使用南瓜、防风草、萝卜、大黄、核桃、接骨木果等。他们用桦树、松树、云杉和黄樟来为啤酒增添风味，他们种植苹果以生产苹果酒，更重要的是生产苹果白兰地。苹果白兰地是早期殖民时期许多饮料的基础，它之所以受欢迎是因为制作时不需要使用昂贵的蒸馏设备，而只需要使用一种古老的工艺。发酵

的苹果汁（也就是苹果酒）在深秋和初冬被放在寒冷的地方，苹果酒表面结冰后冰块会被撇去，这样就去除了苹果酒中的水分，使得剩余酒液的酒精浓度增高。

美洲的香料和药草促进了新、旧大陆之间的贸易。在意大利和法国，这些植物被用于提高葡萄酒、开胃酒、甘露酒和消化酒的酒精含量以及风味，这些酒最终又绕了一圈回到大西洋彼岸，在具有代表性的鸡尾酒（如曼哈顿和马天尼）的发展中发挥了关键作用。

蒸馏技术早在16世纪就在新大陆被用于商业用途。从中美洲一直延伸到南美洲的西班牙殖民地被称为秘鲁总督辖区，它是早期蒸馏酒产地之一。到了16世纪末，殖民地的酿酒师们开始少量蒸馏白兰地，但出口到西班牙的主要还是葡萄酒。1641年，西班牙国王菲利普四世禁止从殖民地进口葡萄酒，以免被更便宜的进口葡萄酒夺走欧洲市场。于是，殖民地的种植者们通过增加白兰地的产量来调整生产。

在荷兰殖民地新阿姆斯特丹（现在的曼哈顿），总督威廉·基夫特（Willem Kieft）建立了第一家蒸馏酒厂，生产出了与杜松子酒（Genever，也叫荷兰金酒）相似的荷兰谷物蒸馏酒。杜松子酒是最早用杜松子增添风味的烈酒，也是我们今天所说的金酒的前身。1674年，根据《威斯敏斯特条约》，新阿姆斯特丹成为英国殖民地并改名为纽约。蒸馏杜松子酒的蒸馏设备被用来蒸馏朗姆酒，此后，朗姆酒成为新大陆第一款在商业上大获成功的酒。蒸馏朗姆酒其实在巴西北部的荷兰殖民地早已开始了。安东·马塞尔（Anton Massel）和休·巴茨-金（Hugh Barty-King）在1983年出版的《朗姆酒的昨天和今天》（*Rum: Yesterday and Today*）中写道，彼得·布洛尔（Pieter Blower）于1637年种植在巴巴多斯岛上的甘蔗可能来自巴西。

混合酒的黎明

英国人也在印度和东南亚地区从事香料和茶叶的贸易活动。戴维·旺德里希在富有神韵的《潘趣酒》中讲

述了印度和日益壮大的大英帝国之间的贸易如何催生了饮用潘趣酒。亚力酒（Arak）是一种由棕榈汁、甘蔗和大米制成的烈酒，通常与糖、水（或茶）、柑橘类水果和香料混合调制，是东南亚地区的特产，在贸易基地和远航的船上十分流行。让人意想不到的是，这种出身卑微的烈酒却引出了17—18世纪上流社会的一个传统活动——鸡尾酒会。正是这种混合了甜、酸、浓、淡和辣等各种口味却又平衡和谐的酒为现代鸡尾酒奠定了基调。

朗姆酒和美国独立战争

朗姆酒在新大陆的生产是一个意外。在第二次航行(1493—1496年)中，克里斯托弗·哥伦布（Christopher Columbus）将甘蔗引入西半球，他的想法是创建利润丰厚的甘蔗种植园。葡萄牙人成为南美洲新大陆最大的甘蔗种植园主，这些殖民者为了利用制糖过程中剩下的糖蜜，制造出了朗姆酒。他们还有一个更隐蔽的目的：充分奴役在甘蔗田里劳作的奴隶。17世纪末，英国殖民地的糖产量因生产朗姆酒而降低，因此英国制定了法律，要求用于制糖的甘蔗要达到一定的比例。朗姆酒已经成为殖民地许多种酒的原料，在加勒比地区、南美洲甚至新英格兰地区都在生产。

朗姆酒在新英格兰殖民地的生产可以说是由那些精明的船长推动的，他们定期往返于加勒比海沿岸，这促进了朗姆酒的地下贸易的发展。1733年，朗姆酒已成为新英格兰的主要出口商品。新英格兰的朗姆酒制造商从加勒比地区、法国、西班牙和葡萄牙购买最便宜的糖蜜。与此同时，加勒比地区的英国朗姆酒制造商失去了市场份额，他们原本从糖蜜贸易中获得的利润正在流失，而殖民地的新兴酿酒商却赚了大量利润。英国议会在1733年发起反击，通过《糖蜜法案》（Molasses Act）以控制进入殖民地的糖蜜并对其征税。大约30年后（1764年），英国颁布了《糖税法》（Sugar Act），又于1765年颁布《印花税法案》（Stamp Act），要求所有

交易都缴纳印花税。这些法案引发了北美殖民地人民的抗议和反抗，包括成立反印花税国会，它是第一届大陆国会的前身，也就是美国独立战争的开端。所以，是朗姆酒而不是茶促成了美国脱离大不列颠（也许还有导致独立战争的一些其他小问题，但这是一本关于鸡尾酒的书，而不是关于木材、牡蛎、棉花、茶或烟草的书）。

消费税和合众国

美利坚合众国在战争中战胜了英国，却也负债累累。令新政府中大多数人惊讶的是，第一任财政部长亚历山大·汉密尔顿（Alexander Hamilton）决定通过对烈酒征收消费税的方式快速偿还战争期间的欠债。这项税收普遍不受欢迎，但总统华盛顿和国会支持汉密尔顿的这一重大倡议，并于1791年签署通过了这项法案，使其成为法律。美国人用对烈酒征税的方式来为战争买单的传统就此开启。几年后，消费税法案被废除，但它开创了先例。20年后（1812年），这个新成立的国家再次与英国开战，并且第二次为支付战争产生的债务而征收消费税。

英国人封锁了美国的海岸线，就像他们在独立战争中所做的那样，再次切断了美国与加勒比海糖蜜生产商之间的贸易，这几乎终结了美国日益减少的朗姆酒的生产，也导致美国国内谷物类烈酒的产量激增。最终，美妙的美国烈酒——波本威士忌（Bourbon）诞生。

苦酒和鸡尾酒

"鸡尾酒"这个词在美国与英国的两次战争期间开始使用。你如果走进新英格兰殖民地的一家小酒馆，想点一杯冷饮或热饮，你可能会点潘趣酒、果仁酒（Ratafia）、芜菁酒（Turnip Wine）、牛奶酒（Posset）、主教（Bishop）、弗利普（Flip）、麦芽酒（Ale）或司令（Sling）。这些都是鸡尾酒吗？并不

是。不过，司令（一种穷人喝的潘趣酒）是鸡尾酒的前身。鸡尾酒这个概念最早被定义是在一本杂志的编辑回信中，用以回答读者提出的一个问题。那是1806年，在名为《平衡与哥伦比亚仓库》（*The Balance and Columbian Repository*）的杂志中，编辑如此写道：

鸡尾酒是混合了所有类型的烈酒、糖、水和苦酒的刺激性烈酒，俗称"苦司令"（Bittered Sling）。它是竞选良药，因为它会让人变得大胆和鲁莽，同时使人头脑混乱。据说，它对民主党候选人有很大的用处，因为喝下一杯鸡尾酒的人会愿意咽下其他任何东西。

编辑的回答让我们第一次清楚地知道鸡尾酒的组成要素，并将它与之前的所有混合酒区分开来，因为它添加了苦酒。

苦酒的直译为比特酒，也叫苦精、苦味酒。它最初是一个通称，指代酒精饮料和非酒精饮料，但主要指含酒精和由药草调味的饮料。用于调配这类苦味饮料的很多种药草是由地理大发现时代的探险家和植物学家带回旧大陆的，它们与地中海沿岸的多种药草组合，被调配成苦酒。

非饮料型苦酒是一个相对现代的概念，用来与饮料型苦酒区分开，饮料型苦酒的税率高得多。1806年的鸡尾酒定义里的苦酒最初指的是一种苦味药物，但这并不意味着苦酒不能作为饮料饮用！它们不仅作为酒精饮料的调味剂大受欢迎，它们本身也被许多人喜爱。1712年，英国伦敦的一位医生理查德·斯托顿（Richard Stoughton）调配的苦酒获得皇家专利并被单独分类，它是获得这一殊荣的第二种药物。斯

托顿的苦酒很可能就是1806年杂志编辑在定义鸡尾酒时提到的苦酒。

斯托顿调配的含酒精的苦酒包含近24种植物，作为一种调味剂和令人上瘾的酒精饮料，它的名声传遍了大西洋沿岸，但产品本身并没有得到广泛销售。美洲在商业上最成功的苦酒是安高天娜（Angostura）苦精，无论从哪里购买，它的味道都是一样的。它是1824年由医生西格德（J.G.B. Siegert）发明的，和斯托顿苦酒味道一样好，在全球各地都有热情的支持者。安高天娜苦精最初是在委内瑞拉的安高天娜镇生产的，但受到动荡局势的影响，西格德将酒厂转移到西班牙的特立尼达，酒厂至今在那里仍在繁荣发展，生产苦精、朗姆酒和其他烈酒。

1817年，停止征收烈酒的消费税，此后的很长一段时间里，随着市场的开放，酒业开始腾飞。但到了1861年，这一切都结束了，总统林肯重新开始对烈酒征收消费税以支付内战的费用，而且自禁酒令废除至今，这项赋税仍存在，联邦政府和各州都在征收。19世纪，精明的生产商通过将他们的含酒精苦味混合饮料作为药物销售以避免缴纳消费税。在内战期间，烈酒非常昂贵且很难买到，以至于普通的士兵都会选择一种"药剂"——霍斯泰特牌（Hostetter）胃苦酒（Stomach Bitters），它在战争期间成为联邦士兵最常喝的含酒精饮料。

鸡尾酒在1806年还只是一种新奇的饮料、一种不加冰的苦味酒精饮料、一种罕见的商品。19世纪后期，马克·吐温（Mark Twain）在他的自传体游记《密西西比河上的生活》（*Life on the Mississippi*）中写道："在我那个时代，在维克

斯堡和纳奇兹，冰是珠宝，只有有钱人才能拥有它。"鸡尾酒是一种现代饮料，是后工业革命时代的产物，制造鸡尾酒需要技术。在19世纪早期，酒精产量增长缓慢，但随着蒸馏器的发明，酒精的生产变得更加高效，成本也变得更低，酒精的产量开始加速增长。随着人工制冰的商业化，冰也变得便宜和容易获得。由此，作为一种加冰的饮料，鸡尾酒才能在美国大规模出现。

美国波本威士忌和黑麦威士忌的故事

在美国与英国的两次战争中，美国的糖蜜供应都被切断。此后，在美国最受欢迎的酒精饮料从朗姆酒开始变为威士忌。1740—1741年，从爱尔兰大饥荒中逃离的爱尔兰移民发现，清教徒开拓的新英格兰各州并不欢迎他们，所以他们中的许多人沿着宾夕法尼亚州西部州界定居下来。这些吃苦耐劳的移民开垦土地、建立小农场，并从事他们所熟知的事情——酿造威士忌。黑麦和大麦这两种非美洲本土的谷物被广泛种植。有些人带来了小型蒸馏器，还有些人仅仅因为需要饮酒而自己制造了蒸馏器。起初，威士忌代替现金被用于商业贸易，这是因为宾夕法尼亚州当地的黑麦威士忌在莫农加希拉河（当时西部州界的标志）沿岸逐渐为人所知，人们在莫农加希拉河沿岸购买货物时可用威士忌进行结算。

汉密尔顿在独立战争后对烈酒征收的消费税使得许多酿酒师无法在原殖民地生存下去。于是，他们穿过坎伯兰岬口来到现在被称为肯塔基州、田纳西州、俄亥俄州和印第安纳州的边境地区。这些地区（后来归入弗吉尼亚州）是理想的威士忌产地，因为当地土壤肥沃，玉米的亩产量高于其他谷物，而且有大量不含铁元素的纯净水从石灰岩层涌出。

他们生产的玉米威士忌被用于以物易物的贸易，最终在俄亥俄河和密西西比河的下游城镇出售。桶装威士忌有时要运输几个月，下游至新奥尔良的人们都喜欢这种在木桶里待了很长时间的威士忌的味道，于是他们向北方喊话

要再购买波本郡的这种威士忌，因为许多酒商都把"波本"这个名称印在了酒桶上（当时的波本郡隶属于弗吉尼亚州，后来成为现在肯塔基州的主要组成部分）。

在蒸汽机发明之前，密西西比河上的所有船只——平底货船、驳船和客船都只能沿着一个方向行驶，即非常缓慢地朝南驶向墨西哥湾。但随着蒸汽船的出现和美国东北部运河的修建，尤其是1825年伊利运河的竣工，人们可以通过水路到达东北部的各大城市。也正是在这个时候（1833年左右），"波本威士忌"被专门用来指代波本郡的威士忌，从而将它与产自宾夕法尼亚州的黑麦威士忌分开。"波本郡"这个名称源自波本家族，这个家族在1589—1792年一直是法国的皇室，美国人用这个名称来向在独立战争中支持美国的法国致敬。

鸡尾酒的黄金时代

如今回头看，美国内战时期正是鸡尾酒的黄金时代。1862年，一家颇受欢迎、专门出版实用手册的出版社——迪克和菲茨杰拉德（Dick & Fitzgerald）出版社出版了一本影响深远的专业调酒图书——杰里·托马斯（Jerry Thomas）所著的《调酒手册及美食家的伴侣》（*How to Mix Drinks, or The Bon-Vivant's Companion*），杰里·托马斯是公认的"现代调酒之父"。他没有创造出调酒师这一职业，但他确实让调酒流行起来了！这里，我们不得不提到1882年哈里·约翰逊（Harry Johnson）出版的《新增改良版调酒师手册》（*New and Improved Bartenders' Manual*）。如果说托马斯给我们的是第一批鸡尾酒配方，那么哈里·约翰逊给我们的就不仅仅是配方了。他的书是一本关于如何开设和经营一家现代鸡尾酒酒吧的详细手册，这本手册无论是在今天还是在1882年都非常实用。

独立战争后，殖民时期制定的规章制度逐渐放宽。1832年，有关拓荒者客栈和酒馆的法案通过，它允许客栈为客人提供酒精饮料而不需要客人住店。于是，酒吧就这么悄然地开始了合法经营。酒吧和沙龙在这一时期

开始有了蓬勃发展。

酒吧无处不在，美国政治沙龙兴起

18—19世纪，工业革命席卷西方世界，对美国的方方面面都产生了巨大的影响，影响之一就是酒精饮料工业受益匪浅。工厂将人们吸引到全美各城市的中心，并促使人们在吃喝和聚集的方式上产生了巨大的变化。随着城市的扩大，餐馆和旅馆成为城市景观的重要组成部分。1845—1855年，不列颠群岛的大饥荒和欧洲大陆经济衰退引发了大规模移民，数百万人从英国、德国和其他中欧国家来到美国东海岸繁华的城市。同以前的殖民者一样，这些新移民带来了他们的蒸馏和酿造技术，以及他们的一项重要传统活动——聚集在一起喝酒。苏格兰人、爱尔兰人和英格兰人喜欢在酒吧和小酒馆里喝酒，德国人和东欧国家的人喜欢在啤酒屋和露天啤酒店喝酒。新移民们对他们的传统投入了巨大的热情。

新移民通常住在城市中心最糟糕的地区，但他们用聪明才智弥补了物质上的不足。他们创建了自己的社交俱乐部，储存任何他们能制造或买到的便宜烈酒或啤酒，并向整个社区出售。这些无照经营的酒馆首先在东北部的大型工业城市中的移民聚居社区兴盛起来，然后随着拓荒者不断向西推进，在那些城市遍地开花。让人意想不到的是，它们吸引了有权有势的政治大亨的注意，成为政治活动中心。

坦慕尼协会（Tammany Hall）是一个政治组织，1789年成为纽约民主党的核心机构，并演变成一台腐败的政治机器，当时纽约还是美国的首都。到19世纪中期，许多政客把纽约当作一家银行来操控，利用纽约市的财政收入为自己牟利。直到1929年的经济大萧条，坦慕尼协会存在了很长一段时间。菲奥雷洛·拉瓜迪亚（Fiorello LaGuardia）于1934年当选纽约市长后清除了该组织的残存势力。

从19世纪50年代中期开始，移民大规模涌入美国，坦慕尼协会在人口密集的移民社区中吸纳选票。协会注意到了非法社交俱乐部和无照经营的酒馆的存在，在富有的经营者的支持下，美国的政治沙龙由此出现。面向大众的社区酒吧开业，坦慕尼协会很乐意为它们颁发执照并提供资金，但也有条件。很快，这些沙龙老板成了各自辖区内的政治掮客，政治赞助制度得到了完善。坦慕尼协会通过社区沙龙获得选票，回馈给选民的是市政府、警察局、消防部门和卫生部门的工作岗位。

美国政治沙龙

1928年，维尔纳（M. R. Werner）出版了一本讲述坦慕尼协会兴衰史的巨著《坦慕尼协会》，向人们描述了推动这个腐败机构的实用主义信条的影响力。1910年，韦尔斯（H. G. Wells）写了一本审视美国的书，名为《美国的未来》（The Future in America）。他在书中写到："普通公民从根本上讲是不诚实的吗？他们是流氓和骗子吗？如果是，那么在未来面临天赐的机遇时，美国可能将陷入可怕的社会混乱。"维尔纳在他的书中写道："韦尔斯在拜访了芝加哥的一些政治沙龙及这个城市的真正主宰者、市议员迈克尔·肯纳（Michael Kenna）后写道：'我震惊了，我宁愿住在畜牧场的围栏里，也不愿进入美国政坛。'"坦慕尼协会所遵循的信条已经渗透到纽约州政界，并蔓延到白宫，这使得坦慕尼协会的成员成为这个国家的幕后操控者。自从人类聚集在城市里试图治理国家以来，这种务实的信条就一直伴随着人类。维尔纳在他的书中再次提问：什么能带来真正的快乐？是金钱和权力吗？还是正义？关于这个问题，2400年前的柏拉图（Plato）在他的《理想国》（The Republic）中也有探讨。

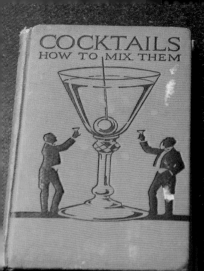

《如何调制鸡尾酒》
罗伯特·韦梅尔著
赫伯特·詹金斯出版社，1922年

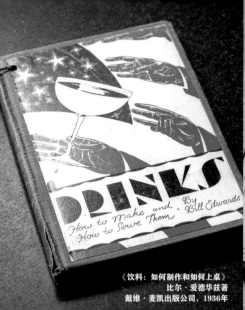

《饮料：如何制作和如何上桌》
比尔·爱德华兹著
戴维·麦凯出版公司，1936年

《杯子和习俗》
约翰·范伍尔斯特著
帕特诺斯特街出版社，1869年

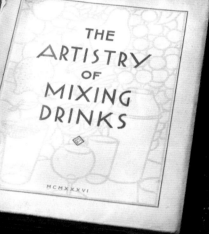

《调酒艺术》
弗兰克·迈耶著
巴黎弗莱姆出版社，1936年

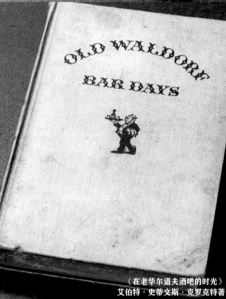

《调酒师指南》
杰里·托马斯著
迪克·菲茨杰拉德出版社，1887年

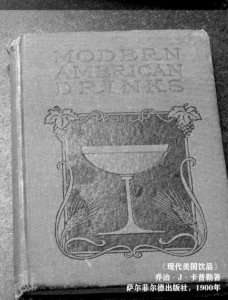

《在老华尔道夫酒吧的时光》
艾伯特·史蒂文斯·克罗克特著
阿文丁出版社，1931年

《杰克手册》
J.A.格罗霍斯科著，1908年，
艾尔弗雷德·A.克诺夫修订，1933年

《皇家咖啡馆鸡尾酒手册》
W.J.塔林编
帕尔·玛尔出版公司，1937年

《现代美国饮品》
乔治·J.卡普勒著
萨尔菲尔德出版社，1900年

到了19世纪80年代，酒吧生意已经非常火爆。图书市场上出现了越来越多关于鸡尾酒的书和手册，各种各样的鸡尾酒吧在大城市里蓬勃发展，从社区到大型酒店的豪华鸡尾酒厅，它们无处不在。这是技艺精湛的调酒师的黄金时代。服务变得和供应的商品一样重要。1882年，哈里·约翰逊出版了《新增改良版调酒师手册》。他在《如何招待客人》这一章中告诫新手：客人每喝完一杯，应立即为客人提供冰水；要在台面上调酒，这样客人可以看到；调酒时要确保"优雅、干净和科学"。他还建议，调酒时可以"吸引客人的注意力"，展现一些专业的调酒技巧。最后，约翰逊指出，调酒师应关心客人，将客人当作朋友："当一位客人准备喝一杯，而他或他的家人可能需要钱去做其他更重要的事情的时候，你要做的不是递给他一杯酒赚他的酒钱，而是向他提出建议，然后送他回家。"

霍夫曼之家（Hoffman House）拥有纽约最令人惊叹的酒店酒吧，它从19世纪60年代开始营业，在1915年闭店。它有着高高的天花板、50英尺（约15米）长的华丽红木吧台、大理石地板和墙壁、雪茄柜，以及生蚝吧。穿着笔挺白色夹克的男招待们都学习过关于酒的知识，并且接受过服务方面的专业培训。哈里·约翰逊是第一个指导雄心勃勃的追随者们开办和稳定经营酒吧的人。查尔斯·马奥尼（Charles Mahoney）比约翰逊更进一步，他在1905年出版的《霍夫曼调酒师指南》（*Hoffman House Bartender's Guide*）一书中，用了135页的篇幅告诉读者如何开办和经营一家一流的酒店酒吧。书中的每一章侧重培训调酒师的不同方面，包括雇主和雇员关系、购买原料、管理酒窖、葡萄酒和香槟服务、护理和清洁精美的银器等。

到了19世纪80年代，鸡尾酒行业所需的所有技术和设备，如制冷技术、自来水系统、桶装啤酒阀门系统、制冰机等都已发展成熟。有越来越多的瓶装烈酒供美国人选择，有进口的，也有国产的。最重要的是，庞大的、积极进取的、训练有素的劳动力大军和不断增长的工业经济促进了消费。19世纪80年代至1915年是鸡尾酒的黄金时代，许多经典的鸡尾酒都是在这个时期诞生或完善的，如马天尼、曼哈顿（Manhattan）、酸酒（Sours）、菲兹（Fizz）、老式鸡尾酒（Old-Fashioned）、彩虹酒（Pousse-Café），以及用美国威士忌代替白兰地重新调配的薄荷茱莉普（Mint Julep），其中的许多款至今仍是经典之作。

禁酒令的实施及废除

进入20世纪，一场声势浩大的妇女禁酒运动在全美范围内迅猛展开。她们结成反酒馆联盟，以终结所有酒精饮料的生产和销售为己任。这反映了当时社会中的禁酒情绪，她们认为酒吧里装满了酒的酒桶使文明遭到了破坏，取而代之的是掠夺者的世界。禁酒运动的发起者得到了基督教教会的支持，教会成员一个州一个州地游说州长和州议会。到1912年，许多州都宣告禁酒。1919年，美国宪法第十八修正案通过，禁酒法案正式成为美国的法律。同时，地下酒吧（Speakeasics），即隐秘的酒吧和私人俱乐部，也应运而生并蓬勃发展。它们依然出售酒精饮料，并且得到了市政府官员和警察的暗中支持。官员和警察表面上强制执行禁酒令，实际却从强大的犯罪组织那里获得报酬。这些组织不仅控制了酒精饮料的供应和分销，而且在许多情况下还经营着出售酒精饮料的地下酒吧和俱乐部。但是，当酒精饮料源源不断地流向各地的时候，调酒师这一职业却遭受了巨大的冲击，因为供调酒师们表演调酒技巧和精湛技艺的舞台消失了。

截至1932年禁酒令被废除，调酒行业因与犯罪组织相关联而形象严重受损。罪犯们并没有突然消失，只是选择了合法化。禁酒令废除之后，市场对调酒师的需求很大，但是调酒师的技艺水平已经大幅度下降，人们对这一职业的尊重也不复存在。这一职业的荣光需要几十年的时间才能恢复。

废除禁酒令是通过允许各州供应和销售烈酒而实现的。根据新的法律，各州甚至州内的各个县对酒精饮料行业都被赋予了巨大权力。各个州颁布的一系列错综复杂的蓝色法规（Blue Law）使得酒精饮料公司很难在全美范围内开展业务。例如，宾夕法尼亚州和华盛顿州这样管控严格的州会购买所有的酒精饮料，然后在公营的酒类专卖店出售。酒类的品种并不是这些商店优先考虑的因素，调制鸡尾酒所需的许多原料不再出售，甚至在许多情况下不再生产。各州实行的控制店内销售的蓝色法规并不一致，如一些州只出售50毫升的瓶装烈酒，这使得鸡尾酒的生产异常困难。还有些州甚至不允许在酒吧展示酒瓶！酒精饮料公司必须应对严格的管制和登记要求，这为禁酒令实施期间就普遍存在的腐败行为打开了大门：那些前黑帮成员向政府官员行贿，让他们只允许出售自己的产品，以此来排挤竞争对手。这导致规模较小的公司难以提高销量或者找不到合适的经销商，最终极大地限制了鸡尾酒产业的发展。重新回到调酒行业或者刚刚进入调酒行业的调酒师发现，商店的货架上没有足够的烈酒和制作19世纪经典鸡尾酒所需的原料。

当1929年经济大萧条来临时，经济触底，直到第二次世界大战后，食品和饮料行业始终表现平庸。鸡尾酒行业遭受了极大的损害：为了服务来去匆匆的顾客及吸纳调酒技术一般的调酒师，酒吧实行了很多节省时间的措施，结果是进步的技术节省了时间和金钱，却降低了鸡尾酒的口味和质量。

鸡尾酒的传说

1979—1999年，阿德里安·巴比（Adrien Barbey）在纽约市49街和第六大道交汇处经营赫尔利酒吧餐厅（Hurley's Bar and Restaurant）。他的成功很大程度上要归功于在他的酒吧里工作的调酒师们。他经常说，"我不在乎我的调酒师的国籍，只要他们是爱尔兰人就行"。这家酒吧餐厅如今由阿德里安的儿子保罗经营，在我写这本书时，酒吧地址已变为纽约市西48街232号。

经典鸡尾酒的回归

20世纪50年代是食品和饮料行业表现平庸的年代。在两次世界大战期间，技术的进步使大量食物得以运往海外送到士兵手中，食品包装商为此大受鼓舞。超市也由此诞生。为方便生活而设计的预制食品和加工食品充斥市场，冷冻快餐、婴儿配方奶粉、酷爱（Kool-Aid）牌饮料、基菲爆米花（Jiffy Pop）和果珍（Tang）风靡一时。

美国人欣然放弃了新鲜、天然的食物，把所有经过加工和罐装的食物抢购一空。鸡尾酒酒吧也未能幸免，加了糖并经过人工调味的液状或粉状酸甜混合物闪亮登场。20世纪30年代问世的一种名为"7-11汤姆·柯林斯混合粉"（7-11 Tom Collins Powdered Mix）的产品预示着禁酒令时代以前用新鲜水果制作的鸡尾酒的终结。到了20世纪60年代，美国的大多数酒吧使用的都是这样或那样的酸甜混合物，调酒师学会了用制作酷爱牌饮料的方式调制鸡尾酒，也就是将冰、烈酒、水和甜酸混合物混合在一起。

1959年，连高档餐厅都以罐装蔬菜为特色的这一年，一缕阳光穿透了快餐店和超市的霓虹灯。改变不是从酒吧开始的，而是从餐厅开始的。乔·鲍姆是餐厅联盟（Restaurant Associates）的一位主管，负责特色餐厅部门。1955年，他开始与大厨艾伯特·斯托克利（Albert Stockli）合作，发展独特的餐厅理念。乔邀请大厨兼作家詹姆斯·比尔德（James Beard）担任菜单顾问。乔向比尔德透露了自己对一种全新的美国美食的愿景，它融合了经典的烹饪技术与地区性的古老、奇特的烹饪方法，提倡用新鲜和当季的食材烹饪美食。而在美国西海岸，作家海伦·埃文斯·布朗（Helen Evans Brown）在1952年出版了《海伦·布朗的西海岸食谱》（*Helen Brown's West Coast Cookbook*），这本书同样抵制杂货店货架上方便食品日益增多的趋势，强调从当地的农场和渔场采购食材。这本书的理念引起了鲍姆和比尔德的共鸣，完全符合他们对新美国美食的愿景。

1959年，在乔的协调下，餐厅联盟在纽约公园大道上新建的摩天大楼——西格拉姆大厦开办了四季（Four

Seasons）餐厅。餐厅的名字说明了一切。餐厅厨房里有养殖鱼和贝类的淡水和咸水水缸，乔还和附近哈德孙河谷的农民达成合作，购买他们的新鲜农产品。在"土食者"（Locavore）这个词出现之前，乔就已经是土食者了，他的女儿希拉里（Hilary）则是在曼哈顿建立农贸市场的先驱。四季餐厅非常成功，它持续对美国的高档餐厅产生超乎寻常的影响。

1960年，乔在时代生活大厦开了拉芳达餐厅，这是第一家推广泛美洲饮食文化的奢华餐厅。拉芳达餐厅使用的原料都是最地道的，乔设计的酒单上就有用智利的皮斯科（Pisco）白兰地以及墨西哥的特其拉和梅斯卡尔酒（Mezcal）（这些酒直到1960年才被允许进口）调制的鸡尾酒。拉芳达餐厅1960年的酒单上还有克里奥尔·莫吉托（Criollo Mojito）。28年后，皮斯科酸酒（Pisco Sours）、莫吉托和用梅斯卡尔酒调制的鸡尾酒才再次出现在餐厅的酒单上，也就是我所在的彩虹屋的酒单上，并且这些鸡尾酒在10年后才流行于世。乔·鲍姆比他所在的时代超前了好多年，而调酒行业还需要30年的时间才能赶上餐饮业。

1963年，乔成为餐厅联盟的主席。他创办了一系列主题餐厅，包括两家殖民时期风格的酒馆——约翰·皮尔（John Peel）酒馆和美人鱼（Mermaid）酒馆，以及开在洛克菲勒广场的一家叫作查理·欧（Charley O）的爱尔兰风格酒吧。查理·欧是乔经营得最成功的酒吧，直到1987年12月被彩虹屋的长廊酒吧取代。乔喜欢夸张的餐厅设计，但他希望菜单上是有美国风味的地道菜肴。乔的商业伙伴迈克尔·怀特曼（Michael Whiteman）揭示了乔的用意："去掉菜单上的勃艮第牛肉，不是去掉这道菜，而是去掉描述。来一份红酒炖牛肉怎么样？美国人会点这道菜的！"

20世纪50—80年代，美国人的口味发生了巨大的变化，乔的影响遍及全美。20世纪60年代初，加州大学伯克利分校一位名叫爱丽斯·沃特斯（Alice Waters）的年轻学生在法国留学期间爱上了法国的烹饪方式。她每天都去农贸市场买菜，自己做饭，这改变了她的生活。爱丽斯受乔的四季餐厅的启发，于1971年在伯克利迈出了第一步——创办了"帕尼斯之家"（Chez Panisse）餐厅。在"帕尼斯之家"，沃特斯把自己对用新鲜食材进行烹饪的热爱商业化，并最终投入西海岸烹饪运动。

1973年，两位法国美食评论家亨利·戈（Henri Gault）和克里斯蒂安·米劳（Christian Millau）提出了"新式烹饪十诫"（Ten Commandments of Nouvelle Cuisine）。在他们的宣言中，他们认同保罗·博库斯（Paul Bocuse）、罗杰·韦尔热（Roger Vergé）、阿兰·查普尔（Alain Chapel）和米歇尔·盖拉尔（Michel Guérard）等年轻厨师已经在做的事情，即抛开过度加工的菜肴和浓稠的酱汁，用更简单的方法突出食材而非酱汁的味道。这个观点就像原子弹一般引爆烹饪界，甚至传播到加利福尼亚州的伯克利，影响了爱丽斯·沃特斯经营的小餐馆。

也就是在"新式烹饪十诫"的影响力波及全世界的这一年，爱丽斯·沃特斯聘请大厨杰里迈亚·托尔（Jeremiah Tower）来"帕尼斯之家"做主厨，协助她探索新式烹饪这个新领域。托尔没有接受过正规的烹饪培训，但他早期接触精美美食的经历对他产生了重大的影响。通过自学，他发明了一种独特的、近乎建筑学的摆盘方式，这与法国的烹饪运动不谋而合。他的设计使菜肴显得华丽而富有吸引力。然而，有些人在新式烹饪方面的早期尝试则显得笨拙不堪。一想到第一次接触新式烹饪的情景，我就很恼火：我的开胃菜盛在一个直径15英寸（约38厘米）的大盘子里，中间是3个扇贝，周围是用酱汁挤成的8个彩色圆点。

沃特斯和托尔合作了5年，他们把西海岸的美食推上了一个新台阶。1976年10月，托尔推出了北加州风味晚宴（Northern California Regional Dinner），酒水是加利福尼亚州的所有葡萄酒，菜肴则包括当地的牡蛎、门多西诺玉米浓汤、大苏尔鲑鱼、产自塞巴斯托波县的加州腌鹅，以及产自索诺马县的蒙特利杰克奶酪。随着人们的口口相传，这套餐单引起了轰动，甚至引起了詹姆斯·比尔德的注意，他当时正和乔·鲍姆一起在纽约世贸大厦进行一项重大项目。沃特斯和托尔在"帕尼斯之家"推出的美食当时被人们命名为"加州料理"，但是主厨托尔却显然被排除在"加州料理"的贡献者名单之外。就连厨师安东尼·布尔丹（Anthony Bourdain）也明显感觉到爱丽斯·沃特斯掩盖了托尔的光芒。为了弥补这一遗憾，他拍摄了一部讲述托尔的故事的电影——《杰里迈亚·托尔：最后的辉煌》（Jeremiah Tower: The Last Magnificent）。

加州料理

厨师、作家和电视明星安东尼·布尔丹认为，杰里迈亚·托尔为加州料理所做的贡献并没有得到他应得的认可，所以布尔丹决定拍摄一部讲述这位美国名厨的故事的电影——《杰里迈亚·托尔：最后的辉煌》，布尔丹担任执行制片人。

乔·鲍姆承担了一项艰巨的任务，创办世贸双塔所有的餐饮服务网点，这些网点每天要为这座"小城市"中成千上万的人提供服务。经过6年的努力，1976年，乔·鲍姆一手打造的"世界之窗"开业了，这是整项任务中的最高成就。乔邀请托尔担任主厨，但托尔仍选择在"帕尼斯之家"餐厅工作，并且已经开始与另一群人计划在旧金山开自己的餐厅。1984年，托尔在旧金山开了一家名为"星空"的餐厅，这家餐厅一炮而红。托尔

对餐厅里的酒吧兴趣浓厚。吧台后面的镜子前摆放着许多特色饮料，多年来，很多老顾客都因自己喜欢的特色饮料被摆放上去而感到光荣，《旧金山纪事报》（San Francisco Chronicle）60岁的资深专栏作家赫布·凯恩（Herb Caen）就是其中之一，他喜欢皮康潘趣酒（Picon Punch）。托尔是第一批将烹饪方法用于调酒的厨师之一。他用新鲜的原料和不同寻常的装饰来调酒，这种方法之后将成为新千年手工鸡尾酒运动的标志。星空餐厅经营了15年，这是多么棒的一段时光啊！

在这15年里，烹饪界发生了翻天覆地的变化。1985年，詹姆斯·比尔德的去世对美国烹饪界来说是一个沉重的打击，但也启发了朱莉娅·蔡尔德（Julia Child）、大厨拉里·福希奥内（Larry Forgione）和彼得·孔普（Peter Kump）等人。他们开展筹款活动，买下了詹姆斯·比尔德位于俄勒冈州波特兰市里德学院附近的一栋房子，为来自美国各地的厨师提供了一个展示厨艺的场所。1986年，詹姆斯·比尔德基金会开放了这个场所，现在，每年有200多场活动在这里举办。1990年，为了推动烹饪艺术的发展，詹姆斯·比尔德奖设立，如今它已成为烹饪界的"奥斯卡奖"。1993年，有线电视的美食频道开播，短短几年就吸引了大批忠实的观众。博比·弗拉（Bobby Flay）、拉里·福希奥内、沃尔夫冈·普克（Wolfgang Puck）、罗珊·戈尔德（Rozanne Gold）和艾尔弗雷德·波尔塔莱（Alfred Portale）等美国厨师在这10年里开餐厅、写烹饪书，一系列全新的厨房术语和餐厅菜单开始出现。

在"世界之窗"，乔聘请了一个名叫凯文·兹雷（Kevin Zraly）的年轻人来实现自己对餐厅里每一桌都有葡萄酒的设想。他们摒弃了金链子、肩章和傲慢的态度，带着热情和微笑做起了卖酒的生意。乔·鲍姆在美食和饮料领域掀起了一股变革的浪潮，这触动了许多人，他们将继续在美国创造非凡的用餐体验。

亲爱的读者，读到这里你可能好奇以上有关烹饪界的内容和鸡尾酒有什么关系。事实上，20世纪的烹饪革命对新千年手工鸡尾酒运动的发展起到了关键作用：它培养了大批喜欢浓郁味道且愿意冒险的老顾客。他们喜

欢不同民族、不同地区的口味相融合的菜肴，而且要求很高。当他们在吧台坐下时，他们想要的是与餐厅提供的菜肴有着同等品质的东西：配方正宗，原料优质、新鲜的饮料。

曼哈顿上空的彩虹屋：传统料理和鸡尾酒

1985年，我开始和乔·鲍姆共事，在一家名为奥萝拉（Aurora）的小型高档餐厅担任首席调酒师，和我一起工作的餐厅主厨是米其林星级大厨、来自巴黎的热拉尔·庞戈（Gérard Pangaud）。我们的酒单上有一流的香槟酒和葡萄酒，其中大部分是用来搭配主厨热拉尔的菜肴的勃艮第葡萄酒。第一次参加面试时，我对乔提出的要求感觉有点儿困惑，因为他要求我为禁酒令施行之前的经典鸡尾酒设计一份调制流程，而且要求全部使用新鲜的原料，不能使用甜酸混合物。几个月后，我才明白为什么一家主要销售葡萄酒的餐厅会提出这种奇怪的要求。

奥萝拉生意火爆。这家餐厅在位于东49街麦迪逊大道和公园大道之间的信托银行附属大楼中，客人主要是在大楼内工作的交易员。股市大涨时，酒吧和餐厅在午餐和晚餐时段总是爆满。乔总是在吧台对面的一张半圆形餐桌边忙着与人会面。他在那里见了米尔顿·格拉泽（Milton Glaser）、菲尔·乔治（Phil George）和戴尔·奇休利（Dale Chihuly）等设计师和艺术家，以及乔治·兰（George Lang）等餐厅合伙人。但是有一天，当单簧管演奏大师本尼·古德曼（Benny Goodman）走到吧台拉出一张凳子坐下，宣称他是来见乔·鲍姆的时候，我真的很想知道自己错过了什么。我问总经理兼葡萄酒专家雷蒙德·韦林顿（Raymond Wellington）发生了什么，他告诉我戈德曼是为彩虹屋而来的，戈德曼的管弦乐队将在彩虹屋开张的时候表演。遗憾的是，戈德曼在彩虹屋重新开张前6个月去世了。

乔让我做的鸡尾酒项目让我精疲力竭，也让我差点儿忘了进行这个项目的原因。奥萝拉餐厅的鸡尾酒项目其实是为位于洛克菲勒中心那具有传奇色彩的彩虹屋餐厅翻修后重新开业所做的准备工作的一部分。传统菜肴必须搭配传统鸡尾酒，乔早就有了这个5年计划。我立刻开始尽我所能地去搜索关于彩虹屋翻修和扩建的一切信息。

我非常感谢乔的合伙人迈克尔·怀特曼，他帮助我制作了一份经典鸡尾酒的酒单。他为我搜罗了许多历史书籍，并与妻子罗珊·戈尔德一起品尝我调制的鸡尾酒。罗珊曾4次获詹姆斯·比尔德奖，23岁时就成为市长埃德·科克（Ed Koch）的首任厨师，她还为彩虹屋的长廊酒吧精心制作了精美的小食餐单。把19世纪和20世纪早期的鸡尾酒配方转变成适合彩虹屋的酒单对我来说是一项挑战。我把做好的酒单拿给乔看，他很满意。1987年，我通过了总经理艾伦·刘易斯（Alan Lewis）的面试，成为长廊酒吧的首席调酒师和酒水部经理。艾伦不确定我能否做好管理工作，让我松了一口气的是，他另外聘请了一位酒水部经理比尔（Bill）。比尔分担了我的大量管理工作，包括建立库存、聘请36名调酒师及创建调酒流程。比尔和我共事的几年间主要负责解决销售成本问题和人事问题，之后便跳槽了。

是乔给了我机会，让我在复兴美国鸡尾酒方面发挥了重要作用。1987年12月，位于洛克菲勒中心65层，由乔主持翻修的高级俱乐部、装饰艺术的杰作——彩虹屋向公众开放。

手工鸡尾酒运动

基思·麦克纳利（Keith Mcnally）是纽约第一批看清鸡尾酒发展潮流的餐厅老板之一。他开了卢森堡咖啡馆（Cafe Luxembourg）、幸运餐厅（Lucky Strike）、内尔（Nell's）餐厅、普拉夫达（Pravda）酒吧、巴尔萨泽（Balthazar）餐厅、茴香酒（Pastis）餐厅等。基思拥有点石成金的本领。他与纽约另外两位成功的餐厅老板乔·鲍姆、丹尼·迈耶（Danny Meyer）一样，拥有自己的"秘密武器"，那就是对细节的关注和追求卓越的热情。基思于1980年开的音乐厅（The Odeon）餐厅是著名画家和画廊老板经常出没的地方，那里有一个很棒的酒吧，其首席调酒师托比·切基尼（Toby Cecchini）是纽约第一个将酒吧打造成社交场所的人。

1996年，基思开了普拉夫达酒吧，他决定让酒吧取代厨房成为这家店的明星。普拉夫达位于拉斐特街一栋不起眼的平房里，主要出售伏特加酒和小吃。基思把地下室打造成莫斯科地铁站主题的酒吧，把角落打造成一间休息室，并用楼梯连接地下室和地上一层。地上一层被建造成令人舒适的酒吧，由两位非凡的调酒师管理。普拉夫达酒吧十分迷人，开业后立刻获得了惊人的成功。在普拉夫达酒吧开业之前，基思带着普拉夫达的管理人员去了一趟彩虹屋，让他们看看他想要的鸡尾酒是什么样的。之后不久，他聘请我去培训员工，并设计了帮他第一份酒单。此后，我还成为巴尔萨泽餐厅和茴香酒餐厅的顾问，负责培训员工，并做了一部分鸡尾酒酒单的设计工作。

地下酒吧的意外回归

跨越新千年对很多人来说是千载难逢的历史时刻。人们对这个时期有各种各样的预言，如电脑将遭遇千年虫危机等。但是，抛开那些荒诞不经的预言不谈，我们这些确实跨入新千年的人对此油然产生了一种敬畏感。巨大的变革似乎是不可避免的。在世界中仅占了一个微不足道的小角落的鸡尾酒行业，是一个自诞生之初就经历了巨大变化的行业。纽约并不是唯一一座见证鸡尾酒行业创意爆发的城市，但是在手工鸡尾酒运动早期，纽约算得上是拥有最多不同寻常的新酒吧的城市。

手工鸡尾酒酒吧接连开张。1999—2000年，我在49街经营一家名叫黑鸟（Blackbird）的都市风格酒廊。虽然这家酒廊没开多久就关门了，但它对我产生了深远的影响。我有幸结识了一位才华横溢的朋友——奥德丽·桑德斯。她除了为我工作，后来还开了一家俱乐部。在营业的10个月中，黑鸟的酒吧和餐厅充满了创意和活力，这让我感觉10个月一瞬即逝。我与大厨

迈克尔·史密斯（Michael Smith）关系很好，在他的启发下，我在酒吧的饮品中加入了时令的新鲜水果，他每天向我咨询酒吧订了哪些酒水，然后给他的餐厅也订一份。经营"黑鸟"是一段丰富多彩的经历，于是我在一位做代理的朋友约翰·霍奇曼（John Hodgeman）的鼓励下决定写一本书来记录那段经历，那本书就是《调酒的细节》的第一版。

1999年，埃尔德里奇街134号一家名为"牛奶与蜂蜜"（Milk & Honey）的小酒吧开张了，它在之后的几十年里成为最有影响力的酒吧之一。它开在一间地下室里，那里以前是一家麻将馆。短短几年内，世界各地的年轻调酒师纷纷前来学习老板兼调酒师萨沙·彼得拉斯克（Sasha Petraske）的独特调酒技巧。为了精确测量，他使用了高档酒吧弃而不用的量酒器，而高档酒吧不用量酒器的原因是不想显得吝啬。他对调酒的每一个细节都有精确的要求，包括冷却原料和工具，以及预先确定摇晃和搅拌的时间以使稀释度和酒精浓度达到完美的平衡。这些细节在大多数酒吧早已被遗忘。萨沙没有使用壶盖为金属、壶体为玻璃的波士顿摇酒壶，取而代之的是壶盖和壶体均为金属的摇酒壶，以便更快冷却酒液。

萨沙擅长解决问题，而且无视长期存在的规范。他从不使用美国酒吧普遍使用的盛放装饰物的盘子，因为他知道它们不能使装饰物保持冷却。相反，他定制了一个可以排水的不锈钢盒子，在里面装满碎冰，然后将预备好的装饰物放在碎冰上。他甚至花50美元买了一台二手冰柜来自己制冰，并把冰切成他想要的大小和形状。

牛奶与蜂蜜酒吧的服务同样独特。那里没有酒单，调酒师会先询问顾客的喜好，然后调出符合他们个人口味的完美鸡尾酒。这里的服务方式是女士由女士招待，男士由男士招待。萨沙原本并不想给酒吧大门上锁并设置开门的暗号，他这样做是有原因的。他的酒吧所在的大楼和社区的居民大部分都是中国人，他不想打扰他们。他没有在大门上挂招牌，因为他想让生意慢慢地发展。这种独特的经营方式通过口口相传获得了拥护者的青睐，他恳请他们不要让自己的名字出现在媒体上。但人群还是在他的酒吧外聚集，所以他锁上门，只接受预

订。他每个月都更换酒吧的电话号码，并且只把电话号码发给常客，而且总是附带一句提醒：你不愿意邀请去家里的客人也不要带到我这里。萨沙的酒吧在服务、表现、技巧和工具方面的细节，以及出于需要而形成的地下酒吧风格，成为美国各地酒吧争相学习的新榜样，并最终风靡全球。

2003年，朱莉·赖纳（Julie Reiner）在曼哈顿第19街开了一家名为"熨斗酒吧"（Flatiron Lounge）的大型酒吧。这家复古风格的高档酒吧供应的鸡尾酒全部都是用新鲜原料调制的。这家酒吧立刻大获成功。2004年，普拉夫达酒吧的员工杜尚·扎克（Dushan Zaric）、贾森·科斯马斯（Jason Kosmas）、亨利·拉法尔格（Henry LaFargue）、比尔·吉尔罗伊（Bill Gilroy）和伊戈尔·哈吉伊斯梅洛维奇（Igor Hadzismajlovic）（他们大都接受过我的培训）在格林威治村哈德孙街510号一个算命先生的摊位后开了一家酒吧——"闲人免进"（Employees Only）。这是一家真正的地下酒吧，主打经典鸡尾酒。酒吧打响名气后，他们开始生产独家的鸡尾酒原料，如自制的石榴汁和苦精。经过16年的发展，他们的生意越来越好。

2005年，奥黛丽·桑德斯在西休斯敦街开了一家名为"佩古俱乐部"的优雅风格酒吧。奥黛丽是一位"巫师"，一位真正的药剂师，她不断地做实验。她花了几天时间来调整简单的金汤力（Gin and Tonic），她搜罗市面上所有的原料，尝试所有的组合，以期调制出完美的金汤力。她雇用的调酒师们深受她的影响，同样对细节高度关注，并且后来相继开了深受手工鸡尾酒运动影响的标志性酒吧，其中就包括吉姆·米汉（Jim Meehan）。2007年，他在圣马街开了一家"请保密"（Please Don't Tell）酒吧，酒吧的入口是克里夫（Crif）热狗店里的电话亭。吉姆和他的合伙人并不打算开一家地下酒吧，但他们面临一个难题：他们的酒吧虽然就在热狗店隔壁，但门牌号不同；他们如果在街上开一扇通往酒吧的门，就需要办理酒类营业执照，而办理费用不是他们能够承受的。同年，"死亡公社"（Death & Co.）在东6街开业，它的两位首席调酒师分别是曾在"熨斗酒吧"和佩古俱乐部工作过的菲尔·沃德（Phil Ward）和布莱恩·米勒（Brian Miller）。华金·西莫（Joaquín Simó）——如今的"倾泻的丝带"（Pouring Ribbons）酒吧的经营者，以及吉利恩·沃斯（Jillian Vose）——曼哈顿最著名的酒吧"死兔子"（The Dead Rabbit）的首席调酒师，都曾是"死亡公社"的调酒师。

酒吧和调酒师的家族树在纽约开枝散叶，并从一个城市蔓延到另一个城市。很快，手工鸡尾酒运动成为一种全球现象。罗伯特·西蒙森（Robert Simonson）为这一运动及其最重要的参与者编写了令人不可思议的谱系，名为《适当的饮料》（A Proper Drink）。我强烈推荐这本书。不过，我们现在还是把注意力放在烈酒和鸡尾酒上，通过品尝来了解更多吧。

最后的愿望

"在高高的65层，他们可以俯瞰这座闪闪发光的城市……曼哈顿像一位美丽的女王戴着价值10亿美元的钻石……他们来到这里，庆祝他们生命中最伟大的时刻，并随着他们年轻时喜欢的乐队的旋律在旋转舞池里跳舞。他们来这里是为了重拾浪漫，重新变得年轻，哪怕只有一个晚上。"这段话出自我的朋友、顾客杰里·尤尔斯曼（Jerry Yulsman）。他是《花花公子》（Playboy）杂志和其他杂志的专栏作家和摄影师，也是参加过第二次世界大战的后座机枪手。他是罗马尼亚普洛耶什特油田多次轰炸中的幸存者，并就此出版了《最后的解放者》（The Last Liberator）一书。我在布鲁克林大西洋大道的跨信仰医院的日间病房里帮杰里实现最后一个愿望，当时我们夫妻双方都在场。我为所有人调了马天尼，我们在一扇敞开的窗户前抽着红万宝路，一名护士为我们守门。杰里是快乐的，那是我最后一次见他。

调制鸡尾酒的原料

　　新千年的手工调酒师们欣然接受了鸡尾酒的历史、传说和经典配方，并且把鸡尾酒带到了一个新天地。酒商们为市场带来了绝妙的新产品。让我们来看看这些原料，当然，也看看鸡尾酒的老配方和新配方。

我坚信酒是神赐予我们的礼物。人类是如何想出制造它们的呢？制酒不需要人类的手，它是由来自真菌王国的单细胞生物——酵母菌参与的一种自然过程的副产物。酵母菌的种类超过1500种，但我们特别感兴趣的是那些消耗糖和产生可饮用酒精的酵母菌。它们通过出芽或有丝分裂进行速度惊人的繁殖，并且在发酵过程中产生了大量酒精，而酒精又导致了它们的死亡（我们应该从这些微生物身上吸取教训，减缓消耗地球资源的速度。这个美丽的星球是我们的家园，它保护着我们，让我们免受来自外太空的侵害）。

蒸馏

蒸馏是将酒精从溶液中提取出来的过程，它需要人类的手和一台利用热能将酒精从溶液中分离出来的装置。基本上，任何含糖或淀粉的东西都可以转化为糖分并进行发酵和蒸馏。数千年来，人们一直在发酵各种水果、谷物、部分蔬菜、蜂蜜和甘蔗，并最终进行蒸馏。酒精的沸点是78℃，水的沸点是100℃，这一自然现象的发现源于第一批狩猎和采集者定居下来后的生活经验，人类意识到种植的谷物和采集的蜂蜜不仅仅能用于做面包。从古代亚洲所使用的陶制蒸馏器、北美殖民地所使用的镂空木头，到今天的多柱式蒸馏器，历史上用于蒸馏酒精的设备多种多样。柱式蒸馏器（也叫连续式蒸馏器）是由罗伯特·斯坦（Robert Stein）于1826年发明的，但是在1831年由埃尼亚斯·科菲（Aeneas Coffey）申请了专利。柱式蒸馏器的发明为制酒行业带来了巨大的飞跃。罐式蒸馏器（也称壶式蒸馏器、单批次蒸馏器）每次只能蒸馏少量酒液，之后必须进行清空和清洗才能倒入新的酒液（低度的啤酒或葡萄酒）。用大家所熟知的获得专利的双柱式蒸馏器进行蒸馏时，酒液（即发酵过的醪液）从蒸馏塔上部的液体管道注入，向下流动时被上升的水蒸气加热并再次上升，然后遇到向下滴落的新酒液，最终形成富含酒精的蒸汽并冷凝成液体。

如今有多种蒸馏设备供选择，酿酒者会根据酒的类型来决定使用什么样的设备。要想蒸馏出保留了基本原料风味物质（芳香物质）的、浓郁的、"油质"的烈酒，可能需要用壶式或罐式蒸馏器多次蒸馏酒液，这样可以使许多芳香成分或微量元素留在酒液中。高酒精度的、纯净的、几乎中性的烈酒可以用现代的蒸馏器高效地生产出来。有些柱式蒸馏器有多个柱体，内部每隔一段就有一层蒸馏盘，可以以惊人的效率去除特定的杂质。

味道和芳香

酒精是一种"热情、友好"的有机化合物，它能自然地与其他有机化合物结合，从而产生我们从烈酒中品到的味道和芳香。高酒精度的、几乎纯净的酒精可以加水稀释制成伏特加，或者添加药用植物调味制成金酒。酒精也可以接纳烟熏味，如苏格兰威士忌或手工酿造的梅斯卡尔酒。酒精还可以在木桶中进行熟化，经过一季又一季与木头发生反应，它不仅增添了风味，其中的单宁也得以柔化。遗憾的是，乙醇分子在与其他有机化合物结合时并不会区分好的味道和坏的味道，所以酿酒者必须是出色的"媒人"，只往酒中加他想要的味道和香气。你喜欢哪种味道和香气？品尝家中吧台里的各种酒，并用它们调制好喝的鸡尾酒，这将是一项艰巨的任务，但也会是一项令人愉快的任务。

开始挑选酒的品牌和摇晃摇酒壶之前，我们应该了解一些基本知识，其中最重要的是关于冰的知识。毕竟，鸡尾酒从定义上来说是一种美国冰饮料，冰是其主要构成元素。

冰

鸡尾酒是一种美国冰饮料，冰是鸡尾酒的灵魂。19世纪的鸡尾酒是经与冰块一起摇晃和搅拌后而成的。美国人喜欢冰冷的饮料，因为夏季炎热如火烧一般，而且美国人可以在冬天从结冰的湖泊中取冰并保存起来，留到夏季使用。去欧洲旅行的美国人经常因饮料中冰块少而烦恼。但欧洲缺冰的情况并非一直如此。早在古希腊、古罗马时期，人们就开始用冰雪来冷却饮料，这一点可以通过考古发掘出的用于储存食物的古代冰窖证实。欧洲人在欧洲大陆的冰原和雪原很容易获得冰，但是英国的冬天比较暖和，人们就很难获得冰。在英国，冰主要用于生产冰激凌等冷冻甜点，后来用于不列颠群岛蓬勃发展的鲱鱼捕捞业。

19世纪早期，一位名叫弗雷德里克·图德（Frederic Tudor）的美国人率先从事贩卖冰的工作，他在冬天收集冰并储存起来，然后在暖和的月份及炎热的季节出售。19世纪中期，制冰机开始出现在市场上。便宜、容易获得的冰块是鸡尾酒行业发展起来的主要因素。

调制鸡尾酒需要用到不同类型的冰：冰板、方冰、冰球和碎冰。在19世纪和20世纪早期，冰板是调制鸡尾酒的标准用冰。调酒者用工具将冰板分成所需类型的冰，如一直沉在潘趣酒酒杯底部的漂亮大冰块，以及从冰板上刨下来用于制作茱莉普和冰镇饮料的碎冰。

20世纪的大多数商用制冰机主要是在美国生产的，这些制冰机大多用于饮料生产（探险者、渔民和医院也使用）。科尔-德拉夫特（Kold-Draft）公司垄断了制冰机的生产。它的机器能够生产出1¼英寸（约3.1厘米）见方的固态方冰，这样的冰块能够在玻璃杯和水罐中保存更长的时间，甚至连需要冰镇鱼类和猎物的探险者也喜欢用这样的冰块。

20世纪后期，日本产的高效现代化制冰机进入制冰机市场，提高了冰块的制作速度。日本产制冰机制作的冰块更小、表面积更大，可以充分填充酒杯，给人一种液体更多的错觉。一台这样高效的机器可以取代两台旧机器，这确实节省了开支，但它也有不好的一面，那就是会过度稀释酒。这些新制冰机恰逢人们饮酒习惯发生转变时出现，人们开始饮用酒体更轻盈、更清淡、更甜的酒。变小的冰块可以填满杯子、更快地稀释酒，这确实适合酒体更轻盈、更甜的酒，使它们更清爽而不会太甜腻。在一段时间内，小冰块过度稀释酒的问题并没有被人们注意到。

那些习惯饮用加冰的优质烈酒或用烈酒调制的鸡尾酒的人都发现了过度稀释的问题。烈酒倒入装有两三个大冰块的酒杯中不会被过度稀释，能够保持其丰富的味道和酒精浓度。手工鸡尾酒运动的兴起使冰再次处于鸡尾酒产业的中心。如今，提供全方位服务的手工鸡尾酒酒吧会使用形式多样的冰：制作茱莉普和冰镇饮料用的是碎冰，制作凯匹林纳（Caipirinhas）用的也是碎冰，制作需要摇晃和搅拌的鸡尾酒用的是科尔-德拉夫特公司的制冰机制作的1¼英寸见方的方冰，2英寸（约5.1厘米）见方的大方冰用于纯烈酒，板冰用于潘趣酒。手工鸡尾酒酒吧还推出了一种名为卵石冰的新型冰，它是一种小的冰球，可以代替碎冰。不过，我不喜欢这种新型冰块，还是喜欢喝加了碎冰的茱莉普和冰镇饮料。手工鸡尾酒酒吧已经恢复了早先的传统，会订购（有的还会生产）大块冰板以加工成所需的形状，或者加工出细长的冰块用来制作高球（Highballs）。这种细长冰块是由萨沙·彼得拉斯克在他的牛奶与蜂蜜酒吧率先使用的，这家酒吧在曼哈顿的埃尔德里奇街。

萨沙·彼得拉斯克：冰人来了

萨沙·彼得拉斯克的牛奶与蜂蜜酒吧开业后不久，我的朋友乔（Joe）注意到一群年轻人从他家对面一层的麻将室里蜂拥而出。乔住在这个街区唯一的跃层公寓楼里的一套复式公寓里。他走上前问："你们在麻将室做什么？""那是一个酒吧。"他们回答。乔把头探了进去，然后看到了萨沙·彼得拉斯克。乔喜欢那个地方，偶尔会去喝一杯。他告诉萨沙，他最喜欢的酒吧是彩虹屋的长廊酒吧，他想把朋友达莱带去。不久之后我也在牛奶与蜂蜜酒吧认识了萨沙，他问了我很多问题，第一个问题就是关于冰的。当时，我像名传教士一样强烈推荐科尔-德拉夫特公司的制冰机，我说这种机器制作的方冰优于市场上的其他任何冰块。但是，这种制冰机的价格和大小都超出了萨沙的承受范围。我第二次去他的酒吧时，他给我看了一些有意思的超大尺寸的冰块，我问他冰块是怎么来的。他告诉我他花50美元买了一台大得可以容纳下一个人的冰柜，用它来制作大块的冰板，然后把它们切成需要的尺寸。

水是关键

你如果想了解水对鸡尾酒的重要性，可以尝试下面这个实验。把一瓶金酒放进冰箱的冷冻室，再把一瓶味美思（Vermouth）放进冰箱的冷藏室。把你的玻璃杯和橄榄也冰一下，使所有东西都冷却下来。准备一杯不加冰的马天尼，把它和之前冰镇过的金酒和味美思倒入冰冷的玻璃杯中，并加入橄榄。喝上一小口，你会感觉喝到的不像马天尼，因为它太刺激了，给口腔带来了令人不快的热辣感。由此你可以明白，冰块融化产生的水会稀释鸡尾酒并对它产生多种影响：它能缓和酒精的灼烧感，并将酒精度为80 Proof或90 Proof的烈酒送到舌尖，让你感受到用口腔中其他部位无法感受到的味道和芳香。

烈酒

在2002年出版的《调酒的细节》第一版中，我在介绍完七大酒类后推荐了一些品牌的酒。如今，不仅所有烈酒的类别猛增，还出现了许多新的酒类。增长如此迅猛，令人望而生畏。因此，我改变了自己的推荐方式。我会在很多配方中直接说明所用原料的品牌，这对推荐我中意的烈酒和提升鸡尾酒的品质来说是一个更好的方式。

一家库存充足的酒吧应该准备七大酒类中的一类或多类，七大酒类包括金酒、伏特加、威士忌（包括波本威士忌、苏格兰威士忌、黑麦威士忌、调和型威士忌和爱尔兰威士忌）、朗姆酒、特其拉、白兰地和利口酒。但是，这远远不够。以上七类烈酒已经与如今的鸡尾酒业的需求有点儿脱节。新类别的酒正迅速成为酒吧甚至家庭吧台的主要原料。梅斯卡尔酒、巴卡诺拉酒（Bacanora）和索托酒（Sotol）等龙舌兰酒（Agave），多种品牌的阿玛罗酒（Amaro）和其他苦酒出现在饮料柜和酒类商店中，甚至一度被视为非法产品的味美思在美国也可以合法饮用了。禁酒令实施前的进口利口酒已经消失几十年了，如今又出现了。美国本土酒坊的酒进入市场的速度快得让我们吃惊。亚洲的酒精饮料乘着亚洲美食的东风，向美国市场推出了清酒、韩国烧酒、日本烧酒，以及中国白酒。中国白酒目前是世界上最畅销的烈酒，2018年的销量达108亿升。我们是时候尝试这些酒了！所有这些酒都在今天的手工鸡尾酒中找到了归宿。你该从哪里开始呢？从评估你的需求开始，不是评估制作一杯鸡尾酒的需求，而是你的家庭吧台的需求。

价格

价格并不能保证质量，但在很多情况下一分钱一分货。我的倾向是选择你能负担得起的最好的原料。不过，没有必要在特级烈酒上花费太多，优级干邑（VSOP Cognac）就可以调制出不错的边车（Sidecar）。但是，也不要拿烹饪用白兰地来调鸡尾酒！酒类品牌通常按价格被分为3个等级，它们分别是价值品牌、国际品牌和优质品牌。但自从进入新千年，酒类产品相继向奢侈品行列迈进，超高档酒或特级酒自成一派，其价格从高于100美元到数千美元不等。在富有传奇色彩的贝尔-艾尔（Bel-Air）酒店的吧台后，我曾经点了基督教兄弟牌（Christian Brothers）白兰地加苏打水，还点了路易十三白兰地加苏打水，我很高兴我这样做了。

酒标和法规

酒标的信息既有简短别致的，也有详细如葛底斯堡演说的。美国法律规定，酒标必须包含以下重要和基本的信息：净含量、生产商、产地和酒精度。信息更丰富的酒标会说明烈酒的酿造过程；酒若经过陈化，酒标还会说明陈化的时间及在什么条件下进行陈化的。某些烈酒，如波本威士忌、黑麦威士忌、干邑白兰地（Cognac Brandy）、雅文邑白兰地（Armagnac Brandy），以及其他有严格生产要求的酒，都规定了可以出现在酒标上的文字。烈酒上的酒精度是以酒精的体积百分比（ABV，如"ABV为40%"代表"40度"）表示的。酒精度是ABV的2倍，即酒精度为80 Proof相当于ABV为40%。美国政府规定，几类基本的烈酒——威士忌、伏特加、白兰地、特其拉和朗姆酒装瓶时的酒精度必须达到40%或80 Proof。在美国，制定这些法规的机构是联邦酒精烟草税务贸易局，它更为人们所熟知的名称是TTB。在欧洲，类似的法规是由欧盟制定的，不过，TTB对于烈酒的法规和定义并不总是与欧盟的一致。生产商如果想将酒类产品出口到美国，就必须遵守TTB的基本要求，例如，伏特加、金酒、威士忌、白兰地、特其拉和朗姆酒等基本类型的烈酒在美国销售时，酒精度不得低于40%。访问TTB的网站并阅读一些相关要求一定能让你大开眼界。

加味烈酒（Flavored Spirits）和利口酒的酒精度可以略低。开胃酒（Aperitifs）、味美思和雪莉酒（Sherry）的酒精度也可以较低，通常在16%～30%之间，而利口酒的酒精度在16%～55%之间。今天，通过酒类生产商在指导消费者方面的不懈努力，有关烈酒及其酿造方法的知识在行业内和消费者中有了更广泛的传播。人们更相信有事实依据的知识，没那么容易被花哨的广告词迷惑了。越来越多的调酒师和消费者选择酒的依据是瓶子里的酒，而不是广告宣传单上的酒。

陈化

酒在酒桶中进行陈化不仅能为其增添风味，还能使新酿的烈酒中的刺激性风味变得温润。大多数的陈化都是在橡木桶中进行的。酒桶的大小、当地的气候、处理方式，以及酒桶被使用的次数都是影响成品的因素。例如，美国肯塔基州酒窖里的波本威士忌比苏格兰艾雷岛酒窖里的苏格兰威士忌的陈化速度快得多，因为肯塔基州夏季炎热、冬季凉爽潮湿，而艾雷岛常年有潮湿凉爽的海风，很少有炎热的天气。波本威士忌的陈化需要4～6年，而苏格兰威士忌需要6～12年。

烈酒的陈化通常被当作一种营销手段，但它实际上可能与酒的质量无关。如果蒸馏得很差，那么就算酒瓶上标着"12年陈酿"也毫无意义。因此，我们在挑选烈酒时不要完全看酒瓶上标示的酒龄，还是要挑那些成熟、可靠的品牌。

在某些情况下，新酿的酒可能更受欢迎。玛格丽特（Margarita）是一款清淡的、带有青柠味的鸡尾酒，最好用未经陈化的银色特其拉（Silver Tequila）或轻微陈化的微酿特其拉（Reposado Tequila）调制。昂贵的陈年特其拉（Añejo Tequila）及特级陈年特其拉（Extra Añejo Tequila）则适合纯饮或调制味道更丰富的鸡尾酒。用于调制大吉利（Daiquiri）的朗姆酒也是如此：使用新酿的或未陈化的、带有明显甘蔗味的银色朗姆酒（Silver Rum），而不使用带有橡木和香草味的陈年朗姆酒，因为后者会影响大吉利清爽、带有青柠味的特质。但也有例外，如迈泰（Mai Tai），它的配方中同样有青柠汁，但它却需要用陈年朗姆酒来调制，这样才能中和迈泰中的橙皮利口酒（Curaçao）和杏仁糖浆（Orgeat Syrup）的复杂味道。

除了水果白兰地要求存放在不会发生陈化反应的容器里，其他白兰地都要在酒桶中进行陈化以提高品质。许多种类的烈酒，如美国纯威士忌，对用来进行陈化的酒桶的类型、大小和处理工艺都有明确的要求。一个朋友问我，是不是只有美国纯威士忌需要在经过碳化的新橡木桶中陈化，而其他威士忌则不需要。乍一看这条法规，人们首先想到的可能是某个人脉广的酒桶制造商利用其在华盛顿的说客推行了这项法规。事实上，如果没有这个要求，美国威士忌就不会是今天这个样子了。威士忌直接接触的木桶内表面经过碳化处理后形成了一层焦糖。威士忌被倒入木桶和从木桶中倒出时都会与焦糖发生反应，从而产生变化。此外，酒精是一种强力溶剂，它可以溶解木材中含有的大量化合物，将它们带到木桶中。1964年，美国国会做了一件好事：经过深入研究，将波本威士忌定为美国传统产品以便保护，并制定了相关法规，使波本威士忌的品质得以保持和传承。关于波本威士忌和黑麦威士忌的确切法律定义，参见第29页"美国威士忌和加拿大威士忌"。

风格

在选购烈酒时，我们要考虑的最重要因素是酒的风格，这个因素也是最主观的。金酒就是一个很好的例子。伦敦干金酒使用多种植物香料进行调味，杜松子是其中最重要的香料。杜松子酒是金酒的原始版本，原产自荷兰以及法国和德国的部分地区，它带有麦芽香，味道类似于新酿制的威士忌。

威士忌的风味可以是辛辣、浓郁而有力的，也可以是酒体轻盈，有青草香、花香和果香，或者带有烟熏味和脂类甜美的味道。威士忌还可以拥有蜂蜜和香草的味道，我们之前提到过的波本威士忌就是如此。

当你走进一家卖酒的店铺，面对一排排酒瓶时，做出最终决定的唯一方法就是品尝。你可以先买不同品牌的50毫升的小瓶装直接品尝，然后用它们来调制你最喜欢的鸡尾酒。这是一种效率低且让人觉得孤单的方法。为什么不召集一群志趣相投的朋友，大家都带上自己最喜欢的酒，在一起品尝并用它们来调制鸡尾酒呢？那肯定很有趣。我会在后文的配方部分推荐不同品牌的酒，我推荐的原因有时是我认为它们适合特定的鸡尾酒，有时是因为我真的喜欢它们的味道。我从不推荐蒸馏得不够好的酒。不过，个人的爱好是最重要的，没有人会说

你喜欢某样东西不对。

品尝：鼻子"当家"

我们口腔中有数千个味蕾，但鼻腔中的嗅觉感受器有数百万个。《鉴赏威士忌》（*Appreciating Whisky*）一书的作者菲利普·希尔斯（Phillip Hills）用一个有趣的小实验说明了气味在味觉感知中的重要性：闭上眼睛，捏住鼻孔，让一个朋友在你的舌头上依次放一小片苹果和一小片洋葱，不要咀嚼，只是品尝。你会发现很难区分它们，除非你松开捏住鼻孔的手指，让它们的气味有机会通过口腔后部到达鼻腔。所以，就品尝美味而言，其实是鼻子"当家"。

现在，把鼻子伸到装有烈酒的杯子里尽情地吸气。这样做只会让你的嗅觉感受器在接下来的半小时里失去感知能力。相反，你可以先在鼻子下面轻轻摆动装有烈酒的酒杯，然后让杯子靠近自己，同时用鼻子和嘴巴吸气。沿着杯沿轻嗅，感受能够体现这款烈酒特点的微妙香气。你可能会像品葡萄酒一样摇晃酒杯，但不要这样做，因为蒸馏过的烈酒的酒精度比葡萄酒的高得多，摇晃酒杯只会让酒精蒸气集中在杯子顶部。职业品酒师用来品评烈酒的玻璃杯的杯身如圆碗，顶部呈烟囱状，有杯脚或没有杯脚。用这样的酒杯品酒时，酒精蒸气会被封在玻璃杯里，但烈酒特有的香气会飘上杯顶。不过，如果是在鸡尾酒派对品尝鸡尾酒，一个简单的白葡萄酒酒杯就够了。当你开始品尝烈酒的味道时，轻抿一小口，让酒液冲刷你的口腔，然后把酒液吐出来，这将冲掉你之前吃的百吉饼或吸烟残留的味道，并使你的口腔充满你正在品尝的烈酒。再抿一小口，让酒液停留在你的舌头中间，然后从舌头一侧滚动到另一侧，再慢慢从舌根滚动到舌尖，从而使舌头上的所有味觉感受器（也就是感受甜味、苦味、咸味和酸味的感受器）接触酒液。

如果你打算品评几个品牌的烈酒，那么把品尝过的酒液吐出来是明智的做法。品评是一种需要学习的技

能，因此，当你的更有经验的朋友说出一连串描述烈酒特征的术语而你哑口无言时，请不要气馁。和其他任何技能一样，品酒也需要练习，并需要通过建立属于你自己的"香气库"来强化。你如果想认真对待品酒这件事，那就多读关于品酒的书，写下你的看法。同时，列一张你喜欢或不喜欢的烈酒的清单，并根据具体情况列出它们特有的香气和味道。

如果你只是想和朋友开鸡尾酒派对，那么是时候用你最喜欢的烈酒调制鸡尾酒了。让我们从推动手工鸡尾酒运动以及让我们受益的烈酒——伏特加开始。惊讶

吗？绝对柠檬味伏特加（Absolut Citron Vodka）是大都会（Cosmopolitan）鸡尾酒的基酒，而大都会鸡尾酒在世界范围内拥有大量的爱好者，并且是使鸡尾酒再次出现在酒吧里的大功臣。

伏特加

伏特加是风格最鲜明的烈酒，但也是最难品评的烈酒。根据美国法律的规定，伏特加必须是纯酒，除水外无任何添加剂，无须陈化，基本上没有味道、没有香气。更准确地说是几乎没有添加剂，因为法律只允许添加甘油和柠檬酸来改善伏特加的口感。不过，正如支持添加添加剂的生产商所说的那样，添加剂所占的比例非常小，仅为百万分之几。

一般来说，伏特加是由谷物酿造的，国际市场上用谷物酿造的伏特加所占的比例在90%以上。但是，伏特加可以用任何能够发酵的植物酿造。一些欧盟国家的生产商反对用葡萄酿造伏特加，并呼吁对伏特加进行更严格的定义。但最近这样的呼声变小了，一种宽容的态度占了上风。按规定，伏特加的酒精度必须通过精馏达到80%以上，蒸馏器通常采用柱式蒸馏器或多柱式蒸馏器。蒸馏次数是伏特加生产商最喜欢使用的营销术语，过滤方式也是。在多柱式蒸馏器中，每个柱体里都分层安装了多个铜盘，也就是蒸馏盘，酒精就是通过这些蒸馏盘进行分馏的。人们可以通过将各个柱体里的蒸馏盘的数量相加得到成品烈酒的蒸馏次数。许多伏特加生产商利用这一营销术语向消费者保证，他们生产的伏特加经过多次蒸馏，因此品质高。伏特加生产的最后一步，也是非常重要的一步是过滤。过滤用的材料主要是活性炭，还包括其他更奇特或听起来更有趣的材料，如石英晶体、沙子，甚至是钻石粉末。活性炭被广泛使用是因为活化过程使1克木炭的表面积增加到32 000平方英尺（约2 973平方米）。木炭被磨成粉末后与浓度为25%的氯化钙溶液混合，然后变干燥，再经过漂洗和烘干就变成具有强大过滤能力的超细多孔炭。这个过程听起来很简单，但需要一些精密设备的参与才能实现。

不同品牌的伏特加之间的风格差异十分微小，因为伏特加的浓烈味道会让人忽略其他特征。不过，当你连续品尝一系列伏特加时，你会惊讶于它们在味道、香气和质地上的差异。第一个也是最明显的差异是生产中使用的原料不同：有的用谷物酿造，有的用马铃薯或水

果酿造。在我品尝过的所有种类的伏特加中，最具特色的是来自瑞典的卡尔松（Karlsson）马铃薯伏特加。每当我品尝伏特加时都会想起它，因为它是那么特别。我绝对会向喜欢喝伏特加的人推荐它，但是不建议用它来调制马天尼，它应该冰镇后直接啜饮，或者用来调制咸味或辛辣味的鸡尾酒，如血腥玛丽（Bloody Mary）或血腥公牛（Bloody Bull）。

　　伏特加的第二个风格差异是它们在舌头上表现出的质地，也就是口感。我发现，以下两种在美国非常受欢迎的进口伏特加分别代表了两种突出的风格：绝对伏特加质地油腻，甚至可以说是黏稠，这种质地在壶式蒸馏的烈酒中很常见；而苏连红（Stolichnaya）伏特加质地清爽，余味有轻微的药味。除了质地不同外，绝对伏特加还有一种西式面点的香气，喝完后会在舌头上留下类似于牛奶的口感，这是苏连红伏特加所没有的特质。绝对伏特加的甜美风味和油腻质地来源于甘油，这些甘油不是蒸馏后添加的，而是蒸馏的副产物，几乎所有蒸馏过的烈酒都含有微量的甘油。

　　伏特加同其他所有精馏过的烈酒一样，不应该有辛辣或苦涩的余味。所有酒精度在40%或以上的烈酒都有辣味，尤其是直接喝的时候，抿下第一口你的舌头就会产生火辣的感觉。但是，你如果喝下伏特加后不能通过快速吸几口空气让嘴巴像喝了薄荷水一样"冷却"下来，反而舌头仍然感觉火辣、不舒服，喉咙后部有辛辣、苦涩的余味，那就表明这款伏特加在蒸馏工艺上存在缺陷。这是一个适用于任何烈酒的评判原则，也是分辨蒸馏工艺好坏的重要标准。从原料的储存到最后的装瓶，酿酒的每一个步骤都需要技艺精湛的酿酒师参与，他们是决定酒的品质的关键。不过，尽管伏特加的种类比其他任何烈酒的种类都多，但是其品质与价格却没有必然的联系。高档和超高档的伏特加品牌通常是由经销商指定的，而不是由酿酒厂指定的。

皇冠伏特加的故事

　　20世纪30年代，美国康涅狄格州伯特利的鲁道夫·库内特（Rudolph Kunett）从巴黎的弗拉基米尔·斯米尔诺夫（Vladimir Smirnov）手中买下了皇冠伏特加（Smirnoff vodka）的品牌和配方。皇冠伏特加起源于沙皇俄国。当时，弗拉基米尔·斯米尔诺夫是皇冠伏特加创始人彼得·斯米尔诺夫（Pyotr Smirnov）唯一还在世的儿子。库内特的父亲是皇冠伏特加最早的谷物原料供应商。1939年，霍伊布莱因（Heublein）公司后来的总裁、创始人的孙子约翰·马丁（John Martin）以14 000美元的价格从库内特手中买下了这个品牌，并且承诺前10年每卖出一瓶皇冠伏特加都会给库内特小额使用费。第二次世界大战后，马丁不断用4种知名鸡尾酒——血腥玛丽、螺丝起子（Screwdriver）、莫斯科骡子（Moscow Mule）和伏特加天尼（Vodkatini）来推销他的伏特加。他与营销公司合作，把由油田工人发明的螺丝起子推销到了好莱坞。他最成功的营销是让皇冠伏特加与好莱坞演员产生了联系。他让皇冠伏特加的酒瓶出现在电影里，尤其是风靡全球的"007"系列电影里。他邀请年轻演员兼导演伍迪·艾伦（Woody Allen）为皇冠伏特加拍摄平面广告。这则广告中有一句著名的广告语，是专门用来吸引午餐时喝金酒 – 马天尼（Gin-Martini）的人的："皇冠伏特加，它让你无法呼吸。"马丁的成功以任何标准来衡量都是非凡的。他用35年的时间让一款在美国市场默默无闻、零销量的烈酒变成销量最大的烈酒。

调味伏特加

35年前，绝对伏特加和苏联红伏特加（如今也被称为红牌伏特加）等品牌推出了调味伏特加，但俄罗斯人给伏特加调味已经有几百年的历史了。那么，家庭酒吧需要调味伏特加吗？当然需要。如果你想显得见多识广，那么你需要准备柑橘味伏特加。仿照迪克·布拉德塞尔（Dick Bradsell）的意式浓缩伏特加鸡尾酒（见第118页），用优质香草味伏特加、甘露咖啡利口酒（Kahlúa）和冷的意式浓缩咖啡调制一杯美妙的私人特调鸡尾酒，怎么样？选择你最喜欢的调味伏特加，并从中享受乐趣吧。

金酒

金酒的基酒通常由谷物酿制而成（但并不绝对），然后加入植物香料，从而赋予它独特的"金酒"风味。许多种植物香料可以（也确实）被众多生产商用于制作金酒，但杜松子是其中必不可少的香料，而且通常是最突出的香气和味道的来源，是所有金酒的共同成分。用于制作金酒的植物香料还包括芫荽子、当归、鸢尾根、柠檬皮和橙子皮、茴香、决明子、八角、杏仁，以及很多叫不出名字的植物香料。

据说，是荷兰化学家弗朗西斯库斯·西尔维尤斯（Franciscus Sylvius）博士于16世纪中期在莱顿大学发明了金酒。但是，13—14世纪的一位来自现在的西班牙的医生兼作家阿尔瑙·德比拉诺瓦（Arnau de Vilanova）发明了一种添加了杜松子的烈酒，这比西尔维尤斯博士发明金酒早了3个世纪。事实上，在1614年西尔维尤斯博士出生之前，杜松子水（GeneverbessenWater）的配方就已经出现在荷兰第一本蒸馏指南——菲利普·赫尔曼尼（Philip Hermanni）于1562年出版的《蒸馏手册集萃》（Constelyc Distilleerboek）上了。1575年，波尔斯（Bols）酒厂在阿姆斯特丹开始生产金酒。

在荷兰作战的英国士兵爱上了金酒的味道，他们称其为"荷兰人的勇气"。出生在荷兰的英格兰国王威廉三世鼓励伦敦人生产金酒。威廉喜欢与英国酿酒师交朋友，他们反对从法国进口葡萄酒和烈酒，于是威廉免费向几乎所有有需要的酿酒师提供酿酒许可证。结果，金酒的产量从1690年的50万加仑（1英制加仑约等于4.5升）猛增到1710年的1800万加仑。18世纪和19世纪，金酒的发展道路崎岖不平，对此描述最精彩的要数戴维·翁德里奇（David Wondrich）在2017年3月28日的《每日野兽》（Daily Beast）上发表的文章《解开老汤姆金酒之谜》（Solving the Riddle of Old Tom Gin）。同其他烈酒一样，19世纪早期，随着连续式蒸馏器的发明，金酒的性质也发生了变化。如今，世界各地都在生产金酒，但伦敦干金酒始终被认为是调制干马天尼的基本原料。

金酒的种类

杜松子酒（或称荷兰金酒），就如同历史所记载的那样，要求酒精度达到35%～40%。杜松子酒最初是用壶式蒸馏器从麦芽酒（由黑麦和大麦的麦芽发酵而成）中蒸馏而来的，并用植物香料调味。杜松子是其中一款香料，但不是主要的香料。用于酿造基酒的谷物包括大麦、黑麦、小麦和斯佩尔特（Spelt）小麦。这种类型的杜松子酒被称为旧式（Oude，在英语中意同"Old"）杜松子酒，必须包含至少15%的麦芽酒。旧式杜松子酒可以在木桶中进行陈化，但陈化不是必要条件。另一种更古老的杜松子酒叫作谷类杜松子酒（Korenwijn），它要求用酒精度为51%～100%的麦芽酒进行蒸馏，它是所有杜松子酒中与18世纪的杜松子酒最相似的。

最近刚上市的老达夫（Old Duff）品牌推出了限量的杜松子酒，它完全是用黑麦和大麦麦芽发酵而成的麦芽酒蒸馏而成的。美国进口了这款烈酒，有胆量尝试的人可以购买。20世纪中期，一种用新型柱式蒸馏器蒸馏而成的杜松子酒出现了，我们叫它新式（Jonge，在英语中意同"Young"）杜松子酒。"新"并不是在描述它的年份，而是表明了它是一种新的风格。新式杜松子酒通常由谷物制成，但也不绝对如此（在粮食短缺时期，也用糖蜜等其他来源的糖来酿造）。如今的新式杜松子酒只含有15%或者更少的麦芽酒，甚至可以完全不含麦芽酒。传统的杜松子酒每升可添加20克以下的糖，与之相比，新式杜松子酒可添加的糖少得多，每升不超过10克。根据欧盟关于烈酒的规定，杜松子酒是唯一一款拥有官方产品地理标志（AOC）、原产地命名或原产地标志保障的金酒。比利时和荷兰共有11个生产杜松子酒的AOC产区。荷兰金酒传统上纯饮即可，有时也可搭配啤酒或冷熏鱼等小吃。在19世纪中期的美国，荷兰金酒最常用于调制金酒鸡尾酒，如高级金酒鸡尾酒（Fancy Gin Cocktail），其配方首次出现在杰里·托马斯所著的《调酒手册及美食家的伴侣》。

伦敦干金酒是一种高度精馏的烈酒（酒精度为80～94 Proof），只在蒸馏过程中添加天然植物香料。不同品牌会选择特定的植物香料，以赋予自家的金酒特有的芳香和味道。根据欧盟的法规，伦敦干金酒只允许含有极少量的糖。尽管如此，伦敦干金酒却不受欧盟产品地理标志的保护。

老汤姆金酒与伦敦干金酒相似，但前者可以加糖。欧盟不认可将老汤姆金酒单独划分为一类，所以现代版的老汤姆金酒随处可见，而且很多一点儿糖都不加。作为一种风格独特的金酒，老汤姆金酒在19世纪非常受欢迎。在19世纪中期的美国，杜松子酒和老汤姆金酒是最常用的用来调制鸡尾酒的金酒。老汤姆金酒正在经历一场复兴，并在手工鸡尾酒运动中找到了归宿。手工蒸馏已经将1 600多种金酒推向了全球市场。我相信，假以时日，这个数字会翻一番，而且市场会决定赢家和输家。

威士忌

当我第一次听到客人对我说"酒保，我要一杯威士忌加苏打水"时，我被难住了。他想要爱尔兰威士忌加苏打水、苏格兰威士忌加苏打水、波本威士忌加苏打水，还是黑麦威士忌加苏打水？一开始我会向客人问清楚，但后来我意识到只有英国人会点威士忌加苏打水，而他们所说的威士忌通常指的是苏格兰威士忌（现在，我只听口音就能判断客人的国籍）。此外，喝波本威士忌的人从不冒险，他们总是按品牌点酒，或至少说明要波本威士忌。过去喝黑麦威士忌的都是脾气暴躁的老男人，但如今点黑麦威士忌的很可能是年轻的职业女性。黑麦威士忌也回归市场，出现在世界各地的酒吧里。

爱尔兰威士忌和苏格兰威士忌

所有喝威士忌的人都有自己固有的喜好，但我们必须向发明威士忌的爱尔兰及苏格兰兄弟致敬。据说某些种类的威士忌在苏格兰和爱尔兰已经有700多年的历史。在有"威士忌传教士"之称的移民来到新大陆并发现玉米之前，爱尔兰和苏格兰的威士忌是用大麦、小麦、黑麦，甚至燕麦制成的。麦芽苏格兰威士忌以大麦为原料，酿造的第一个步骤就是使大麦发芽，帮助种子中的淀粉转化为糖。大麦发芽至第5天或第6天时，即芽苗与根苗开始使用经过酶分解出来的糖的时候，就需要停止发芽以最大限度地保留之后的糖化过程所需的糖和淀粉。这需要将麦芽放到窑中烘干，这也是苏格兰威士忌和爱尔兰威士忌有别于其他威士忌之处。

就苏格兰威士忌而言，烘干发芽的麦粒是添加独特风味的过程，正是这一风味使苏格兰威士忌有别于世界上其他任何一种威士忌。烘干麦粒的一部分工序是在燃烧的泥煤上进行的，泥煤产生的烟与变干的麦粒直接接触。随后，在发酵和蒸馏的过程中，烧窑用的泥煤产生的烟熏味会被酒精分子带到最终的产品中。如今，许多国家都在生产带有烟熏味和泥煤味的麦芽威士忌，但苏格兰仍然是苏格兰威士忌的主要产地。法国、日本、印度和美国现在也在生产类似的威士忌，这些国家有时还会从苏格兰购买麦芽。

大多数的现代爱尔兰威士忌有少许泥煤味，但通常没有烟熏味。这种泥煤味来自水，而用柱式蒸馏器或罐式蒸馏器蒸馏的麦芽酒没有烟熏味，因为酿酒用的所有麦芽都是在密闭的窑中烘干的，而且这些窑是用煤炭或天然气作为燃料的，因而不会产生烟。爱尔兰威士忌正在经历一次巨大的复兴，老式的生产方式正在回归。用100%的发芽和未发芽的大麦发酵，并用罐式蒸馏器蒸馏而成的威士忌再次获得了追捧，这样的威士忌包括知更鸟（Redbreast）威士忌、黄点（Yellow Spot）威士忌和绿点（Green Spot）威士忌。

美国威士忌和加拿大威士忌

在大西洋的另一边，威士忌可以分为两大类：纯威士忌和调和型威士忌。黑麦威士忌和波本威士忌等美国纯威士忌必须用至少51%的主要谷物酿造，黑麦威士忌用的是黑麦，波本威士忌用的是玉米。黑麦威士忌可以用100%的黑麦酿造，但酿造波本威士忌所用的玉米不能超过79%。蒸馏过的威士忌的酒精度不得超过80%，并且必须在新制的、内壁烧焦的橡木桶中陈化至少2年。在整个过程中，除了水，威士忌中什么也不能添加。装瓶时威士忌的酒精度不得低于40%。

田纳西（Tennessee）威士忌和波本威士忌几乎在各个方面都很相似，只不过酿造田纳西威士忌多了一道叫"林肯郡过滤法"（Lincoln County Process）的工序。威士忌在进入内壁烧焦的酒桶进行陈化之前，要慢慢地流经一大桶10英尺（3.05米）高的糖枫木炭来过滤。这样酿造出的威士忌不能使用"波本威士忌"的标签，因为依据法规，波本威士忌在蒸馏后不能添加或去除任何东西，而这种过滤法恰恰违反了这个规定。

麦芽浆由沸水和磨碎的谷物混合而成。对酿造纯威士忌来说，可以用甜麦芽浆，也可以用酸麦芽浆。酸麦芽浆和甜麦芽浆最初是同一种物质，都是由沸水和碎谷物混合而成的泥状物。但是，麦芽浆的酸化在纯威士忌的生产中占有很大的比例，做法是在准备用于酿造威士忌的麦芽浆中添加前一批已发酵过的麦芽浆，从而开始新一轮的发酵。同样的工序也用于制作酸面团面包，也就是将上一轮发酵过的面团保存起来，而后添加到新面团中。这一工序有利于酵母菌继续繁殖，从而确保产品风味一致。甜麦芽浆发酵会产生新鲜酵母，以增强酵母活性，使威士忌的风味产生巨大的变化。

先锋酿酒师凯瑟琳·斯皮尔斯·卡彭特

凯瑟琳·斯皮尔斯·卡彭特（Catherine Spears Carpenter）是9个孩子的母亲，她住在美国肯塔基州边境，在丈夫去世后，她靠纺织和酿酒养家糊口。1818年，她在给朋友的一封信中提到了用酸麦芽浆酿造美国威士忌的方法，这是第一个有记载的用酸麦芽浆酿造美国威士忌的配方。这个配方足以让凯瑟琳入选肯塔基波本威士忌名人堂。

调和型威士忌在美国威士忌销售中所占的份额越来越小了（下面我将更多地介绍调和型威士忌的历史）。调和型美国威士忌是由至少20%的酒精度为50%的纯威士忌与中性谷物烈酒和（或）淡质威士忌调和而成的。

如今，美国有数百家手工威士忌酿酒厂，它们按自己的规则生产大麦麦芽威士忌、小麦威士忌、燕麦威士忌、100%玉米威士忌，以及用19世纪爱尔兰麦芽浆配方或自选的其他麦芽浆配方酿造的威士忌。麦芽浆配方就是简单列出谷物种类和用量的清单。越来越多的酿酒师并不遵循政府对威士忌陈化的严格要求，即在新的烧焦橡木桶中至少存放2年。他们正在创造自己的陈化工序，搭配使用各种橡木桶，所用的橡木桶包括烤过的、烧焦的和未加工的橡木桶，以及装过不同类型的葡萄酒和雪莉酒的旧木桶。他们不会因产品标签对使用"波本""黑麦"等词的严格限制而困扰，因为他们不打算在标签上使用这些词。

简而言之，他们所做的正是美国人会做的事情：想做什么就做什么！据我所知，在被严格传统所束缚的欧洲酿酒师中，有些人对美国的酿酒师羡慕不已。

鸡尾酒的传说：酒精饮料的储存

酒精度为40%及以上的烈酒，以及如君度（Cointreau）这样的高酒精度利口酒可以在室温下密封储存，并且有无限长的保质期。味美思、波特酒、马德拉酒（Madeira）和雪莉酒等加强型葡萄酒在开封后应冷藏。最甜的葡萄酒可以冷藏储存4～6周。味美思也可以储存这么长时间，只要每次开瓶后能及时放进冰箱里冷藏。对所有类型的葡萄酒来说，开瓶后冷藏都是至关重要的。不起泡干葡萄酒开瓶后会被氧化，除非储存在用真空泵抽去空气的酒瓶里，或者储存在泵入了氮气或氩气的酒柜里。所有烈酒和葡萄酒都应避免长时间暴露在阳光下。

调和型威士忌和纯威士忌

在连续式蒸馏器（也就是柱式蒸馏器）发明之前，威士忌都是在单批次罐式蒸馏器中酿制的。当时，威士忌的市场主要在爱尔兰、苏格兰和美国。而在英国，麦芽威士忌被认为是上等法国白兰地的"穷亲戚"，当地人觉得麦芽威士忌无论怎么饮用都太烈了。然而，随着科菲发明了连续式蒸馏器，一切都改变了。连续式蒸馏器可以以较低的成本酿造出质地清爽、度数较高的混合谷物威士忌。

19世纪，葡萄根瘤蚜虫害席卷欧洲的葡萄园，摧毁了葡萄酒和白兰地产业。然而，许多人却从这场虫害中发现了机遇，其中就包括苏格兰的一小群杂货商和酿酒师。来自爱丁堡的酿酒师安德鲁·厄舍（Andrew Usher）找到了解决英国人认为麦芽威士忌"过于浓烈"这个难题的办法。他将连续式蒸馏器酿造的清爽的谷物威士忌和浓郁的麦芽威士忌混合在一起，得到了一种调和型威士忌。这种威士忌保留了两种烈酒的优良品质，并且可以以较低的成本保持风味一致。厄舍之后，迪尤尔（Dewar）兄弟和其他许多人沿用了这种方法。他们生产出了高质量的调和型威士忌，并将其推广到全世界。

南北战争后，酿造调和型威士忌在美国成为利润巨大的生意。1861年，林肯政府对烈酒征收消费税的举措使许多小型威士忌酿酒厂彻底破产，工业化的大型酿酒厂则利用这个机会拓展了业务。这些大型酿酒厂从新式蒸馏技术中获益匪浅，因为他们有资金建造精馏塔（精馏就是往蒸馏过的酒液中添加或去除一些物质的工序）。他们这么做纯粹是为了追求利润，而且比苏格兰人表现得更加赤裸裸，毕竟苏格兰人还会花精力酿造高品质的调和型威士忌。恰恰相反，品质是美国大型酿酒厂最不在意的。他们通过向买来的肯塔基州桶装纯波本威士忌中添加10倍的廉价谷物威士忌和各种令人讨厌的成分（如胡椒油和杂酚油）来欺骗消费者，让他们相信自己喝的是高度烈酒，然而他们实际尝到的是那些添加剂的味道。这种威士忌通常含有不到10%的原装肯塔基波本威士忌。酿酒厂用这种调和型威士忌冒充正品肯塔基波本威士忌运往西部不断扩张的边境酒吧市场。

一位名叫乔治·加文·布朗（George Garvin Brown）的企业家曾做过药剂师助理，他找到了一种用于保护肯塔基波本威士忌正品地位的解决方案。用于危险药品的防拆封瓶盖是当时一项处于发展阶段的技术，布朗将同样的技术用于肯塔基波本威士忌酒瓶的瓶盖。起初，他买了几桶肯塔基波本威士忌，并以老福里斯特（Old Forrester）品牌装瓶出售。这个名称源于他的前雇主——福里斯特博士。他向客户保证，瓶子里装的是纯正的肯塔基波本威士忌。布朗只销售瓶装威士忌，以此来保护品牌的品质，这是一项重大的变革，推动了品牌的大范围扩张。布朗的老福里斯特（现在商标改成Old Forester，少了一个"r"）在今天仍然很受欢迎。我在彩虹屋担任酒水部经理期间，一直选用老福里斯特作为我们的店酒。它以前是物美价廉的优质威士忌，现在依然如此。1996年，在美国最大的酒业公司百富门（Brown-Forman）工作了40年的酿酒大师林肯·亨德森（Lincoln Henderson）以老福里斯特为基础，将超级优质品牌伍德福德珍藏（Woodford Reserve）推向市场。

美国开始实施禁酒令之后，陈酿纯波本威士忌和纯黑麦威士忌几乎在美国市场消失，好在加拿大的陈酿调和型威士忌填补了这一空白，它们甚至在美国陈酿纯威士忌的产量能够满足市场需求后依然很受欢迎。可悲的是，到20世纪中叶，所有的棕色烈酒，包括威士忌，都在迅速失去市场份额，取而代之的是容易与果汁搭配、对喜欢清淡酒精饮料的大众具有吸引力的无色烈酒——伏特加。

鸡尾酒中的威士忌

"真正的烟熏苏格兰威士忌，如产自艾雷岛的麦芽威士忌，是所有威士忌中最难调制鸡尾酒的，尽管也有例外，如加里·里根（Gary Regan）的文雅（Debonair[e]）鸡尾酒将生姜味和烟熏苏格兰威士忌搭配在一起，味道奇妙，大受欢迎。"这句话出自本书2002年的版本，它比书中的其他任何一句话都更能反映这18年来发生的巨大变化。麦芽威士忌、梅斯卡尔酒等味道浓烈的烈酒如今在鸡尾酒行业备受推崇。才华横溢的澳大利亚调酒师山姆·罗斯（Sam Ross）曾在萨沙·彼得拉斯克位于纽约的牛奶与蜂蜜酒吧工作，他现在在同一个地方经营一家名为"好样的"（Attaboy）酒吧，他用这个星球上烟熏味最浓的苏格兰威士忌拉弗格（Laphroaig）创造出了一款现代经典鸡尾酒——盘尼西林（Penicillin）。调和型苏格兰威士忌更容易融入鸡尾酒，许多经典的鸡尾酒都由它调制而成，如罗布·罗伊（Rob Roy）、血与沙（Blood and Sand）和鲍比·伯恩斯（Bobby Burns）。任何事情都有可能在鸡尾酒世界里发生，如今的美国威士忌成为调配鸡尾酒的热门基酒，橡木桶焦化的余味在鸡尾酒中别具魅力。在曼哈顿风格鸡尾酒、老式鸡尾酒、酸酒、茱莉普、托蒂酒（Toddies）、思迈斯（Smashes）、蛋酒（Nogs）、威士忌高球和潘趣酒等的配方中都有美国威士忌。

鸡尾酒的传说

当你看到"100%单一麦芽苏格兰威士忌"的酒标时，意味着这种威士忌是用大麦麦芽酿制的，"单一"指的是这种威士忌产自同一酿酒厂、同一季节。

特其拉

在传统观念中，特其拉，也叫龙舌兰酒，是一种类似于啤酒的发酵酒的蒸馏版本，这种发酵酒名为布尔盖酒（Pulque），最初是由墨西哥原住民阿兹特克人酿造的，是用龙舌兰的鳞茎汁液发酵而成。事实上，龙舌兰有数百个品种，为墨西哥原住民提供衣食住行等日常需求，酿造布尔盖酒仅仅是龙舌兰的众多用途之一。不过，西班牙殖民者不太喜欢酒精度低的布尔盖酒，所以他们把龙舌兰的汁液发酵并蒸馏制造烈酒。第一种由龙舌兰酿制的烈酒被称为梅斯卡尔酒（Vino de Mezcal），事实上，梅斯卡尔酒是由龙舌兰酿造的烈酒的总称，今天我们所说的特其拉只是其中的一种。

那么，蒸馏技术是随着西班牙人来到新大陆的吗？有些人提出了另一种观点：在欧洲人到来前，美洲原住民就已经在使用蒸馏技术了。蒸馏技术起源于亚洲，之后流传到世界其他地方。亚洲早期的蒸馏器是陶瓷的，而今天仍在墨西哥东南部瓦哈卡山谷使用的蒸馏器也是陶瓷的。这一发现表明，美洲的第一批蒸馏器可能来自亚洲。

早期的梅斯卡尔酒在当代墨西哥的许多地方仍在生产。直到18世纪后期，梅斯卡尔酒的生产都是以龙舌兰镇为中心的。在用不同的龙舌兰做过实验后，当地人最终选择用蓝色龙舌兰酿造特其拉。顺便说一句，墨西哥人至今仍在酿造布尔盖酒，我在瓦哈卡的大型集贸市场喝过，十分喜欢。墨西哥法律规定，只有用墨西哥哈利斯科州、纳亚里特州、米却肯州、瓜纳华托州和塔毛利帕斯州种植的蓝色龙舌兰酿造的龙舌兰酒才能被称为特其拉。

龙舌兰可以通过异花授粉进行有性繁殖，并且主要是通过蝙蝠授粉。龙舌兰自然结成种子需要12～16年，但是很少有生产商有耐心等龙舌兰通过种子自然繁殖。好在龙舌兰不需要适应和改变，因为健壮的龙舌兰的叶腋下会克隆出幼芽。一株龙舌兰母株的叶腋下会长出12株甚至更多的幼芽，它们很容易被移植并继续生长。

特其拉主要分为两大类：混合特其拉和100%用蓝色龙舌兰酿造的纯特其拉。混合特其拉由不少于51%的蓝色龙舌兰汁液酿造而成，在发酵过程中加入了蔗糖或其他来源的糖。它通常以散装或瓶装的方式运输到其他地方。纯特其拉由100%的蓝色龙舌兰的汁液发酵、蒸馏而成，必须在墨西哥进行陈化和装瓶。根据墨西哥法律，特其拉按陈化时间分为4类：白色特其拉（Blanco Tequila，未经陈化；若陈化的话，时间少于60天）、微陈特其拉（Reposado，陈化时间不超过1年）、陈年特其拉（陈化时间超过1年）和特级陈年特其拉（Extra Añejo，陈化时间超过2年）。特其拉的陈化是在橡木桶中进行的，不同的生产商会选择不同的橡木桶，常用的

有法国橡木桶和美国橡木桶，但最常用的是装过威士忌的橡木桶。上述4类特其拉既可以作为纯特其拉出售，也可以被调和成混合特其拉出售。酒瓶标签上标有"Joven Abocado"（西班牙文，意为"年轻且顺口的"）的特其拉也被称为金色特其拉，从分类上来说它属于混合特其拉，因为它的金色不是由陈化形成的，而是因为添加了色素（一般为焦糖色）。

从单纯的一种植物到一种独特的烈酒，关键就在于蓝色龙舌兰的"心"，也就是它的鳞茎。当外部的叶子被砍掉后，剩下的"心"就像一个巨大的菠萝，重达50～100磅（1磅约等于454克），含有甘甜的汁液，这种汁液被当地人称为"蜜水"（Aguamiel）。龙舌兰"心"被送到酿酒厂后，会被放入砖头或水泥建造的烤炉里蒸或烤24～36小时（或者放入现代的不锈钢压力锅中蒸7小时）以便提取出其中的糖分。之后，龙舌兰"心"会被静置并冷却24小时，然后被砸碎或碾碎并用水冲洗以提取出其中剩余的可用于发酵的汁液。发酵后的工序便是蒸馏，用罐式蒸馏器还是用柱式蒸馏器进行蒸馏则取决于生产者，尽管手工酿造的100%特其拉通常只需在温度较低的罐式蒸馏器中进行蒸馏。无论如何，根据法律规定，特其拉必须经过2次蒸馏，蒸馏后的酒精含量为55%。这样的特其拉既可以继续进行陈化，也可以装瓶。在装瓶前，它还需要用纯水稀释到上市销售所需的酒精度（通常要求40%）。

现代化的代价是什么

在特其拉的传统生产中，龙舌兰的"心"需要在烤炉中缓慢烘烤，从而将其中的糖转化为淀粉。这一过程会使糖变成焦糖，使得"蜜水"中生成独特风味的化合物。"蜜水"是从蒸熟的龙舌兰"心"中提取出来的；将龙舌兰"心"碾碎，然后用泉水冲洗碎渣，以便收集龙舌兰的"蜜水"。由此获得的汁液被转移到发酵缸中。之后，发酵过的液体会被蒸馏2次，使其酒精度变为55%左右。在加热龙舌兰"心"的过程中会产生风味化合物（也被称为同源物），这种化合物在发酵过程中会与酒精分子结合，在蒸馏后也会出现，这就是我们在上等特其拉中寻找的龙舌兰特有的味道。

特其拉在新千年见证了生产技术的重大进步，其中之一是用巨大的机器来榨取未蒸烤过的龙舌兰"心"。这一改进受到了特其拉的爱好者和一部分消费者的强烈抵制。这台机器有一条街那么长，用高压水从未蒸熟、碾碎的龙舌兰纤维中提取淀粉或菊粉。由此产生的汁液再被煮熟，使淀粉转化为糖。还有一些生产商会用盐酸浸泡切碎的龙舌兰，从而将淀粉转化为糖。用这些方法从龙舌兰"心"中提取出的糖比用传统方法多得多，也就是说用这些方法能提高酒精产量。但是，没有经过缓慢蒸烤的龙舌兰"心"不能产生焦化的糖，也就不能产生传统酿造方法所能提供的同源物，所以由此生产出的成品也就失去了传统特其拉的独特风味。那么，这种技术进步是为了什么？是为了让流水线上的酒瓶看起来好看吗？

梅斯卡尔酒：特其拉的兄弟

谈到特其拉，就不能不提到梅斯卡尔酒。梅斯卡尔酒是一种墨西哥烈酒，它曾经和一种蝴蝶幼虫一起装瓶。虽然那只是一个营销手段，但这些手工酿造的烈酒和酿造它们的人在今天得到了应有的尊重。梅斯卡尔酒主要在瓦哈卡周围生产。在罗恩·库珀（Ron Cooper）和他的合伙人的努力下，传统的乡村梅斯卡尔酒从瓦哈卡周围的山村进入更广阔的市场。他们经营的德尔玛盖（Del Maguey）公司买断了一个名叫帕伦克（Palenque）的以生产梅斯卡尔酒为生的村庄的所有产品，然后装瓶并以村庄的名字和龙舌兰的品种命名。罗恩和他的合伙人现在从12个不同的村庄买酒并装瓶，每种产品均以村庄的名字和龙舌兰的品种命名。德尔玛盖龙舌兰公司的经营模式为许多公司提供了新思路，传统的梅斯卡尔酒变得有竞争力了。

梅斯卡尔酒可用多种龙舌兰酿制，其主要原料是一种名叫'埃斯帕迪'（Espadín）的龙舌兰。不过，一些其他品种的龙舌兰也被用来酿酒，其中包括一些野生龙舌兰，如'西尔韦斯特雷'（Silvestre）和'托巴拉'（Tobala）。

梅斯卡尔酒的生产方法与特其拉的生产方法几乎相同，除了对龙舌兰"心"的烘烤有所不同。在传统或古老的梅斯卡尔酒的生产中，烘烤龙舌兰"心"的热量来自木炭。龙舌兰"心"会被埋在土坑里，下面是石头和木炭。虽然龙舌兰"心"不与木炭直接接触，但在烘烤过程中它们会被木炭产生的烟熏到，而且时间长达2周或更长，酿造出的梅斯卡尔酒具有明显的烟熏味。

史蒂夫·奥尔森（Steve Olsen）和费尔南多·卡巴列罗·克鲁斯（Fernando Caballero Cruz）在德尔玛盖龙舌兰公司的帕伦克酒产地

鸡尾酒中的特其拉和梅斯卡尔酒

特其拉非常容易与柑橘类果汁及其他果汁混合，也可以只与汤力水、冰混合。特其拉的植物芬芳很适合咸鲜味的血腥玛丽和传统的特其拉桑格丽塔（Sangrita）。喝梅斯卡尔酒则仿佛是在享受一场滋味丰富的盛宴，它的味道会随着龙舌兰的品种和酿造方法的变化而变化。之前，梅斯卡尔酒在鸡尾酒中的应用仅限于与味道浓郁的生姜或芒果、百香果等热带水果搭配。然而，新千年的手工调酒师们已经抛弃了传统的口味组合，开始用梅斯卡尔酒、带苦味的开胃酒和阿玛罗酒等烈酒来调制鸡尾酒。瓦哈卡老式鸡尾酒（见第171页）由手工调酒师菲尔·沃德改自经典的老式鸡尾酒，它就用到了2种流行的特其拉。

朗姆酒

朗姆酒被认为是新世界的第一种烈酒，是1493年哥伦布将甘蔗引入西印度群岛后开始在巴西、巴巴多斯岛和牙买加生产的。不过，这个论断受到一部分人的反对，因为最早的文献记载的是皮斯科酒于16世纪末开始生产。到了18世纪中期，朗姆酒在加勒比地区、南美洲和新英格兰都有生产，并且是最受欢迎的烈酒。朗姆酒起源于新大陆的说法受到了一些研究烈酒历史的专家的质疑，其中就包括休·巴茨－金和安东·马塞尔。他们在合著的《朗姆酒的昨天和今天》这本书的开头写道："印度历史学家杜瓦·昌德·杜特（Udoy Chand Dutt）提到了古代印度人用纯甘蔗汁制作的一种名叫'西杜'（Sidhu）的饮料，以及另一种由制糖后剩下的褐色黏稠糖蜜制作的名叫'高迪'（Gaudi）的饮料。"现在我们无法确定它们是否被蒸馏成酒精，但纯甘蔗汁或糖蜜都很容易发酵，所以它们至少是酒精饮料。有证据表明，东南亚国家和印度早就开始酿造蒸馏酒了。在《食物考古大百科》（*The Archeology of Food: An Encyclopedia*）这本书介绍蒸馏的部分中，我们注意到，人们在印度北部和巴基斯坦交界处的一座2500年前的村庄里发现了被鉴定为蒸馏器的陶瓷罐。而在17世纪和18世纪，荷兰和英国的探险家及商人都在东南亚国家见到过当地人以糖蜜和大米为原料生产烈酒。2017年，研究烈酒历史的戴维·旺德里奇博士在《每日野兽》上发表了一篇探讨东南亚国家的蒸馏历史的文章，文章由两部分组成，分别为"重新发现世界上第一种奢华烈酒：巴达维亚亚力酒（Batavia Arrack）"和"一种重要鸡尾酒原料的重生"。

酿造朗姆酒的原料是糖蜜、甘蔗汁，或者一种叫作"甘蔗蜜"的浓缩糖浆（通过减少压榨出的甘蔗汁的水分制成的）。用这3种原料酿造的朗姆酒有一些共同之处，但它们的风格会因酿造方法和产地的不同而有巨大差异。戴维·旺德里希提出了一种给朗姆酒分类的简单方法，分类的依据一部分是传统的分类方法，另一部分是酿造朗姆酒的技术。戴维·旺德里希、保罗·帕屈尔特、史蒂夫·奥尔森、道格·弗罗斯特（Doug Frost）、安迪·西摩（Andy Seymour）和我，共同创办了酒精饮料资源公司（Beverage Alcohol Resource Company，简称BAR）。

英国风格朗姆酒

巴巴多斯岛是加勒比海地区最早生产朗姆酒的地方。早期来自英国殖民地的以糖蜜为原料的朗姆酒，尤其是牙买加朗姆酒被一些人称作"海盗之酒"，它们和东南亚国家用甘蔗和大米酿造的味道浓郁的蒸馏酒没什么不同。富含酯类物质、酒体厚重的朗姆酒能够吸引曾经的印度殖民者也就不足为奇了。这种强烈的风味来自发酵过程中产生的同源物，它们经过蒸馏后留在了成品里。

这些富含酯类物质的朗姆酒有着浓郁的香气和味道，受到了新移民的欢迎，也是我和我的合伙人最喜欢的朗姆酒。这类朗姆酒的品牌包括史密斯和克罗斯（Smith & Cross）、美雅士（Myers）和蔗园（Plantation），以及更现代的、含酯类更少的品牌，如阿普尔顿庄园（Appleton Estate）、四方（Foursquare）和凯珊（Mount Gay）。

天然的风味库

酯类物质是在发酵过程中产生的一些"杂质"，被归为同源物。在蒸馏过程中，羧酸与乙醇（也就是酒精）很容易发生反应生成天然的酯类化合物。酿酒者可以通过增加酯类化合物的种类来产生各种水果的香味。不过，当朗姆酒被蒸馏到非常高的酒精度时，即80%以上时，羧酸与乙醇之间的化学键会断裂，酯类物质会减少。

酒精度超标的超烈朗姆酒

酒精度超标的朗姆酒是一种超高酒精度的烈酒，通常来自牙买加或英国，其酒精体积百分比为75%（酒精度150 Proof！），通常会在调酒的最后阶段加一点点到整杯酒中。在不稀释的情况下喝任何一种高度烈酒，对饮酒者来说都是非常困难的。但是，超烈朗姆酒有浓烈的味道，只要谨慎使用就可以为许多鸡尾酒增添风味。使用这种朗姆酒时必须注意：远离明火。

法国风格朗姆酒或农业朗姆酒

法国和葡萄牙殖民地都是用甘蔗汁来酿造朗姆酒的，而不是用蔗糖的副产物——糖蜜。朗姆酒的风格取决于酿造过程。法国人做了你能想到的所有事情：他们将干邑白兰地的酿造技术引入朗姆酒的酿造中，使用了夏朗德铜制罐式蒸馏器，生产出具有上等白兰地特性的高度朗姆酒。这种酒也被称为农业朗姆酒，在马提尼克（Martinique）岛和海地很流行。马提尼克岛生产的农业朗姆酒受到了法国和欧盟的原产地保护，在美国销售的马提尼克农业朗姆酒的品牌包括喜爱（La Favorite）、克莱门特（Clément）和内森（Neisson）。当然，用连续式蒸馏器蒸馏的传统"工业"朗姆酒与农业朗姆酒同时都在生产，只不过农业朗姆酒具有更浓郁的甘蔗味。

插图选自《一帆风顺》（*Full and By*，1925），爱德华·A. 威尔逊（Edward A. Wilson）绘

受原产地保护的烈酒

受原产地保护的烈酒在全世界范围内都是最受欢迎的烈酒。除了原产地，它们在世界上的其他任何地方都不得酿造，在许多情况下，这些烈酒的地理原产地受到法律保护。干邑白兰地是世界上最早受到保护的原产地白兰地，它必须用生长在法国干邑产区（包括夏朗特省和滨海夏朗特省的大部分地区）的葡萄酿造。干邑白兰地还必须在同一地区蒸馏、陈化和装瓶。干邑镇位于这些葡萄种植区中心附近。1909年，干邑白兰地产区的范围受到法律的明确限定。在法国，这些限制农产品产地的法律被称为原产地保护法（AOC）。如今，欧盟也采取了同样的保护措施。法国本土的雅文邑白兰地、干邑白兰地、卡尔瓦多斯苹果酒，以及法属马提尼克岛的马提尼克朗姆酒都受到了AOC的保护，各有专门的产区。世界上受到同样保护的烈酒还包括必须在苏格兰生产的苏格兰威士忌、必须在美国特定地区生产的波本威士忌、必须在墨西哥5个指定州生产的特其拉，具体的法规由各国自行制定。

在巴西，甘蔗蒸馏酒产业的规模巨大，大部分都已达到工业规模。1972年，巴西政府对卡莎萨（Cachaça）朗姆酒的生产做了限定，要求它和大多数朗姆酒一样用甘蔗汁而不是糖蜜来酿造。法国农业朗姆酒也有同样的要求。卡莎萨是全球销量排名第三的甘蔗蒸馏酒，但在巴西以外的国家尚未形成大的影响力，除了德国和美国等国家，因为它在这些国家依托于手工鸡尾酒运动稳固立足。不过，一群新兴的手工酿酒师正在尝试用本地木材陈化并改进蒸馏技术，这可能会为这些独特的朗姆酒开辟更大的市场。这些酿酒师正在努力将卡莎萨作为巴西的文化遗产加以保护。在世界各地的手工鸡尾酒爱好者中，有很多人对卡莎萨着迷，这种热情正在向更广阔的地区蔓延。

西班牙风格朗姆酒

西班牙风格朗姆酒最早是由百加得（Bacardí）生产的。百加得由唐法昆多·百加得·马松（Don Facundo Bacardí Massó）于1862年在古巴的圣地亚哥创办，他开发出了一种酒体较轻盈的、用糖蜜酿造的白朗姆酒（Carta Blanca），并用它与来自加勒比海其他地区的具有浓郁"海盗风格"的朗姆酒竞争。如今，百加得朗姆酒的全球销量仅次于菲律宾的丹怀（Tanduay）朗姆酒。酒体轻盈的百加得朗姆酒是第一种在陈化后使用木炭过滤的朗姆酒。过滤工序和特有的酵母造就了这种现代的纯净蒸馏酒，它也由此受到了热烈的追捧。百加得朗姆酒最初用罐式蒸馏器蒸馏，然后过滤；现在则是在现代化的柱式蒸馏器中蒸馏，并在木桶中陈化后过滤。很长一段时期内，百加得朗姆酒都是世界上最畅销的朗姆酒，在墨西哥和波多黎各都有酿酒厂。1960年，菲德尔·卡斯特罗（Fidel Castro）没收了百加得在古巴的资产，于是百加得公司将古巴剩余的产业带到了波多黎各。如今，百加得公司已经实现了产品的多元化，为设在世界各地的工厂增添生产设备，用来生产味美思、金酒、威士忌和伏特加。最近，百加得还收购了培恩（Patrón）特其拉，并使其在美国的总销量上升至第2位，仅次于帝亚吉欧（Diageo）酒业公司旗下的特其拉。

世界风格朗姆酒：世界各地的朗姆酒

上文介绍的英国风格朗姆酒、法国风格朗姆酒和西班牙风格朗姆酒并不能涵盖世界各地产量激增的朗姆酒。我把其余的朗姆酒放在"世界风格朗姆酒"这个标题下进行介绍，是因为它们大多是用糖蜜发酵并用柱式蒸馏器蒸馏的，因而酒精度比前面3类风格的更高，所含的同源物更少。当然，这样的生产工艺可以生产出酒体更轻盈的朗姆酒，比起其他传统的用甘蔗汁酿造的朗姆酒，它们与伏特加有更多的共同点。在这一类朗姆酒中，许多都严重依赖木桶进行陈化，尤其是美国威士忌桶，主要是为了使朗姆酒吸收木桶中的味道。

· *澳大利亚朗姆酒：澳大利亚从19世纪就开始生产朗姆酒，产品包括白朗姆酒、金朗姆酒（又称琥珀朗姆酒——译者注）和黑朗姆酒。在美国，有12个州和5个地区不允许班达伯格（Bundaberg）朗姆酒在网上销售。*

· *巴巴多斯朗姆酒：巴巴多斯朗姆酒的酒体为中度到厚重。凯珊朗姆酒是最古老的且连续生产的朗姆酒品牌。生产凯珊朗姆酒（Mount Gay Rum）的基利波（Gilboa）山庄园于1663年被威廉·桑迪福德（William Sandiford）买下。我们不清楚朗姆酒是从什么时候开始生产的，但在1703年庄园被约翰·索伯（John Sober）购买或继承时，这里就有了处于工作状态的蒸馏器。几年后，约翰·索伯家族的世交约翰·盖伊·阿莱恩爵士（Sir John Gay Alleyne）成为这家酿酒厂的经理，他为酒厂的业务增长做出了很大贡献。法国公司费朗酒庄（Maison Ferrand）在巴巴多斯生产蔗园巴巴多斯（Plantation Barbados）朗姆酒和XO朗姆酒。XO朗姆酒先在加勒比地区用波本桶陈化，之后被运到法国继续在橡木桶中陈化。四方酿酒厂的理查德·西尔（Richard Seale）是一位才华横溢的第三代巴巴多斯本土酿酒师，他酿造出了四方朗姆酒、多尔利（Doorly's）朗姆酒、真麦考伊（The Real McCoy）朗姆酒，以及其他朗姆酒。R.L.西尔公司（R. L. Seale & Company）生产的约翰·D.泰勒天鹅绒法勒南（John D. Taylor's Velvet Falernum）是我最喜欢的鸡尾酒原料之一。*

- **英属维京群岛朗姆酒**：帕萨姿（Pusser's）朗姆酒一直是英国海军的特供品，并因此而闻名于世，它是由巴巴多斯、特立尼达岛和圭亚那的朗姆酒混合而成的。它味道浓郁，能够与潘趣类酒很好地融合在一起。

- **古巴朗姆酒**：哈瓦那俱乐部（Havana Club）的朗姆酒是古巴最好的朗姆酒，是用糖蜜和甘蔗汁酿造并用连续式蒸馏器蒸馏而成的。遗憾的是，美国人至今都没喝过用沙过滤的哈瓦那俱乐部朗姆酒。

- **多米尼加朗姆酒**：这类朗姆酒刚开始在美国引起人们的注意，主要是因为它们在美国才销售了几年。其中最具代表性的是布鲁加尔（Brugal）朗姆酒和罗恩·贝穆德斯（Ron Bermúdez）朗姆酒。

- **危地马拉朗姆酒**：萨凯帕（Zacapa）朗姆酒是在危地马拉海拔7 000英尺（2 133.6米）的高地上进行陈化的，可以说，它所处的环境比任何其他朗姆酒所处的环境都凉爽。洛雷娜·瓦斯克斯（Lorena Vásquez）接任萨凯帕成为首席调酒师后，全男性酿酒大师的传统被打破。

- **圭亚那朗姆酒**：圭亚那的德默拉拉（Demerara）朗姆酒属于英国风格朗姆酒，酒体为中度到厚重。这类朗姆酒产于圭亚那德默拉拉河沿岸，出口到伦敦后与英国海军特供的朗姆酒混合，曾经配给英国皇家海军的每一个水手。海军特供朗姆酒也来自圭亚那和特立尼达岛。多拉多（El Dorado）朗姆酒是产自圭亚那的著名朗姆酒，由罐式蒸馏酒和柱式蒸馏酒混合而成。卡登黑德经典（Cadenhead's Classic）朗姆酒是一种醇厚的朗姆酒，主要由圭亚那德默拉拉朗姆酒调和而成，酒精度为50%。

- **海地朗姆酒**：海地以芭班库（Barbancourt）朗姆酒闻名，这是一种用甘蔗汁而非糖蜜酿制的极佳的朗姆酒，可以单独啜饮。它通常要经过8～12年的陈化，具有一种如干邑般的美妙余味。苏格兰装瓶商卡登黑德也在海地给朗姆酒装瓶，如卡登黑德绿标9年朗姆酒和卡登黑德绿标11年朗姆酒（Cadenhead Green Label 9-and 11-Year），一些特殊的瓶装酒的年份甚至更长。

- **印度尼西亚朗姆酒**：巴达维亚亚力酒是甘蔗蒸馏酒中含酯类物质最多的，部分原因归为它是用甘蔗汁和红米糕一起发酵而成。感谢我们的历史预言家戴维·旺德里希，我们又可以享用巴达维亚亚力潘趣酒了。

- **牙买加朗姆酒**：牙买加朗姆酒以酒体厚重闻名，这种朗姆酒是英国风格朗姆酒的最佳代表。乌雷叔侄（Wray & Nephew）酿酒厂是牙买加最大的酿酒厂，生产一系列酒体中度的朗姆酒和味道浓郁的超烈朗姆酒，并贴上酿酒厂自有标签和阿普尔顿庄园的标签。美雅士黑朗姆酒在美国非常受欢迎，也是种植者潘趣（Planter's Punch）的关键原料。

- **马提尼克朗姆酒**：克莱门特朗姆酒是马提尼克岛生产的最好的朗姆酒之一，感谢进口商埃德·汉密尔顿（Ed Hamilton），我们才能喝到来自马提尼克岛最正宗、最美妙的朗姆酒——喜爱朗姆酒和内森朗姆酒。埃德让美国各地的调酒师们兴奋不已，因为他将产自圭亚那德默拉拉河畔的汉密尔顿珍藏151德默拉拉超烈朗姆酒带到了美国。现在，他们可以在调制迈泰鸡尾酒的最后阶段倒一点儿心仪的超烈朗姆酒了。

- **波多黎各朗姆酒**：百加得朗姆酒主要在波多黎各生产，它是世界风格朗姆酒的最佳范例，与其他朗姆酒相比，它酒体更轻盈，同源物更少。波多黎各朗姆酒市场上的所有朗姆酒都产自隶属于波多黎各的各个岛屿，包括百加得朗姆酒、唐Q（Don Q）朗姆酒、龙德尔·巴里利托（Ron del Barrillo）朗姆酒、罗恩·利亚韦（Ron Llave）朗姆酒和帕洛·维乔（Palo Viejo）朗姆酒。

- **特立尼达朗姆酒**：当地生产商最终决定增加对美国的朗姆酒出口。安高天娜芳香苦酒（Angostura Aromatic Bitters）是在美国销售时间最长的品牌之一，这也是安格斯特拉增加朗姆酒对美出口的原因之一。

- **美属维京群岛朗姆酒**：克鲁赞（Cruzan）朗姆酒和摩根（Morgan）船长朗姆酒是产于美属维京群岛的两种适合调制鸡尾酒的朗姆酒。

- **委内瑞拉朗姆酒**：潘佩罗（Pampero）酿酒厂生产优质朗姆酒，他们的陈年周年纪念版朗姆酒被调酒师评为最好的朗姆酒之一。

横溢的古巴调酒师们在调制朗姆酒上充分发挥了他们的创造力。

独立装瓶商

卡登黑德是苏格兰历史最悠久的独立装瓶公司，给朗姆酒、金酒、干邑和威士忌装瓶。该公司装瓶的朗姆酒是从加勒比海沿岸各地的酿酒厂买来的，然后运到坎贝尔城，在那里陈化和装瓶。卡登黑德因自家出品的朗姆酒的酒精度能够达到46%而自豪，因为许多装瓶商出品的朗姆酒的酒精度仅为40%，而且卡登黑德朗姆酒的陈化时间更长。产自圭亚那和海地的绿标朗姆酒的陈化时间从9年到11年不等，一些瓶装酒的年份甚至更长。

朗姆酒名称的由来

朗姆酒的名称是怎么来的？一种理论认为，甘蔗的拉丁学名 *Saccharum Officinarum* 中的属名和种名均以"Rum"结尾。西班牙人叫它"Ron"，瑞典人和俄罗斯人叫它"Rom"，法国人叫它"Rhum"，英国人则毫不拐弯抹角地称朗姆酒为"杀人恶魔"。查尔斯·威廉·陶西格（Charles William Taussig）在《朗姆酒，浪漫与反叛》（*Rum, Romance and Rebellion*）一书中写道，"Rum"这个词来源于西印度群岛的"Rumbullion"一词。他引用了1676年的一份期刊中的话，这份期刊将这种物质描述为"由蒸馏过的甘蔗汁制成，产于巴巴多斯岛的一种火辣的、地狱般的、可怕的烈酒"。然而，《朗姆酒的昨天和今天》的作者安东·马塞尔和休·巴茨－金认为，这个词起源于乔叟（Chaucer）的《坎特伯雷故事集》（*Canterbury Tales*），这是一个全新的观点。

鸡尾酒中的朗姆酒

尽管殖民地时期的美国人喜爱朗姆酒，但美国独立战争和1812年的美英战争摧毁了美国的朗姆酒产业。直到禁酒令开始施行，美国人才再次认识了朗姆酒，但不是在美国，而是在古巴。哈瓦那成了不受世俗陈规束缚的人、有钱人，尤其是好莱坞明星的旅游目的地。才华

白兰地

白兰地是一种用葡萄酒或其他发酵果汁蒸馏的烈酒。英文单词"Brandy"来源于荷兰语"Brandewijn"（意思是"燃烧的葡萄酒"），它指的是在蒸馏过程中加热葡萄酒的技术。白兰地涵盖的范围很广，包括意大利果渣白兰地（Grappa）、法国果渣白兰地（Marc）、渣酿白兰地（Pomace）、皮斯科白兰地和"生命之水"。最好的葡萄白兰地通常来自法国西南部的两个产区：干邑和雅文邑。

雅文邑白兰地是法国人喝的白兰地，法国人消费了65%雅文邑生产的白兰地。它的出口量很小，这可能让法国人非常高兴。雅文邑产区由3个地区组成，总共只有15 000公顷葡萄园，而干邑产区有89 000公顷葡萄园。

法国的诺曼底地区生产苹果酒（Apple Ciders）和梨酒（Pear Ciders）已有400年的历史。诺曼底的苹果白兰地（Apple Brandy）是干邑白兰地和雅文邑白兰地的近

菲利普·吉罗尼（Philippe Gironi）的可移动雅文邑白兰地蒸馏器

亲。在太阳王路易十四统治期间（1643—1715年），苹果白兰地被禁止在诺曼底以外的地区销售。

而在美国，各酿酒厂纷纷生产出了大量优质的白兰地。嘉露（Gallo）酒庄在过去几年里一直处于领先地位，不仅收购了久负盛名的奢华白兰地品牌杰曼-罗宾（Germain-Robin），还发展出自有白兰地品牌——阿尔戈英雄（Argonaut）。

西班牙白兰地

西班牙也生产一些顶级白兰地，如索雷拉特级珍藏赫雷斯白兰地（De Jerez Solera Gran Reserva）。西班牙白兰地和雪莉酒都产自西班牙南部的安达卢西亚地区。这一地区的很多城镇都被称为"德拉弗龙特拉"（De La Frontera），因为历史上这个地区是基督教教徒统治的欧洲和南部摩尔人占领区的边界。该地区的中心是赫雷斯·德拉弗龙特拉镇，腓尼基人最早定居于此，之后来这里定居的是希腊人、罗马人、汪达尔人、哥特人、摩尔人，最后是基督教教徒。这个地区的葡萄园在古代就非常繁茂，摩尔人虽然不喝酒，却发明了一种蒸馏器来蒸馏酒精，用于医疗和美容。事实上，摩尔人被认为是欧洲最早用蒸馏的方法酿酒的民族，而他们酿酒的小镇被他们称为"Sherisch"，也就是后来的赫雷斯"Jerez"〔请注意Sherisch和雪莉酒的相似之处〕。1262年，西班牙基督教教徒从摩尔人手中夺回边境，开始酿造葡萄酒供应给驻扎在那里的大批士兵。这些葡萄酒最终伴随着勇于探险的西班牙人来到新大陆，而在葡萄酒中额外添加酒精可以使葡萄酒在温暖天气的长途航行中得以保存。15世纪末是地理大发现时代的起点。西班牙探险队向西航行，将甜葡萄带到他们在南美洲西海岸的殖民地，并开始在那里种植。甜葡萄很快适应了当地的环境，最终在秘鲁和智利边境地区被用于酿造皮斯科白兰地。

干邑白兰地

早在10世纪，英国和挪威的水手就为了购买盐驶向法国西部地区。多次航行后，他们也开始在那里买酒。

350年前，荷兰人就在夏朗德河沿岸进行贸易，并且收获颇丰，他们在推动当地葡萄酒的早期蒸馏方面功不可没。商业化的蒸馏始于1575年的阿姆斯特丹。荷兰人在法国干邑建造了第一家蒸馏厂，他们的目的很明确，就是为了在葡萄酒产地蒸馏葡萄酒。这是因为葡萄酒容易氧化，不适合长途运输，而且经过蒸馏的葡萄酒体积减小了，这样不仅节省空间，而且可以减少税额（葡萄酒是按体积征税的）。直到19世纪早期，干邑白兰地一直是装在木桶里运输的，到达目的地后再进行陈化和装瓶。从19世纪起，干邑白兰地的生产商开始在本地进行陈化和装瓶。

如今，干邑白兰地出口到160个国家，拥有比雅文邑白兰地更多的消费者。干邑产区的葡萄种植面积只相当于19世纪70年代根瘤蚜虫害肆虐前葡萄园面积的1/3。葡萄酒生产大部分都集中在6个法定种植区中的4个，即大香槟区、小香槟区、边林区和优质林区。良质林区和普通林区的面积很大，但是这些地区出产的"生命之水"只偶尔用于酿造干邑，而且从不用于酿造顶级的干邑。

干邑产区最常见的葡萄是特雷比安诺（Trebbiano），它在法国被称为白玉霓（Ugni Blanc）或圣爱美浓（Saint Emilion），90%的干邑白兰地葡萄基酒都是由它酿制的。用它酿造的葡萄酒酸度高、酒精含量低，这赋予干邑白兰地诱人的风味以及随着橡木桶陈化不断改善品质的潜力。葡萄基酒在壶式蒸馏器或夏朗德蒸馏器中经过两次蒸馏，最终成为待陈化的"生"干邑白兰地，也就是我们所说的"生命之水"。由于用于葡萄酒陈化的橡木桶具有透气性，所以在此过程中酒液会以每年3%的挥发率减少，这相当于法国人每年的葡萄酒消费量，也就是2 500万瓶葡萄酒。这种源于挥发的损失有个浪漫的说法——"天使之享"。法国大约有175家干邑生产商，既有小型农场主，也有跨国酒业集团。

天堂酒窖是陈酿酒窖的内部密室，最古老的用于勾兑的珍藏原酒被储藏在大肚玻璃容器中，其中一些容器制造于19世纪中期。干邑白兰地是一种勾兑型烈酒，采用单一年份的"生命之水"勾兑的干邑可以称为"年份干邑"，同时需要在酒标上标注相应的年份，法国政府对此有严格的要求。干邑白兰地的酒龄和年份必须有明确的文件证明，但仅有由生产商提供的证明还不够，还需要通过碳-14年代测定法来确定真实的酒龄。根据陈化时间，干邑白兰地的酒标上会分别标注VS（表示陈化时间至少为2年）、VSOP（表示陈化时间至少为4年）、XO（表示陈化时间至少为6年）。

雅文邑白兰地

雅文邑产区位于法国西南部的加斯科涅地区，雅文邑白兰地最早是从15世纪开始生产的。雅文邑产区下属的3个指定产区分别是下雅文邑区、特纳赫兹区和上雅文邑区，其中的下雅文邑区和特纳赫兹区生产世界级甄选系列。雅文邑产区共种植10个品种的葡萄，其中有4个品种占主导地位，它们分别是白玉霓、巴科（Baco Blanc）、白福儿（Folle Blanche）和鸽笼白（Colombard）。葡萄需要在开始成熟但还未熟透前采摘以确保高酸度，这是雅文邑白兰地的关键特质。低酒精度（9%~10%）的葡萄原汁会被立即放入独特的混合蒸馏器中进行蒸馏，这种蒸馏器同时具备连续蒸馏和分批次蒸馏的特点。所有的葡萄基酒必须在采收次年的4月30日之前蒸馏完毕。

雅文邑白兰地陈化所用的橡木桶来自法国利穆赞地区和特朗赛森林种植的橡木，橡木桶可以说是与葡萄及土壤同样重要的元素，它们使雅文邑白兰地具有独特的风味，从而独树一帜。雅文邑白兰地在橡木桶中的陈化时间最长可达50年，到那时水果的香气会消失。雅文邑白兰地可以用同一年份的葡萄压榨酿制成年份酒，也可以用不同年份的葡萄基酒勾兑而成。如果酒标上既有"Vintage"又有"Blended"，则标注的年份是最年轻的基酒的年份。传统的雅文邑白兰地比干邑白兰地味道更浓郁，但如今它们的风格比较相近。

卡尔瓦多斯苹果白兰地（CALVADOS）

卡尔瓦多斯苹果白兰地是法国北部的特产。卡尔瓦多斯产区是诺曼底西部和鲁昂以东的一小块地区。苹果白兰地（在美国叫作Applejack）在全球多地都有酿造，

但卡尔瓦多斯苹果白兰地被认为是最好的。它的酿造方法是将发酵的苹果汁蒸馏两次，然后放入利穆赞橡木桶中陈化1年以上，有些甚至陈化了40年。在诺曼底地区，人们经常在享用大餐的过程中喝点儿卡尔瓦多斯苹果白兰地来帮助消化。最好的卡尔瓦多斯苹果白兰地要陈化10~15年。

卡尔瓦多斯苹果白兰地很适合调制鸡尾酒，尤其是美国的苹果酒鸡尾酒，如杰克·罗斯（Jack Rose）。弗兰克·迈耶（Frank Meier）是20世纪30年代巴黎里茨（Ritz）酒吧的首席调酒师，他1936年出版的《调酒艺术》（*The Artistry of Mixing Drinks*）一书中有一份令人印象深刻的卡尔瓦多斯鸡尾酒配方，他称这款鸡尾酒为苹果杰克鸡尾酒（Applejack Cocktail）。今天的手工调酒师们非常喜欢使用卡尔瓦多斯苹果白兰地。

索雷拉（SOLERA）系统

西班牙白兰地以一种特殊的陈化方式——索雷拉系统——有别于它的法国同族。不同于干邑白兰地和雅文邑白兰地在单独的橡木桶中慢慢陈化，西班牙白兰地是在一系列被称为"培养层"（Criaderas）的成排橡木桶中进行陈化的。这个系统的底层被称为"索雷拉"，储存的是酒龄最长的白兰地。这一层的白兰地再经过一段时间的陈化便可以装瓶。索雷拉的上面一层被称为"第一培养层"，再往上是第二培养层，依此类推。新酿造的白兰地在橡木桶中陈化5年后便会被送入索雷拉系统，从顶层的酒桶开始它的"旅行"。为了使新酿造的白兰地能够进入并通过培养层，等量的陈酿会流向下一层。这样，新酿的白兰地就会与老一些的酒液混合。新老酒液的混合也在下面的各层之间进行，酒液从老酒桶转移到更老的酒桶，最终到达底层的酒桶，这就确保有足够的老酒与新酒混合。只用3年的时间，通过这个系统获得的陈酿的产量就相当于单独用橡木桶陈化15年的白兰地或干邑白兰地的产量。

鸡尾酒中的白兰地

白兰地、威士忌和金酒是调制所有早期鸡尾酒（Early

Cocktails）、高级鸡尾酒和库斯塔（Crustas）的3种基础烈酒。这3类鸡尾酒的成分基本相同——烈酒、苦精（苦酒）和甜味剂，而且甜味剂通常是橙皮利口酒。它们的不同之处在于装饰和准备工作。第一款茱莉普是用干邑白兰地和（或）桃子味白兰地调制的。所有的彩虹酒的配方都要求最后倒入白兰地。19世纪，许多人早上起床会喝一杯以白兰地为基酒的牵牛花（Morning Glory）鸡尾酒，晚上睡觉前则喝一杯以白兰地为基酒的史丁格（Stinger）鸡尾酒。在禁酒令实行之前，由白兰地、波特酒、鸡蛋和糖制成的咖啡鸡尾酒（Coffee Cocktail）是餐后酒精甜品的首选。

加强、加香葡萄酒

加香葡萄酒（Aromatic Wines）是人类已知的最古老的酒精制剂之一。例如，公元前4世纪，医学奠基人希波克拉底（Hippocrates）将草药和鲜花浸泡在酒中制药。在大多数情况下，加香葡萄酒是用葡萄酒或其他烈酒来增加香气的。像味美思这样的加香葡萄酒经过了高度加工，成品中基酒的特征并不明显；基酒只是"调色板"，上面集合了各种味道。这些葡萄酒的酒精度为16%～18%。加强葡萄酒也通过加入用葡萄酿造的"生命之水"来延长保质期，但是所用的葡萄的品种决定了加强葡萄酒的风味。年份波特酒通常用同一年份的不多于6种的葡萄来酿造，也可以用单一品种的葡萄来酿造。

味美思

对鸡尾酒来说，最重要的加香葡萄酒是味美思。味美思在英语中叫Vermouth，这个词源自德语中的Wermut，意为"助消化的苦艾酒"。17世纪的英国作家塞缪尔·佩皮斯（Samuel Pepys）曾在日记中提到过带有苦艾味的葡萄酒。不过，很多人认为第一款商业化的味美思是由意大利都灵的安东尼奥·卡帕诺（Antonio Carpano）于1786年酿造的，并成为其效仿者仙山露之

家（The House of Cinzano）的灵感来源。仙山露之家如今是味美思的著名生产商，成立于1757年，但它当时只是一家糖果公司。直到19世纪，它才开始生产仙山露加香葡萄酒（Cinzano Aromatized Wine）。马天尼罗西公司（The Martini & Rossi Company）成立于1863年，当时亚历山德罗·马天尼（Alessandro Martini）、泰奥菲拉·索拉（Teofila Sola）和路易吉·罗西（Luigi Rossi）共同接管了都灵的这家味美思酿酒厂。他们研制出一款味美思，它比卡帕诺的味美思更甜、药草味更浓、辛辣味更淡。意大利和法国的味美思都是用白葡萄酿造的，更甜的红味美思的颜色来自添加的焦糖色。

1813年，法国马赛的约瑟夫·诺伊（Joseph Noilly）推出了一款全新的、无色透明的干味美思。尽管意大利味美思和法国味美思略有区别，但它们的基础配方相同，都是以葡萄酒做基酒，添加混成葡萄酒（加糖的葡

18世纪的品酒杯

萄汁和白兰地），再用药草、植物的根、树皮和花等调味。酿造过程可谓相当复杂。药草和调味香料需要浸泡在基础葡萄酒和用葡萄酿造的"生命之水"中。"生命之水"和其他高度烈酒一样，是比葡萄酒更好的浸渍草药和香料的溶剂，但每家酿酒厂都有自己的独门方法。浸泡之后，葡萄酒和白兰地被倒入大缸中混合搅拌后再经过巴氏杀菌，冷藏2周以使杂质结晶，然后过滤和装瓶，味美思就酿造完成了。

1815年，尚贝里（Chambéry）开始生产味美思，这个地区在拿破仑于滑铁卢战役中战败后刚刚被归还给萨伏伊公国。尚贝里如今是法国萨瓦省的省会，位于法国中东部的阿尔卑斯山地区，生产一种优质的干味美思——唯一一种获得原产地命名法保护的味美思。遗憾的是，这种味美思的原产地认证始终没有更新，好在尚贝里还开发了一种半白型干味美思——杜凌（Dolin）干味美思。尚贝里生产的杜凌干味美思是19世纪晚期美国干味美思的基准，但是禁酒令施行之后它就再也没有出现在美国市场。2009年，外贸公司豪斯·阿尔彭兹的创始人埃里克·锡德（Eric Seed）将杜凌干味美思和甜（红）味美思重新引进美国市场。该公司还引进了深受手工鸡尾酒调酒师追捧的味美思品牌——好奇（Cocchi）味美思。

其他加香加强葡萄酒品牌包括来自法国的利莱（Lillet）、杜宝内（Dubonnet）、苦皮康（Amer Picon）和圣拉斐尔（St Raphaël），以及来自意大利的安提卡（Rosso Antico）、好奇、潘脱蜜（Punt e Mes）、西娜尔（Cynar）和巴罗洛·奇纳多（Barolo Chinato）。

在鸡尾酒世界的超级明星马天尼和曼哈顿，以及无数其他现代和经典的鸡尾酒中，都有加香葡萄酒的身影。

雪莉酒、波特酒和马德拉酒：加强型葡萄酒

鲁珀特·克罗夫特-库克（Rupert Croft-Cooke）在1956年出版的《雪莉酒》一书中写道："有雪莉酒，就有所有其他的葡萄酒。"雪莉酒是一种多功能的葡萄酒，适合作为开胃酒、餐酒和鸡尾酒的原料。雪莉酒和所有的葡萄酒一样，都要经过发酵，但在发酵完成后，雪莉酒的生产还有一个额外的步骤——用未陈化的葡萄白兰地来提高酒精度。这将它与其他葡萄酒区分开来。和西班牙白兰地一样，雪莉酒也是通过索雷拉系统进行陈化的。尽管雪莉酒在颜色、味道和甜度上有着巨大的差异，但实际上只分为两大类：菲诺（Fino）和欧洛罗索（Oloroso）。菲诺是干型雪莉酒，表面有一层薄膜——酒花（Flor），这是由酵母菌等菌种形成的，它们能够在低度葡萄酒表面存活。菲诺雪莉酒比欧洛罗索雪莉酒的酒体轻盈，因为酒精度高于15.5%的葡萄酒的表面不能形成酒花，而欧洛罗索的酒精度会被提高到18%。当表面的酒花消失，菲诺雪莉酒就开始氧化和老化，成为另外一种雪莉酒——阿蒙提亚多（Amontillado）。阿蒙提亚多雪莉酒通常会在酒花消失后陈化6年，它颜色更深、口感更柔和，有丰富的坚果味。酒体最干的菲诺雪莉酒是曼赞尼拉（Manzanilla），它的独特风味源自在海滨小镇圣卢卡进行的陈化。奶白（Pale Cream）雪莉酒是加了糖的菲诺雪莉酒。

欧洛罗索雪莉酒的酒精度最高可达18%，表面没有酒花保护酒体免于氧化，所以它的颜色深得多，从金色到棕色都有。有一种非常浓稠、非常甜的欧洛罗索雪莉酒叫作佩德罗·希梅内斯（Pedro Ximénez，其实是一种葡萄的名称），有些人认为它应该自成一类。它有时被用作白兰地和威士忌的调味剂。奶油雪莉酒是一种甜度很高的欧洛罗索雪莉酒，它的名气不大，陈化时间也不长。被称为阿莫罗索斯（Amorosos）、老布朗（Old Brown）和东印度（East India）的也是欧洛罗索雪莉酒。帕罗科塔多（Palo Cortado）雪莉酒是一种难以分类

的雪莉酒，因为在生产帕罗科塔多雪莉酒时，生产商经常将两种截然不同的雪莉酒——干型的阿蒙提亚多雪莉酒和欧洛罗索雪莉酒混合勾兑。

早在鸡尾酒出现之前，雪莉酒就已经是殖民地最受欢迎的饮品了，如雪莉弗利普（Flip）。在19世纪中期，用雪莉酒调制的雪莉寇伯乐（Cobbler）是家庭主妇钟爱的夏日冷饮。我最喜欢的两款鸡尾酒——爱情之火（Flame of Love）和瓦伦西亚风格马天尼（Valencia-Style Martini）都是用最干的菲诺雪莉酒代替味美思调制的。

不同雪莉酒的酒精度差别不大。

· 菲诺雪莉酒：*15%～16%*

· 阿蒙提亚多雪莉酒：*16%～20%*

· 欧洛罗索雪莉酒：*18%～20%*

· 佩德罗·希梅内斯雪莉酒：*20%～24%*

波特酒

波特酒产于葡萄牙杜罗河谷，由30个品种的红葡萄和白葡萄酿制而成。用到的红葡萄包括葡萄牙本土的多瑞加（Touriga）、弗兰斯卡（Francisca）多瑞加、莫里缇托（Mourisco Tinto）、玛尔维萨（Malvasia）、巴斯塔都（Bastardo）、卡奥（Tinta Cão）、巴罗卡红（Tinta Barroca）、红弗兰斯卡（Tinta Francisca）等。被允许用于酿造波特酒的白葡萄包括阿瑞图（Arinto）、波尔（Boal）、白赛希尔（Cercial）、埃斯格纳高（Esgana Cão）、维泰（Malvasia Corada）、菲诺玛尔维萨（Malvasia Fino）等。波特酒基本可分为两大类：年份波特酒（Vintage Port）和木桶陈酿波特酒（Wood Port）。年份波特酒要先在橡木桶中陈化2年，然后装瓶继续陈化，通常至少要陈化10年，好的年份波特酒陈化时间通常要长得多，可达到50年或60年。酿酒师会在葡萄酒酿造季的末尾，也就是9月中旬到10月中旬之间，根据天气、葡萄的品质和含糖量等诸多因素做出是否酿造年份波特酒的决定。

木桶陈酿波特酒包括红宝石波特酒、茶色波特酒和白色波特酒，它们在橡木桶中进行陈化，然后进行混合和装瓶。红宝石波特酒通常要陈化2年，装瓶后就可以

喝了。茶色波特酒可以在橡木桶中陈化多年，并且由许多不同年份的波特酒调配而成。经过在橡木桶中长期陈化、过滤和澄清（净化），年份较久的茶色波特酒呈浅金色。常用的澄清剂是明胶、蛋白和鱼胶，它们可以吸附悬浮的颗粒和胶体（如单宁，它是葡萄酒中的酚类物质，可产生苦涩的余味），或者使这些物质凝结成较大的颗粒以便过滤去除。

波特酒的发酵时间很短，通常为36～48小时，之后加入白兰地以停止发酵过程（因为白兰地会杀死酵母菌），从而使葡萄酒中留有未发酵的糖。所以，波特酒属于甜点葡萄酒，其中的糖分在长时间的陈化过程中起到防腐剂的作用。许多国家都在生产波特酒风格的葡萄酒，包括美国和澳大利亚，但地道的波特酒只产自葡萄牙。

马德拉酒

来自葡萄牙马德拉岛的马德拉酒和波特酒、雪莉酒类似，也是用白兰地来提高酒精度的。马德拉酒是保存时间最长的加强葡萄酒，有些甚至可以保存100年以上。马德拉酒和雪莉酒一样，也是在索雷拉系统中进行陈化的，但是它们之间有一个关键的区别：当葡萄酒经过索雷拉系统的陈化开始装瓶时，瓶中50%的酒液是好年份的葡萄酒，并且酒标上会标注出这一年的年份。早期的马德拉酒在运往美国的蒸汽船上因船舱内温度较高而提升了品质，生产商发现这种变化后重新调整了他们储存陈酿的酒窖的温度。马德拉酒在殖民地时期的美国很受欢迎，因为它是进口葡萄酒中最便宜的一种。雨水（Rainwater）马德拉酒是一种酒体更轻盈、更年轻的马德拉酒，它也在殖民地时期被出口到美国，是非常棒的调制鸡尾酒和潘趣酒的原料。根据甜度和酿造所用的葡萄品种，优质的马德拉酒有4种：最干的是舍西亚尔（Sercial），它呈浅金色，有丰富的香气；华帝露（Verdelho）比舍西亚尔甜，但仍然属于比较干的品种；布尔（Bual）呈中等棕色，比前面两种甜；马姆齐（Malmsey或Malvasia）味道最甜、酒体最厚重。波特酒和马德拉酒可以为一些潘趣酒和寇伯乐带来新鲜的变化。

甜香酒和利口酒

历经多年的发展，用水果酿造的甜香酒（Cordial）和用草药酿造的利口酒（Liqueur）之间的区别已经不复存在，如今，这两个词在某些国家中可以互换。在如今的欧洲，"Cordial"通常指没有酒味的饮料，如接骨木花露（Elderflower Cordial），这无疑令人困惑。而当每个国家都参与其中时，情况就更加一团糟了。我们所知道的是，利口酒起源于13世纪，当时，加泰罗尼亚化学家阿尔瑙·德比拉诺瓦等先驱在法国蒙彼利埃大学进行了提取植物精华的实验，也就是将植物浸泡在酒精中然后进行蒸馏。就像中世纪的许多人探索未知的知识一样，修道院里的修士和大学里的学者也进行了在烈酒中浸泡草药的实验。许多由修士酿造的利口酒的配方留存至今，如法国廊酒和查尔特勒酒（Chartreuse）。意大利人尤其擅长用水果、坚果和草药酿造利口酒，许多最受欢迎的利口酒品种和品牌都来自意大利，如意大利苦杏酒（Amaretto）、女巫利口酒（Strega）、达卡（Tuaca）和珊布卡茴香酒（Sambuca），这里仅举几例。

从定义上看，利口酒是一种添加了2.5%～40%甜味剂的烈酒。它们用到的调味料多种多样，可能包括药草、根茎、水果、坚果和香料。浸泡用的基酒可以是谷物酒、葡萄酒，也可以是用其他水果或蔬菜酿造的烈酒，而且可以用4种不同的方法——蒸馏、浸泡、配制和煮出——添加味道（见本页"制作利口酒的4种方法"）。利口酒不应该和水果白兰地混淆，水果白兰地是从水果榨成的果浆中蒸馏出来的，通常酒体很干，酒精度很高。一些利口酒生产商错误地给产品贴上白兰地的标签，如"黑莓白兰地"或"杏子白兰地"，它们实际上并不是白兰地。食用色素是允许添加在利口酒中的，一些小品牌的利口酒还会添加人工香料。利口酒的酒精度一般在20%～40%之间。

美国盛产上等威士忌和大多数品种的烈酒，但利口酒除外。与许多其他烈酒相比，价格对利口酒这类烈酒来说是一个真正需要考量的因素。一分钱一分货。那些

古斯塔夫·埃菲尔（Gustave Eiffel）设计的孔比耶酿酒厂（The Combier Distillery）

8～12美元一瓶的利口酒可以喝，但是不适合用来调制鸡尾酒，因为它们太甜了，而且酒精度太低。用于浸泡的新鲜水果、草药和其他植物都很昂贵，再多的精油和人造香料也不能取代。法国人、瑞士人和意大利人在这个领域摸索了多年，最终找到了最佳的酿造方法。

制作利口酒的4种方法

· 配制法：指将基酒、调味剂和糖混合在一起。

· 浸泡法：指将捣碎的水果或草药浸泡在酒精中，通常会加热，然后过滤酒液，往滤出的酒液中加糖，然后加水，使酒精度达到装瓶的标准，最后装瓶。

· 蒸馏法：指将草药或水果浸泡在酒精中，然后蒸馏2次（先过滤出草药或水果再蒸馏，或者不过滤直接蒸馏），过滤，加糖，最后装瓶。

· 煮出法：指像用咖啡壶煮咖啡一样用蒸煮的方式使酒精在装有原料的容器中一遍又一遍循环，从而提取出原料的香味。

苦艾酒和茴香酒

苦艾酒（Absinthe）填补了19世纪70年代葡萄根瘤蚜虫害摧毁欧洲葡萄园所造成的市场空白。它的基酒由甜菜根或谷物蒸馏而成，然后加入草药浸泡，所用草药包括茴芹、甘草、牛膝草、香蜂花（一种薄荷）、芫荽、婆婆纳、甘菊等草本植物，其中最重要的是苦艾（也叫苦蒿）。1797年，一位住在瑞士的法国人将苦艾酒的配方卖给了亨利-路易斯·佩尔诺（Henri-Louis Pernod），到19世纪末，它已成为世界上最受欢迎的利口酒之一。然而，到1919年，除了西班牙和葡萄牙，所有国家都宣布苦艾酒为非法饮品。苦艾含有微量的致幻成分侧柏酮（也叫苦艾脑），大量服用会损害人的神经系统。苦艾酒所含的微量致幻成分不会对人造成任何危害，但它的酒精度高达65%～70%，如果经常直接饮用同样会对人体造成很大的伤害。

于是，苦艾酒的替代品——茴香酒应运而生。潘诺（Pernod，味道和香气更接近茴香）和力加（Ricard，味道和香气更接近甘草）是法国的两个茴香酒品牌，它们都没有添加苦艾，在美国很容易买到。还有几个品牌的法国茴香酒也能在美国买到，它们是一种产自马赛的用甘草和茴香调味的利口酒。2007年，正宗苦艾酒的回归使这些替代品的销售放缓。在美国，当地人有了本土的苦艾酒品牌——来自新奥尔良的香草圣徒（Herbsaint）。

根瘤蚜虫害肆虐之后，处于重建状态中的葡萄酒和白兰地生产商将宣传重心放在了苦艾酒上，以期夺回失去的市场份额。他们取得了出乎意料的成功。如今，苦艾酒在包括美国在内的大多数国家都可以买到。贾德（Jade）利口酒在法国索穆尔酿造了一系列地道的苦艾酒，我强烈推荐这个品牌。

意大利苦杏酒

毫无疑问，意大利苦杏酒是在意大利萨龙诺诞生的，但是关于它的创造者却众说纷纭。据说，达·芬奇的学生、艺术家贝纳迪诺·卢伊尼（Bernardino Luini）在萨龙诺的修道院绘制壁画时需要一位模特，于是他邀请旅店里的一位贫穷的年轻女子做模特。为了表达感激之情，这位女子用杏仁和杏子制作了一种甜利口酒，据说这就是意大利最著名的一种利口酒的原始配方。许多生产商现在都在生产苦杏酒。

阿玛罗酒

阿玛罗酒（Amaro）是意大利的一种助消化的利口酒和苦酒，它在美国的销量正在不断增长，尤其受到手工调酒师的欢迎。它的味道奇妙而复杂，添加到鸡尾酒中可以为鸡尾酒带来新的口感层次。在意大利传统中，阿玛罗酒是在丰盛的大餐后帮助消化的餐后酒。我很高兴看到这类酒精饮料有了一点儿变化——我绝无双关之意。法国版的阿玛罗酒以苦皮康为代表，这是一种曾经风靡一时的法国鸡尾酒原料，如今已经在美国市场销声匿迹，幸好在英国现在又可以在网上买到了，但目前还不会出现在当地的利口酒货架上。

茴香利口酒

茴香利口酒（Anisette）是最古老的以茴香为原料的利口酒，也是最早进入市场的利口酒之一。法国烈酒生产商玛丽莎1755年就开始生产茴香利口酒了。

法国廊酒和 B & B

法国廊酒是欧洲大陆最古老的利口酒。1510年，在法国费康的本笃会修道院，一位名叫多姆·贝尔纳多·温切利（Dom Bernardo Vincelli）的修道士首次将配方神秘的草药浸泡在烈酒中，创造出廊酒。这家修道院所在的诺曼底地区沼泽遍布，疟疾流行。后来，温切利的这种药酒被用于预防疟疾，这表明廊酒的成分之一是金鸡纳树的树皮，这种树原产自南美洲，是奎宁的天然来源。19世纪和20世纪，人们喜欢将廊酒和白兰地或干邑白兰地混合在一起饮用，于是瓶装的配制酒B & B——法国廊酒和白兰地的混合物诞生。

百人城苹果利口酒

百人城苹果利口酒是产自德国的优质苹果利口酒，它引起了人们的广泛关注，因为苹果饮品（如酸苹果马天尼）如今十分流行。这款利口酒可以和许多其他烈酒混合，但是它和波本威士忌可谓天作之合。

紫罗兰利口酒（CRÈME LIQUEURE）

紫罗兰利口酒与奶油利口酒容易混淆，它实际上不含任何乳制品。果精利口酒是用水果、鲜花、香草和坚果调味的，口感厚重。如今，最受欢迎的果精利口酒是可可利口酒（包括白可可利口酒和黑可可利口酒）、薄荷利口酒（包括绿薄荷利口酒和白薄荷利口酒）和香蕉利口酒。

杜林标酒（DRAMBUIE）

杜林标酒是一种用苏格兰威士忌和石楠花蜜混合酿制的利口酒，它的配方一直是麦金农家族的秘密。1746年，查尔斯·爱德华·斯图尔特王子在卡洛登战役中不敌坎伯兰公爵，战败而逃，他身边一名叫麦金农的卫士一直守护着他。作为答谢，查尔斯王子将这款威士忌利口酒的配方送给了麦金农。自此以后，麦金农家族一直在用这个配方酿造杜林标酒。查尔斯王子在意大利度过了余生。

加利安奴（GALLIANO）香草利口酒

这款意大利特有的加利安奴香草利口酒以由葡萄酿造的"生命之水"为基酒，并将香草荚浸泡其中。20世纪60年代末，鸡尾酒哈维撞墙（Harvey Wallbanger）让加利安奴香草利口酒在美国所有的酒吧站稳脚跟。它的调制方法是，将伏特加和橙汁混合后倒入一个高杯，再加少许加利安奴香草利口酒使其漂浮在表面。哈维撞墙诞生后不久，弗雷迪·福德普克（Freddie Fudpucker）迅速问世，它是哈维撞墙的特其拉版本。

马拉斯奇诺（MARASCHINO）樱桃利口酒

意大利的马拉斯奇诺樱桃利口酒品牌众多，这是一种用马拉斯奇诺樱桃的果肉和果核酿造的香甜、清透的利口酒，其中两个品牌在美国很常见——路萨朵（Luxardo）和施托克（Stock）。马拉斯奇诺樱桃利口酒是早期的潘趣酒和鸡尾酒很常用的原料，常用于与香槟酒搭配。人们几乎不会直接饮用它。古巴的调酒师把它添加到大吉利中，它也是著名的飞行（Aviation）鸡尾酒的主要原料。马拉斯奇诺樱桃利口酒的香气使其成为鸡尾酒的常用原料之一，为鸡尾酒提供了一种更轻盈、更微妙的特质。它尤其适合与金酒、香槟酒和淡朗姆酒搭配。

希零（PETER HEERING）樱桃利口酒

希零樱桃利口酒和它的"姐妹"——马拉斯奇诺樱桃利口酒几乎在各个方面都完全相反。它是用丹麦当地的樱桃酿造的，色泽暗红，味道热烈奔放，在鸡尾酒中不会被其他原料的浓郁味道掩盖，如在血与沙中，它可以与苏格兰威士忌、甜味美思和橙汁完美融合。

橙味利口酒

大部分的橙味利口酒都不太出名，橙皮利口酒是个例外。它是由荷兰波尔斯公司生产的早期的橙味利口酒，是用生长在库拉索群岛上的柑橘的皮浸制而成的利口酒。库拉索群岛位于委内瑞拉西北的加勒比海。19世纪中叶，鸡尾酒刚刚兴起，很多鸡尾酒都是用金酒、威士忌或白兰地等基础烈酒加苦精和甜味剂调制而成的，橙皮利口酒就是用到的主要甜味剂。19世纪80年代，味美思开始被广泛使用，逐渐取代橙皮利口酒成为鸡尾酒的主要甜味剂和调味剂。到世纪之交，橙皮利口酒主要用于为彩色鸡尾酒，如彩虹酒提供鲜艳的颜色。虽然橙味利口酒是由荷兰人首创的，但法国人也创造了几个非常成功的橙味利口酒品牌，如君度，它是一种特殊的、更干爽的橙皮甜酒（Triple Sec）。除了君度，还有孔比耶（Combier）、柑曼怡（Grand Marnier，它被认为是橙皮利口酒中的贵族），以及刚进入美国市场的约瑟夫·卡特龙（Joseph Cartron）公司的橙皮甜酒。我在这里之所以没有提美国的品牌，是因为它们和欧洲同类产品的质量不在一个档次。

珊布卡茴香酒

珊布卡茴香酒是意大利产的一种用茴香和接骨木调味的香草利口酒。意大利人喜欢在餐后饮用它，而且通常与咖啡一起饮用。珊布卡咖啡（Sambuca con Mosca）在意大利语里的意思是"带苍蝇的珊布卡"，代表了当地喝珊布卡茴香酒的流行方式：在玻璃杯里放3颗咖啡豆，让它们像苍蝇一样漂浮在茴香酒上。罗马珊布卡茴香酒是迄今为止在美国最受欢迎的品牌，但是在意大利，媚你（Molinari）珊布卡茴香酒更受欢迎。

荷兰杜松子酒（SCHNAPPS）

Schnapps原指荷兰产的一种杜松子酒，是一种酒精度相当高的烈酒。"Schnapps"的词源是德语口语中的"Schnaps"（烈性酒），而"Schnaps"与古德语中的"Schnappen"（吞下、咽下）有关，于是有了将小杯烈酒一饮而尽的意思。在美国，Schnapps指的是价格不高的一类调味利口酒，迪凯堡（De Kuyper）的水蜜桃利口酒（Peachtree schnapps）就是这个种类的开山之作。这种利口酒被用于调制激情海岸（Sex on the Beach，含伏特加、水蜜桃利口酒、蔓越莓汁和橙汁）和迷雾之城（Fuzzy Navel，含水蜜桃利口酒和橙汁）等鸡尾酒，深受20世纪七八十年代年轻人的喜爱。在欧洲，Schnapps还可以指水果白兰地或由水果酒蒸馏而成的"生命之水"，其酒精度通常在40%以上。

PINK LADY COCKTAIL
Juice ½ Lime — Ice
1 Jigger Gin
Dash Sweet Cream
1 Dash Grenadine
1 Dash Strain into Cocktail Glass

Here's to beefsteak when you're...
Whiskey when you're dry...
All the heaven you ever want...
And heaven when you die...

"Hoppy are we made...
Hoppy may we part...

TOM COLLINS
Gin 1 Glass
Powdered Sugar, 2 Teaspoon
Ice — Juice of 1 Lemon, 15 shakes
and pour into an 8 oz. glass. Add
Soda Water to suit.

调制鸡尾酒的工具、技术和装饰

　　任何手艺人，无论是木匠、厨师还是调酒师，都需要工具。想要完成一项特别的工作，拥有合适的工具和掌握使用工具的技能同样重要。在过去的20年里，调制鸡尾酒的技艺作为烹饪艺术的一部分重新出现在世人面前，随之出现的是一批极富天赋的年轻调酒师，以及为调酒师们提供调酒工具的设计师。让我们来看看这些非凡的工具，它们有些可以追溯到19世纪的鸡尾酒黄金时代，有些则是尖端技术的产物。

摇酒壶和其他工具

100多年来，随着冰、水果和柑橘类果汁被添加到简单的鸡尾酒和潘趣酒中，摇酒壶及其配套工具也在慢慢发展。我能找到的最早注册了专利的鸡尾酒摇酒壶出现在1872年，斯蒂芬·维萨科（Stephen Visakay）在1997年出版的《复古酒吧用具》（*Vintage Bar Ware*）中对它进行过介绍。

第一个获得专利的摇酒壶激发了数百名发明者的创造热情，他们发明了许多不同寻常的、独特的摇酒壶，如企鹅形摇酒壶、利用柄状把手摇动的摇铃形摇酒壶。19世纪70年代，美国专利商标局几乎被满含期望的发明者所提交的摇酒壶设计图纸淹没。他们设计的摇酒壶大致可分为两个基本类型：英式摇酒壶和波士顿摇酒壶。

英式摇酒壶

迷人的英式摇酒壶总会让我们想起20世纪30年代电影中那些鸡尾酒狂热爱好者。英式摇酒壶是个3件套，包含壶体、带滤网的壶帽和壶盖，通常所有部件都是金属的（大多是不锈钢的，少数是银的，极少数是玻璃的），顶部的壶盖比较小，拧开壶盖就会露出滤网。这种摇酒壶操作简便，只需要添加原料、拧紧壶体和壶盖、摇动、拧开盖子、过滤即可。如今的英式摇酒壶有数百种样式。

波士顿摇酒壶

波士顿摇酒壶比英式摇酒壶的应用更广泛，使用它需要更多的练习，但是它的功能更全面，使用起来也更有趣，而且是当今大多数专业调酒师的选择。波士顿摇酒壶由两部分组成：较大的调酒听，容积是26～30盎司（780～900毫升），通常由不锈钢制成；较小的调酒听，容积通常是16盎司（480毫升），材质可以是玻璃的，也

可以是不锈钢的。手工调酒师十分喜欢两部分都是金属材质的波士顿摇酒壶，通常每只手握住一端，做出一系列非常熟练的动作，包括盖紧、摇动和打开调酒听，然后将酒液过滤到准备好的杯子里。注意，要在较小的调酒听里添加鸡尾酒原料，然后将两部分组装到一起，盖紧。在摇动时，较小的调酒听总是在上面。

如果你打算购买小调酒听是玻璃材质的，那就选择玻璃调酒听底部有字母"T"的，这个字母代表钢化玻璃，这种玻璃经过了淬火和回火处理，也就是加热到很高温度后被快速冷却，然后放入热水，这样处理可以避免玻璃爆裂。最好购买成套的波士顿摇酒壶而不要单独购买调酒听自己组装，因为成套的密封性更好。摇酒壶的两个部分应该能够完美密封。密封性能不佳的摇酒壶算不上好工具。关于购买合适工具的更多信息，请参阅第224页。

调酒的过程有点儿像表演，所以一定要在客人面前准备饮料，无论你是在家里还是在酒吧调酒。不使用经过校准的量酒器而随意倒调酒原料是有风险的，对在家里调酒的人来说尤其如此。不经测量调制饮料的专业人士有着积累多年的经验，拥有非常好的手眼协调能力。我添加原料时会严格遵循下面的顺序：先添加酸味原料，再添加甜味原料，然后添加调整风味的调味剂，接着加基础原料，最后加冰（在准备摇动之前）。当然也有例外。例如，调制曼哈顿和马天尼这类需要大力搅拌的鸡尾酒时我会先加冰，然后按之前说的顺序添加各种原料，添加完基础原料后马上开始搅拌。

摇和法

把波士顿摇酒壶的小调酒听放在吧台上，然后把大调酒听倒扣在小调酒听上面。用另一只手的掌根部位拍一下大调酒听朝向上方的底部，使两个部分扣紧。摇酒壶的两个部分应该密封严密，可以作为一个整体被提起来。如果两个部分没有完全密封，就再拍一次。如果它们还是不能完全密封，那么肯定是其中一个部件有问题应该更换了。

密封好后，将整个摇酒壶翻转过来，使玻璃小调

酒听在上面，金属大调酒听在吧台上。再次用掌根拍一下小调酒听朝向上方的底部，确保密封。现在，一只手的手掌牢牢握住大调酒听，另一只手的手指牢牢包裹住小调酒听的底部，这样你就能完全控制摇酒壶了。开始用力摇动摇酒壶。摇酒壶的密封状态在摇动过程中被破坏，但鸡尾酒的原料大多在金属大调酒听中，所以喷溅到客人身上的风险比较小。摇和鸡尾酒的声音应该像扣动机关枪的声音。我调制大多数鸡尾酒时都会大力摇动，但是速度并不快，慢速摇10次就会停手，这是我的独特风格。摇和含有鸡蛋的鸡尾酒时我会更用力，用的时间也更长，这样才能使鸡蛋达到乳化状态。软弱无力地摇酒可算不上好的表演，所以，摇得尽兴点儿。要想形成自己的调酒风格，需要多练习。

摇和好后，用一只手紧紧握住摇酒壶，具体做法是用食指和中指按住一个调酒听，无名指和小指按住另一个调酒听，这样就把两个部分都控制住了。用另一只手的掌根快速击打大调酒听的上边缘。这样做可以打破整个摇酒壶的密封状态。请记住，此时摇酒壶内温度很低，因而气压较低，要想打破密封状态可能有些困难。如果第一次不成功，可以轻轻翻转整个摇酒壶，再次击打大调酒听的上边缘，直到成功为止。

滚动法

在制作血腥玛丽和其他含有番茄汁的饮料时，通常使用轻轻摇或者滚动的方法。滚动法的意思是用摇酒壶的两个调酒听来回地倒饮料。用力摇晃含有番茄汁的饮料会产生泡沫，让口感变得黏稠。

隔冰匙

调制搅拌类或摇和类鸡尾酒的最后一步是将酒过滤到合适的玻璃杯中，并进行造型和装饰。用于制作鸡尾酒的两种流行的隔冰匙分别是霍桑隔冰匙（带有弹簧）和茱莉普隔冰匙（依靠匙面的孔过滤），两者都与波士顿摇酒壶完美匹配。较小的茱莉普隔冰匙与波士顿摇酒壶的小调酒听搭配使用会非常高效，而霍桑隔冰匙可以与波士顿摇酒壶的大金属调酒听完美搭配，因为其边缘

突出的金属片正好可以架在金属调酒听的上边缘。霍桑隔冰匙如今有许多种样式。美国奥秀（Oxo）品牌的霍桑隔冰匙造型简洁、设计符合人体工学。鸡尾酒王国（Cocktail Kingdom）的唐·李（Don Lee）设计的科里寇霍桑隔冰匙我最喜欢，它非常适合与马天尼杯和波士顿摇酒壶的玻璃调酒听搭配使用。

单手就可以将酒液从摇酒壶过滤到玻璃杯中。打开波士顿摇酒壶，将霍桑隔冰匙放在摇酒壶大调酒听的顶部，用食指（有时也会用上中指）固定隔冰匙，拇指、小指和无名指握住调酒听（见扉页前的照片）。首先紧紧握住金属调酒听，再慢慢地倒出酒液，这样可以避免酒液飞溅。往马天尼杯或鸡尾酒酒杯中过滤酒液时要做圆周运动，使酒液缓慢地围绕酒杯内壁落入杯中（这样也可以避免酒液飞溅）。随着调酒听中的酒慢慢倒出，优雅的圆周运动也逐渐慢下来。还剩最后1盎司（30毫升）酒液时，手要高高抬起，正对酒杯中央，直至把最后一滴酒倒光。在将酒液从摇酒壶过滤到酒杯中的过程中，最后的这个手腕动作应该干脆利落，戛然而止的调酒仪式会把顾客的注意力吸引到调制好的饮料上。

量酒器

准备一套（2个）量酒器，它们都应该是不锈钢的，并且大小不同。其中一个的刻度范围为¼～1盎司（7.5～30毫升），另一个的刻度范围是½～2盎司（15～60毫升）。如今，你也可以只买一个容量较大的量酒器，它的最大刻度是3盎司（90毫升），这是加强型葡萄酒的标准用量。

长柄吧匙

标准的吧匙是匙柄修长且呈螺旋状扭转的匙子。它虽然是一件简单的工具，但只要使用得当，它就是调酒师在搅拌一杯恰到好处的马天尼或曼哈顿的同时与顾客交流中的最优雅焦点。调制马天尼时要有仪式感，请不要错失参与这样的特殊仪式的机会。当我在彩虹屋忙碌的吧台后面搅拌马天尼时，我常常会产生一种奇妙的感觉：我在慢慢搅拌的时候几乎能看到整个酒吧里的人的

1.微面刨丝器

2.塔杰吧匙

3.手工打磨捣碎棒

4.瑞士削皮器

5.科里寇霍桑隔冰匙

6.西班牙扭柄吧匙

7.迷你酒吧隔冰匙

8.泪滴形吧匙

9.奥秀·霍桑隔冰匙

10.塔杰·茉莉普隔冰匙

11.定制厨师刀

12.日式酒吧刀

13.削皮刀

14.鸡尾酒王国茉莉普隔冰匙

15.鱼子酱滤匙

动作都慢了下来。搅拌这事不能急，除非配方上另有说明，一般我会慢慢搅拌30下。

调制搅拌类饮料时，应首先加入用量小的原料，如需要将原料倒进、倒出的马天尼就应按照这个原则调制。调酒师将味美思倒在冰块上，旋转调酒杯，使冰块完全与味美思接触，然后倒出多余的味美思，再加入金酒或伏特加。

调酒棒

调酒棒源自牙买加和大、小安的列斯群岛的其他岛屿，它在19世纪的重要性远胜于现在。事实上，这种工具如此独特，以至它的英文名"Swizzle"被用来指代一整类饮料——碎冰鸡尾酒。这类鸡尾酒最初是由圭亚那的乔治城（Georgetown）俱乐部发明的，据说当时的种植园主们在一天结束时会聚集在这里，"告诉政府接下来该做什么"。

刀和案板

我的工具箱里有许多刀，但我去外地工作时只会带着一把长4英寸（10.16厘米）削皮刀、一把厨师刀和一把沟槽刀。根据美国卫生部门的规定，营业场所禁止使用木制案板，但在家中可以使用。关于厨房安全的研究表明，橡胶合成案板更容易清洁，也不太容易滋生细菌。要专门准备切生肉的案板，并且不要将它们用于任何其他用途。

搅拌法与摇和法

关于搅拌还是摇和，有一个长期存在的指导原则：只含烈酒的鸡尾酒，如马天尼、曼哈顿和罗伯·罗伊，应该搅拌；除烈酒外还含有水果或柑橘汁及甜味剂的鸡尾酒应该摇和。使用搅拌法还是摇和法，最直观的标准是鸡尾酒的外观和口感。摇和会给鸡尾酒带来数以百万计的小气泡，这对大吉利或玛格丽特来说很好，显得活力十足。当你喝这些鸡尾酒的时候，杯子里应该有气泡。正如哈里·克拉多克在《萨伏伊鸡尾酒书》（1930年）中所说，"你应该在鸡尾酒嘲笑你的时候迅速把它

喝掉"。相反，马天尼和曼哈顿的口感应该是冰冷、厚重、丝滑的，而不是清淡、多泡的，我总是搅拌它们。请注意，摇和法不会改变金酒或伏特加的味道，只会暂时使酒液充满气泡，改变酒液带给舌头的触感。1分钟后，气泡就会消散，酒液尝起来和搅拌过的没有两样。但是，我不会劝阻你。只要你乐意，你大可尽情享用摇和出的马天尼。

螺旋开瓶器

螺旋开瓶器、起塞器或葡萄酒开瓶器的选择应以操作方便为准则。还有两种开瓶器也很常见：一种是有翼的蝶形开瓶器，你可以利用曲柄从上面拔出瓶塞；另一种是海马开瓶器，它看起来有点儿像弹簧刀。拔钻（Screwpull）是家用开瓶器的主要制造商之一，其产品简单易用，产品价格适合各个消费群体。我强烈推荐这个品牌的产品。

打奶泡器和法式打蛋器

如果你是咖啡爱好者，那么打奶泡器对你来说是必需品，它的搅拌棒是所有搅拌器中最细的，它可以在2分钟内打发1品脱（约0.6升）厚奶油，使其达到爱尔兰咖啡（Irish Coffee）所需的稠度。我喜欢用铁丝很粗的法式打蛋器来榨取西瓜汁，它的铁丝足够硬，可以把西瓜打碎。具体做法是，将西瓜切成小块后放在一个瓷质过滤器上，再把过滤器放在一个大碗上，然后用打蛋器将西瓜打碎，让西瓜汁流出来。

漏斗

当你打算把糖浆、柠檬汁或青柠汁装进专门存放装饰物的瓶子里的时候，你需要一个漏斗。有个小窍门：找一个内置过滤器的漏斗，它能够帮助你滤去柑橘类水果的果核和果肉。

沟槽刀

沟槽刀用于从柠檬、青柠或橙子上削下细长的果皮做绝妙的装饰物。它对想要获得柠檬皮卷的调酒师来

说只是可有可无的工具，但是对需要再现马颈（Horse's Neck）鸡尾酒的调酒师来说就是必需的工具了。建议去厨房用品专卖店购买把手较粗、符合人体工学设计的沟槽刀，我推荐奥秀牌的。

榨汁机与榨汁

柑橘挤汁器

我的所有鸡尾酒配方都需要大量的新鲜果汁，所以，你如果还没有准备榨汁机，那就买个好用的柑橘挤汁器吧。市场上有很多不同的形状和尺寸，但我推荐购买尺寸足够用来榨西柚汁的挤汁器。便宜的电动柑橘榨汁机的动力不够大，不能满足商业需求，但适合家庭使用。汉美驰（Hamilton Beach）和厨宝（Kitchen Aid）牌的榨汁机动力强劲、价格高昂，除非你要做大量果汁，否则没有必要买。你如果喜欢具有异国情调的热带水果冰沙或蔬菜冰沙，可以购买果蔬榨汁机。

榨汁须知

榨汁的第一条经验法则是选择适合榨汁的水果，也就是皮最薄的水果。你如果不知道该如何选择，可以向优质的水果商寻求帮助。此外，你还需要记住以下要点。

·一定要用小刀把粘在水果上的贴纸或胶带撕掉或者刮掉。

·一定要清洗水果。

·切忌冷藏用来榨汁的柠檬、青柠或橙子，因为冰凉的水果很难榨出汁。如果水果是冰凉的，提前把水果浸泡在温水里。榨汁前，把水果放在案板上，用手掌滚动按压，这样可以破坏水果的细胞壁，使更多的果汁释放出来。按照这些基本的步骤操作，榨出的果汁的量几乎可以翻倍。

·用细网过滤器过滤果汁，去除籽和果肉。有些人喜欢有很多果肉的果汁，但这会给清洗玻璃器皿带来麻烦，特别是用洗碗机清洗时，因为粘在玻璃内壁上的

果肉会被烤干，即使玻璃杯已经被清洗消毒，它看起来还是很脏，不能使用。榨好的果汁一定要放在冰箱里冷藏，以防滋生细菌。请记住，鲜榨果汁不像工厂生产的果汁那样经过巴氏杀菌，它们会更快变质。因此，请根据需要的用量榨汁。橙汁、柠檬汁和西柚汁都可以存放在冰箱里，但青柠汁应该现榨现用。

制作大吉利的水果

用新鲜水果制作的大吉利通常被做成冰饮，但它也可以"升级"为不加冰的饮料。草莓、香蕉、木瓜和芒果都是极好的冷饮原料，在为派对准备饮料时，可以把它们提前保存在糖浆中。大多数新鲜水果可以在糖浆中保存几天，但最好当天使用。注意，冷冻的新鲜果泥以前只用于商业用途，现在购物网站上也有供家庭使用的。纳帕谷（Napa Valley）的"完美果泥"就是其中之一，它有一系列奇妙的口味可供选择。

装饰

我总是被词典里对"装饰"的定义（指在食物上或周围用来增添颜色或味道的东西）逗乐。我认为，饮料的装饰是不符合这个定义的。在我看来，鸡尾酒的装饰是既增添颜色又增添味道的东西。漂浮在饮料表面的薄薄一片干柠檬皮或半楔形、氧化的青柠就算不上合格的装饰。

对我来说，饮料的装饰要满足3个条件：有装饰性、味道丰富和新鲜。我们应以大小、美观程度和新鲜程度为标准来选择装饰。我说大小，并不是说装饰越大越好。榨汁用的橙子不适合做装饰，因为它的皮太薄了；而那些大而皮厚的脐橙可以做成精美的装饰，但在榨汁方面的表现十分逊色，更不用说价格了——它太贵了。因此，我们一定要选择合适的橙子。此外，处理装饰的手法也很重要。又大又漂亮的脐橙常常被切成小块，完全没有保留它原有的形状和美丽，这样做很糟糕。

19世纪中期第一本关于鸡尾酒的著作——杰里·托

马斯1862年出版的《调酒手册及美食家的伴侣》介绍了一种简单的装饰方法，即将当季的新鲜水果放在饮料的顶部作为装饰。

柠檬角和青柠角

楔形的柠檬角和青柠角应按以下方式切割：

· 先把水果的末端和柄切掉，两端各切掉约1英寸（2.54厘米）的突起部分，小心不要切到果肉。

· 将水果纵向切成两半（从果柄处开始切），然后将两半切面朝下放在案板上。

· 将其中一半水果纵向切2刀，得到3个楔形水果块，然后对另一半进行同样的处理。对于大的水果，可以每半切成4个楔形。

· 如果用湿布覆盖并冷藏，切开的柠檬可以保鲜2天。但是，切开的青柠会迅速氧化，边缘会变成棕色，第二天就不能用于装饰了[可以将放了一天的青柠角挤压出果汁，用来调制凯匹林纳等鸡尾酒]。

· 受季节和产地的影响，有些柠檬的籽比较多。如果你手头的柠檬是这样的，你就需要多做一个步骤：在切出楔形之后，你会发现柠檬的籽通常沿着中线聚集在一起，这时需要快速切掉每个楔形上的那块果肉，这样柠檬角上会出现一个长¼英寸（0.64厘米）的凹陷。

菠萝角

若要用菠萝做装饰，就先切掉菠萝的两端，然后横向切1英寸（2.54厘米）厚的片（要水平切，不要垂直切）。然后，把每片平均切成8个楔形，无须去皮。

燃烧用橙子皮"硬币"和柠檬皮"硬币"

柑橘类水果的香气和风味都集中在果皮的精油中。厨师和调酒师经常将这种精油和果汁一起提取出来，然后将这些水果精华添加到各种菜肴和饮料中。在鸡尾酒中，柑橘皮中的精油还有额外的用途，因为它可以燃烧。

· 选择果皮紧实、新鲜的柑橘类水果，这样的果皮精油含量较高。

· 使用厚皮脐橙和大号柠檬。提醒水果供应商务必提供大号柠檬，而非用于榨汁的小号柠檬。

· 切出薄的、大小均匀的椭圆形或圆形果皮，大约1英寸（2.54厘米）宽。这样的果皮被调酒师称为"硬币"。如果你正在训练用刀的信心和技巧，可以从以下这个简单的技巧开始：在橙子或柠檬两端分别切掉½英寸（1.27厘米）长的小块。把水果竖直放在案板上，用一只手牢牢地按住它，然后用削皮刀削出1英寸（2.54厘米）宽、1½英寸（3.81厘米）长的椭圆形薄片，注意削皮刀要向下削，并且要远离你的手。削下的果皮应该足够薄，反面的边缘都是黄色的，只有中间有少量白色海绵状中果皮。使用这种类型的果皮可以最大限度地增加饮料中的芳香物质，同时尽量减少海绵层的苦味。削橙皮条或柠檬皮条时，按水果的天然弧度，从中间开始向下旋转着削，一边削一边转动水果，直到把果皮全部削下来。然后把水果翻过来，对另一半果皮进行同样的操作。脐橙可以削下12条橙皮条。你如果没有大号的、漂亮的柠檬，就选择手头最大的柠檬，并且要确保柠檬皮新鲜、紧实、精油量充沛（随着水果流失水分，果皮会变软，其中的精油量会大大减少）。

现在，你有了果皮"硬币"和果皮条，就可以利用果皮里的精油为你的客人献上炫酷的节日火焰表演了。下面我会告诉你如何点燃精油：

· 一只手拿着点燃的火柴，另一只手小心地拿起一条果皮条，就像拿起一枚鸡蛋般轻柔。如果你过早地捏果皮条，其中的精油就会被挤出来。

· 小心地用拇指和食指捏住果皮条的两边而非两端，使外果皮朝下，距离饮料大约4英寸（10.16厘米）。

· 将火柴伸到果皮条和饮料之间，但更接近果皮条一些。快速挤压果皮条，使精油穿过火焰落到饮料表面（一定要保持足够远的距离，以免烟雾聚集在饮料表面）。

螺旋状橙皮卷和柠檬皮卷

螺旋状的果皮卷是一种有趣又高级的装饰，通常用于装饰高高的烟囱式玻璃杯中的鸡尾酒，如马颈和金司令。要想获得柠檬皮卷，你需要用沟槽刀在柠檬皮上开槽，切出细长的螺旋状柠檬皮卷，开始的步骤和削果皮条的开始步骤相同。

· 去掉柠檬两端的小突起。

· 一只手按住柠檬，另一只手拿着沟槽刀，从离你最远端开始，按照水果的弧度旋转着削果皮，一直削到柠檬的另一端。要保持稳定的向下的压力，这样刀刃才能切进果皮。

· 马颈鸡尾酒的装饰是1/2英寸（1.27厘米）宽的螺旋状柠檬皮卷，必须小心地用削皮刀从柠檬上削下来。用削皮刀削的柠檬皮卷比较厚，刀要稍微向水果内侧倾斜，以免切到果肉。

· 将果皮卷储存在冰水中，果皮卷会收缩变得有弹性。用于装饰马颈的较厚的柠檬皮卷必须先于冰块和鸡尾酒原料放入玻璃杯。将果皮卷曲的一端挂在玻璃杯边缘，其他部分垂在玻璃杯内部，直到它接触杯底。注意，要使果皮卷保持螺旋卷曲的状态。将果皮卷曲的部分挂在杯沿上可以保证果皮卷不掉到杯子里。把冰块放在杯子中间，果皮卷挂在杯子外面，冰块可以固定住皮卷。

较薄的螺旋状果皮卷可以削得短一些，挂在玻璃杯如细长的香槟杯边缘，作为香槟鸡尾酒的装饰。

橙片和柠檬片装饰

· 选择新鲜的厚皮脐橙或厚皮柠檬。

· 把水果的两端切掉。注意，有些脐橙果柄处的果皮有1英寸（2.54厘米）厚，你必须切得足够多才能看到果肉。

· 接下来，从果柄开始将水果纵向切成两半，然后把两半切口朝下放在案板上，再从中间开始横切出1/2英寸（1.27厘米）厚的片，不要从一端切到另一端（如果玻璃酒杯很小，可以先把橙子纵向切成4等份，再横切出

橙片）。当你把一片橙片和马拉斯奇诺酒渍樱桃组合在一起时，你就得到了著名的装饰物——"旗帜"，这是柯林斯（Collins）和酸酒类饮料的常用装饰。

薄荷和其他芳香植物

薄荷装饰自殖民地时期就是美国酒精饮料的一部分，它当时出现在第一批白兰地和桃子白兰地茱莉普中，它们是美国早期的标志性酒精饮料。选择作为酒精饮料原料的薄荷时，要找有弹性的、鲜嫩的绿薄荷。有些薄荷品种同时适合做装饰和原料。不要使用"象耳薄荷"（Elephant-Ear Mint），它的叶子又大又软，放在饮料表面会显得蔫巴。用于装饰的薄荷应该看起来硬挺、新鲜。用薄荷装饰的饮料应该用吸管饮用。

将轻轻捣过的薄荷混入饮料或者将薄荷同其他原料一起摇和后，要用茱莉普隔冰匙过滤以去除漂浮在饮料中的薄荷。捣薄荷的时候不必捣碎，只要把叶子弄皱就会有味道。将薄荷同冰块一起摇和可以起同样的作用。处理薄荷叶时，我不会把它们撕成小块，因为其中的单宁会给饮料带来苦味。

杯沿装饰

每当我坐在酒吧里看着调酒师拿起我要喝酒的杯子，把它倒过来，把杯沿放入一个装有湿海绵的容器中，然后把杯沿插到盐中，我总会不寒而栗。玻璃杯的边缘内外都沾上了盐，更不用说那"神秘"的湿海绵了。真恶心！

正确的做法是拿一个小敞口碗，往里面放犹太盐、海盐或精制白砂糖，或者任何你想粘在玻璃杯上的东西，但不要用加碘盐制作盐边。用新鲜的柠檬片、青柠片或橙片仔细地将玻璃杯的外边沿弄湿，注意，只把所需宽度的区域弄湿。然后，倾斜杯子，使杯柄或杯底略微向上，轻轻将杯沿置于盐或糖上，同时慢慢旋转杯子，直到整个湿润的杯沿都被盐或糖覆盖。接着，将玻璃杯拿到水槽或垃圾桶上方，轻敲杯身以去除多余的盐

装饰马颈的螺旋状橙皮卷和柠檬皮卷

用作装饰的墨西哥辣椒皮

刮出花纹的青柠角和柠檬角

肉豆蔻和肉豆蔻研磨

波尔多樱桃

装饰燃烧咖啡（Café Brûlot）的宽橙皮卷

用于捣碎或装饰的半个柠檬角和青柠角

装饰用的菠萝叶和菠萝角

或糖。这样，我们就得到了精致的盐边或糖边，杯子边沿像结了霜一样。旧金山的汤米（Tommy）墨西哥餐厅以其玛格丽特鸡尾酒闻名，那里的调酒师有一个传统：他们只使玻璃杯的一半杯沿蘸上盐，这样客人可以来回尝试加盐和不加盐的玛格丽特。

最后的捣碎

捣碎原料是贯穿本书鸡尾酒配方的一个不变的主题。在鸡尾酒网站或零售店可以买到的标准捣碎棒和我在吧台习惯使用的天然硬木捣碎棒不一样。我的捣碎棒是用坚硬的果木做的，它捣碎芳香植物的力度比捣碎水果的小。

除了上面提到的绿薄荷，其他会用到的需要捣碎的芳香植物还包括以下这些。凤梨鼠尾草，它有一种美妙的香味，可以提升很多饮料的香气，如我发明的菠萝茱莉普（Pineapple Julep），以及以菠萝为原料的热带饮料。胡椒薄荷，它的深栗色茎纹会为饮品增添戏剧性的视觉效果，此外它的香气是薄荷中最浓郁的。紫苏叶，就是垫在生鱼片下面的绿色或略带红色的叶子，它有强烈的、独特的味道和香气。如今的调酒师喜欢在鸡尾酒中添加来自亚洲的烈酒，风味独特的紫苏不仅可以做鸡尾酒的原料，还可以做装饰。马鞭草和柠檬马鞭草的叶子是深绿色的，可以作为装饰为饮料增添清新的柠檬气味，或捣碎后加入以柑橘味为主调的伏特加、金酒和朗姆酒饮料中。你也可以用不同的香料（如肉桂）通过浸渍或加热的方式给单糖浆调味。尝试用你喜欢的香料来制作调味糖浆吧。

切水果

· **柠檬和青柠**：用于捣碎的柠檬每半个切成4等份即可，不必切成装饰用的楔形。把水果洗干净，从两端切下小块突起，然后从中间把水果横切成两半。将两半切开面朝下放在案板上，每半切成4等份。这样切好的水果块比楔形的所占的空间小，在容器里更容易碾压和捣碎。一个柠檬可以切成8块。

· **橙子**：因为它们的大小，我会把橙子切成薄片再捣碎。

· **菠萝**：把两端和表皮都切掉，去掉硬芯，切成1英寸（2.54厘米）厚的片（横向切，不要纵向切）。把切好的菠萝片再等分成8个楔形，这样就可以捣碎了。

我会用两种方式来使用捣碎棒：轻轻碾和用力捣。我会短时间地轻轻碾压芳香植物，让它们释放部分气味即可，而不会把它们碾成泥或碎片。处理柑橘类水果（如柠檬、橙子和青柠）、热带水果（如菠萝、猕猴桃、芒果）及其他水果时，我则会大力捣碎它们。

玻璃器皿

如今对玻璃器皿的需求比19世纪时简单得多。哈里·约翰逊在1888年出版的《哈里·约翰逊的新增改良版调酒师手册：如何调制时兴风格的鸡尾酒》（*Harry Johnson's New and Improved Illustrated Bartender's Manual or How to Mix Drinks of the Present Style*）中推荐了6款不同的葡萄酒酒杯、5款不同的啤酒酒杯和13款不同的鸡尾酒酒杯。

挑选玻璃酒杯有一个很实用的传统原则，那就是挑选大小合适的。在某些情境下，超大号玻璃杯会更合适，如超大号勃艮第酒杯或波尔多酒杯可以为其中的葡萄酒增添优雅的氛围，但加冰的苏格兰威士忌装在有一定分量的老式双层玻璃杯里才会看起来和感觉上都更好。10盎司（300毫升）或11盎司（330毫升）的鸡尾酒酒杯并没有什么优势，虽然它们的外观可能会取悦大众，但在派对上使用它们是个糟糕的主意：把它们装满会更容易灌醉客人，导致派对早早结束；而不把它们装满，又会显得主人吝啬。鸡尾酒派对中的鸡尾酒应该是迎宾酒，用于在餐前刺激宾客的食欲，而非派对结束前的最后一杯酒。

购买玻璃酒杯时你需要考虑的是酒杯的大小是否合适、造型是否匀称以及风格与主题是否搭配。记住，许多经典的鸡尾酒在稀释前总量是3 ~ 3½盎司（90 ~ 105毫升），使用的是5 ~ 7盎司（150 ~ 210毫升）的鸡尾酒酒杯，倒入后不会满到杯口。市面上的许多玻璃酒杯实在是太大了。在彩虹屋工作时，我把那里的鸡尾酒酒杯都换成6盎司（180毫升）大小的，一开始这招来了顾客的反对。然而，当顾客意识到用这么大的酒杯可以自如地享用不止一杯鸡尾酒时，鸡尾酒的销售额上升了。这当然不是我的本意，但最终带来了让人意想不到的好处。我认为小一点儿的玻璃酒杯不仅有利于提升营业额，而且显得优雅、经典，就像装在其中的鸡尾酒一样。毫无疑问，你也可以在家里使用这样大小的玻璃酒杯。

贝尔艾尔酒店

到达洛杉矶一周后，我走进了贝尔艾尔（Bel Air）酒店的酒吧，见到了领班，在吧台后面进行了一场小型面试，并被要求第二天早上穿黑裤子、白衬衫，打领带去上班。我在那里工作了 6 年。当时是 1978 年，那时的人力资源部门和联邦调查局不会进行背景调查。若是如今去面试，我可能会被安排去办公室见一位人力资源部助理，直到入职才会见到酒吧领班，他才有资格评估我的工作能力。在那里工作的第一周，我见到了酒店的老板约翰·德朗（Joe Drown）。1944 年，作为康拉德·希尔顿（Conrad Hilton）的追随者，德朗买下了阿方索·贝尔（Alphonso Bell）酒店以前的马厩。他在那里建造了 64 栋小屋，那些小屋由步道相连，让人宛如身处热带花园。我给他端上了一种很特别的饮料，嗯，对当时的我来说很特别。它是金酒马天尼的一种变体，我用拉艾娜菲诺（La Ina fino）雪莉酒代替了味美思，把它倒入一个冰镇玻璃杯。我只倒了 ⅓ 杯，然后在玻璃杯旁边放了一个加了碎冰的小瓷盅，并在冰块里塞了一个容量为 4 盎司（120 毫升）的玻璃酒瓶，瓶里装着剩下的马天尼。多年后，我在黑鸟酒廊使用了同样的方式，用小玻璃杯盛一大份马天尼。

利口杯、伦敦码头杯和彩虹酒杯

· 利口杯就像一个迷你葡萄酒酒杯，容量通常只有1盎司（30毫升）。

· 伦敦码头杯大约能装5盎司（150毫升）的西班牙雪莉酒和甜点葡萄酒。

· 彩虹酒杯比利口杯高，杯身更直，杯口向外张开而非向内收，以便调酒师分层倒入彩虹酒原料。

爱尔兰咖啡杯和热饮杯

如果你是热咖啡狂热爱好者，那么无论从审美角度还是从实用角度来看，一个郁金香形的、杯柄有圆形浮雕的经典爱尔兰咖啡杯对你来说应该是不错的投资。经典的爱尔兰咖啡杯只有8盎司（240毫升），所以在倒入威士忌和红糖糖浆后，杯子里剩下的空间要能容纳4盎司（120毫升）的咖啡及表面漂浮的1英寸（2.54厘米）厚的奶油。

水罐、碗和杯子

在家庭派对中，用水罐、别致的潘趣酒碗等大容器装饮料十分方便。在我的超级碗派对上，我会用一个很大的塑料冷藏箱来装朗姆潘趣酒，就像获胜球队在比赛结束时倒在教练头上的那杯一样。用大水罐装预先调制的鸡尾酒可以让每位客人到达后都马上有酒喝。我喜欢准备几个32 ~ 46盎司（960 ~ 1 380毫升）的漂亮玻璃水罐，方便我开派对时使用。

准备玻璃器皿

我始终认为玻璃器皿在使用前至少需要擦亮，可能还需要清洗。我所说的并不是你日常使用的玻璃餐具，而是那些特殊的鸡尾酒酒杯和葡萄酒酒杯，它们可能已经在架子上放了一段时间了。把杯子举起来对着光就可以看到水迹和灰尘，这样的酒杯可不会为马天尼或香槟增色。你可以用不掉绒的布擦亮玻璃器皿（必要时也可用纸巾）。派对前将马天尼杯和鸡尾酒酒杯放入冰箱的冷冻室冰镇。如果你的冰箱冷冻室容纳不下，你可以在使用前把杯子装满冰块和水，这样它们可以快速冷却。

各司其职

下面是鸡尾酒酒吧的必备酒杯，但是对家庭酒吧而言，大多数不是必需的。

· **尼克诺拉杯**：复古鸡尾酒。

· **"V"形鸡尾酒酒杯**：所有鸡尾酒。

· **碟形杯**：所有鸡尾酒。

· **菲兹杯或酸酒杯**：加蛋（有时加奶油）、不加冰的菲兹类鸡尾酒使用高杯类的玻璃杯[6～8盎司（180～240毫升）]。

· **高杯（俗称平底杯）**：苏打水和啤酒。

· **古典杯（也叫老式杯、洛克杯）**：加冰的烈酒、加冰的鸡尾酒[6～10盎司（180～300毫升）]。

· **双层古典杯**：迈泰、内格罗尼[12～16盎司（360～480毫升）]。

· **通用葡萄酒酒杯**：红葡萄酒、白葡萄酒、冰冻饮料[8～12盎司（240～360毫升），但液体不能超过杯身的一半]。

· **香槟杯**：香槟和香槟鸡尾酒。

可选的玻璃器皿

· **特色杯、长脚大玻璃杯、飓风杯**：冰冻饮料和热带朗姆酒饮料。

· **皮尔森杯、品脱杯或斯坦杯**：必备的家用啤酒杯，皮尔森杯12～14盎司（360～420毫升），品脱杯或斯坦杯16盎司（480毫升）。

· **白兰地杯**：伦敦码头杯是很好的替代品，虽然不如它美观。

· **烈酒杯**：适合喜欢烈酒的人群。烈酒杯不是必需品，除非你是烈酒的狂热爱好者，或者喜欢用盐和青柠配特其拉。

· **柯林斯杯或烟囱杯**："僵尸"、柯林斯[12～14盎司（360～420毫升）]。注意："僵尸"也可以装在特大

号特色玻璃杯里。

· **潘趣酒碗和潘趣酒杯**：传统的灌木潘趣酒或节日潘趣酒。

传奇调酒师语录

"在家中调酒时，不必仅仅因为某个特殊的配方需要某种你没有的特殊原料而气馁。请记住，许多美妙的鸡尾酒都源自原料的替代……或者，某些情况下是某种原料的省略。"

——比尔·布斯比（Bill Boothby）

第二部分

鸡尾酒配方
和配方的故事

配方

　　《调酒的细节》出版（2002年）后的几年对手工鸡尾酒运动的发展十分重要。新一代调酒师开始崭露头角，他们将创造力投入调制饮料的艺术中，对经典配方进行修改和改造，并从烹饪界借鉴原料和技术用于创新。这开启了一个新时代的大门：伴随着烹饪界创造力大爆发和大众对美味的热爱，鸡尾酒成为人们的新宠。在这一部分中，你将看到许多有才华的调酒师的故事，以及他们研发的配方，也就是我用"+"标注的配方，其中一些配方注定将成为经久不衰的现代经典。

　　如今，饮料公司提供的产品呈指数级增长。在本书中，我没有像在第一版中那样单独列出我推荐的品牌，而是将我的原配方和经典配方中的部分原料替换成我现在推荐的品牌，这些配方的新版本我都标注了"*"。这样，我才有机会从急剧扩展的酒类产品清单中挑出我认为质量好的或独特的产品推荐给大家，大家才能将注意力放在味道和品质更好的产品上。是时候卷起袖子，摇一摇，搅一搅，调出一些绝妙的鸡尾酒了。

鸡尾酒的名称、配方和索引

有些鸡尾酒有很多不同的名称。例如，有一种橙味起泡酒，有人称之为"巴克菲兹"，有人则称之为"含羞草"。这往往无关谁对谁错，因为双方通常都是对的，但有时谁也分不清对错。因此，我在这里所用的配方名称都是使用最广泛的名称。我还将本书中的鸡尾酒分为几大家族——曼哈顿、马天尼、菲兹、血腥玛丽等，并将关系紧密的家庭成员联系在一起。你如果按字母顺序没有找到你想查找的鸡尾酒配方，可按其所属家族查找。

不加冰鸡尾酒

不加冰鸡尾酒在摇和或搅拌之前的分量为3~4盎司（90~120毫升）。正常的摇和或搅拌通常需要加入大约1盎司（30毫升）的水。水和其他原料一样，都是鸡尾酒的重要组成部分。由于添加了水，所有不加冰鸡尾酒都是用5¹/₂~7盎司（165~210毫升）的鸡尾酒酒杯盛。

高杯鸡尾酒

高杯鸡尾酒的酒精含量通常为1¹/₂~2盎司（45~60毫升）。

加冰鸡尾酒

加冰鸡尾酒应该含有2~3盎司（60~90毫升）的酒精。马天尼和曼哈顿的酒精含量接近上限，加冰的烈酒的酒精含量接近下限。

燃烧的鸡尾酒

本书中的燃烧的鸡尾酒的配方是我在整个配方库中搜寻到的，它们需要用到橙子皮"硬币"或柠檬皮"硬币"。用橙子皮或柠檬皮点火讲究技巧，彩虹屋的酒吧长期提供这项服务。它极富戏剧效果，还能为饮料增添烧焦的橙子皮或柠檬皮的美妙香气。这个技巧很容易掌握，你只要按照第56页的说明操作就行了。

修道院（ABBEY）鸡尾酒

调酒师瑞安·马格里安（Ryan Magarian）发明的飞行金酒是"新西部"风格的典范。它香气浓郁，杜松子的香气在中调而不在前调。

1½盎司（45毫升）飞行美式（Aviation American）金酒

¾盎司（22.5毫升）利莱白利口酒

1盎司（30毫升）新鲜橙汁

1撒里甘橙味苦精6号

1片燃烧用橙子皮"硬币"，用于装饰

在摇酒壶中加入冰块和所有原料（装饰物除外），摇匀后将其滤入冰镇过的鸡尾酒酒杯，最后用橙子皮"硬币"装饰。

滴水苦艾

滴水法是成功调制这款经典苦艾酒的关键。用水稀释苦艾酒时，酒精浓度降低，精油分子和酒精分子之间的键被破坏，酒液变混浊，呈乳白色。一次性将水倒在苦艾酒中会使其中的精油凝结成团并漂浮在酒液表面，这绝对不是我们想要看到的。最后，通常用来增加甜味的糖对上等苦艾酒来说是不必要的，我建议不加糖，并且要用苦艾酒滴水器将水滴到苦艾酒中。

4盎司（120毫升）矿泉水
2盎司（60毫升）贾德1901上等苦艾酒

将矿泉水倒入苦艾酒滴水器，并将滴水器放在苦艾酒酒杯上，然后等待奇迹发生。苦艾酒滴水器是玻璃或金属容器，需要放在苦艾酒酒杯上方，通过容器底部的小孔一滴一滴地将水滴到苦艾酒中。

瑞士苦艾酒

比尔·凯利（Bill Kelly）在《流动的酒保》（*Roving Bartender*，1946年）一书中建议用杏仁糖浆代替茴香利口酒，因为前者更受欢迎。还有人推荐用法国味美思来代替。

1½盎司（45毫升）贾德1901上等苦艾酒

¾盎司（22.5毫升）杜凌白味美思

¼盎司（7.5毫升）杏仁糖浆

¾盎司乳化蛋白

磨碎的马尔科纳（Marcona）杏仁，用于装饰

在摇酒壶中加入冰块和所有原料（装饰物除外），充分摇匀，确保蛋白完全乳化。然后将酒滤入碟形杯，并将磨碎的杏仁撒在表面作为装饰。

绝对香蕉+

1996年，伦敦首都酒店的戴维·汤普森（David Thompson）凭借这款鸡尾酒在首届伦敦绝对伏特加鸡尾酒大赛中获得一等奖。如果这款鸡尾酒被缓慢且用力地摇10下，其中的菠萝汁就会形成漂亮的泡沫浮在鸡尾酒表面，为这款鸡尾酒的外观加分。

1½盎司（45毫升）蓝鲨（Blue Shark）伏特加

½盎司（15毫升）光阴似箭（Tempus Fugit）香蕉利口酒

1½盎司（45毫升）菠萝汁

在摇酒壶中加入冰块和所有原料，摇匀后将其滤入冰镇过的鸡尾酒酒杯。

亚当和夏娃*

这是我的原创配方，是我为纽约金巷酒吧（现已歇业）专门设计的。

1盎司（30毫升）帕马（Pama）石榴利口酒

1盎司（30毫升）波兰宝佳野牛草伏特加（Żubrówka）

4盎司（120毫升）新鲜苹果酒

1大滴戴尔·德格罗夫多香果芳香苦精

1片青苹果片，用于装饰

将所有原料（装饰物除外）放入高杯，加冰搅拌。用青苹果片装饰。

阿多尼斯（ADONIS）鸡尾酒（改良版）

阿多尼斯鸡尾酒最早诞生于1884年，以百老汇音乐剧《阿多尼斯》命名。大多数书中列出的这款鸡尾酒的原料只有雪莉酒、味美思和苦精。我改用了我最喜欢的几种原料来改良这款鸡尾酒。

2盎司（60毫升）卢士涛（Lustau）菲诺雪莉酒，或你

瑞士苦艾酒

喜欢的菲诺雪莉酒

　　1盎司（30毫升）马天尼特藏琥珀（Martini Riserva Speciale）味美思

　　3大滴戴尔·德格罗夫多香果芳香苦精

　　1片燃烧用橙子皮"硬币"，用于装饰

　　将所有原料（装饰物除外）加冰搅拌，然后滤入一个冰镇过的尼克诺拉杯。用橙子皮"硬币"装饰。

热气球（AIR BALLON）+

　　这个配方由弗兰基·马歇尔（Franky Marshall）女士发明，她是一位技艺精湛的手工调酒师、调酒培训师和坚定的享乐主义者。

　　1½盎司（45毫升）克莱门特夏纳（Clément Premiére）特酿朗姆酒

　　¾盎司（22.5毫升）纳尔迪尼（Nardini）雪松利口酒

　　¼盎司（7.5毫升）绿查尔特勒酒

　　½盎司（15毫升）新鲜青柠汁

　　¼盎司（7.5毫升）单糖浆

　　1片鼠尾草叶，用于装饰

　　1片脱水青柠圆片，用于装饰

　　在摇酒壶中加入冰块和所有原料（装饰物除外），轻轻摇匀后将其滤入一个装有卵石冰的精致高脚杯。用鼠尾草叶和青柠圆片装饰。

航空邮件（AIR MAIL）鸡尾酒

　　1盎司（30毫升）克莱门特夏纳特酿朗姆酒

　　½盎司（15毫升）新鲜青柠汁

　　¼盎司（7.5毫升）单糖浆

　　¼盎司（7.5毫升）蜂蜜糖浆

　　4盎司（120毫升）香槟

　　在摇酒壶中加入冰块和前4种原料，摇匀后倒入一个大号鸡尾酒酒杯，再倒入香槟。

阿拉巴马冒险团（ALABAMA SLAMMERITOS）*

4人份

　　你可以把调制这款鸡尾酒当作年轻时的一次冒险

之旅。放轻松，这是4人份的配方，每人只有小小的一杯。当然，你还需要找3位旅伴来陪你完成这次旅行。

　　¾盎司（22.5毫升）金馥（Southern Comfort）利口酒50%

　　1½盎司（45毫升）醒拓（Tito）手工伏特加

　　¾盎司（22.5毫升）普利茅斯（Plymouth）黑刺李金酒

　　3盎司（90毫升）新鲜橙汁

　　在摇酒壶中加入冰块和所有原料，用力摇匀后滤入4个1½盎司（45毫升）的烈酒杯。干杯!

夏朗德菲兹（ALAMBIC FIZZ）+

　　这款原创鸡尾酒出自纽约传奇鸡尾酒酒吧——请保密的杰夫·贝尔（Jeff Bell）。杰夫和侍酒师托马斯·帕斯图扎克（Thomas Pastuszak）是贝尔图（Bertoux）白兰地的酿酒顾问。贝尔图白兰地产自美国加利福尼亚州，由在法国和美国橡木桶中陈化3～7年的蒸馏酒液混酿而成，酒液均采用夏朗德铜制罐式蒸馏器蒸馏。

　　2盎司（60毫升）贝尔图白兰地

　　¾盎司（22.5毫升）布朗迪（Blandy's）5年布尔马德拉酒（Bual Madeira）

　　1大滴戴尔·德格罗夫多香果芳香苦精

　　1½盎司（45毫升）林德曼（Lindemans）桃子味拉比克（Lambic）精酿啤酒

　　在摇酒壶中加入冰块和前3种原料，用力摇匀后滤入一个冰镇过的碟形杯，再倒入啤酒。

亚历山大（ALEXANDER）

　　这款鸡尾酒可以加冰饮用，也可以淋在碎冰上当作刨冰享用。

　　1盎司（30毫升）金酒或干邑

　　1盎司（30毫升）光阴似箭可可利口酒

　　2盎司（60毫升）重奶油

　　现磨肉豆蔻，用于装饰

　　在摇酒壶中加冰块和所有原料（装饰物除外），摇匀后将其滤入一个小号鸡尾酒酒杯。用现磨肉豆蔻装饰。

阿尔贡金（ALGONQUIN）

特德·索西耶（Ted Saucier）在1951年出版的《干杯》（*Bottoms Up*）一书中收集了来自世界各地的饮料配方。下面这个配方是纽约著名的阿尔贡金酒店的蓝色酒吧提供的。

2盎司（60毫升）班克斯岛（Banks Island）调和朗姆酒
½盎司（15毫升）玛丽莎21号黑莓味利口酒
¼盎司（7.5毫升）法国廊酒
½盎司（15毫升）新鲜青柠汁
1颗波尔多樱桃，用于装饰

在摇酒壶中加入冰块和所有原料（装饰物除外），摇匀后将其滤入一个小号鸡尾酒酒杯。用樱桃装饰。

阿利盖尼（ALLEGHENY）

我是在《酒吧大百科》（*The Ultimate a-to-z Bar Guide*）这本书中发现这个配方的。作为感谢，我以这本书的作者的名字为这个配方命名。你如果想在这款鸡尾酒中增添其他的味道，可以尝试将一片柠檬捣碎了混入其中。

1盎司（30毫升）波本威士忌
1盎司（30毫升）洛里帕缇（Noilly Prat）原味干味美思
½盎司（15毫升）玛丽莎21号黑莓味利口酒
½盎司（15毫升）新鲜柠檬汁
1片柠檬皮"硬币"，用于装饰

在摇酒壶中加入冰块和所有原料（装饰物除外），摇匀后将其滤入一个冰镇过的鸡尾酒酒杯。用柠檬皮"硬币"装饰。

联盟（ALLIANCE）*

外号"现代调酒师"的托尼·阿布-加尼姆（Tony Abou-Ganim）与我合作，为秘鲁贸易委员会创作了这款鸡尾酒，它以秘鲁标志性的皮斯科白兰地为特色。

1个草莓，用于装饰
¼盎司（7.5毫升）草莓果泥（见本页"说明"）
½盎司（15毫升）荔枝果泥（见本页"说明"）

1½盎司（45毫升）巴索尔（Barsol）普里梅罗酷斑妲皮斯科
¼盎司（7.5毫升）生姜糖浆
¼盎司（7.5毫升）单糖浆
1盎司（30毫升）新鲜柠檬汁
2盎司（60毫升）香槟
½片柠檬圆片，用于装饰

将草莓去蒂，然后纵向切片（穿过顶端），得到心形的草莓片。放在一旁备用。

把所有原料（香槟和装饰物除外）放入一个大号葡萄酒酒杯，搅拌。放入冰块，冰块所占的体积大约是酒杯的⅓。然后慢慢倒入香槟，非常轻柔地搅拌。把草莓片和半片柠檬圆片放入葡萄酒酒杯，就像调制桑格利亚汽酒一样。

说明：提前将两种果泥混合好，这样可以加快调酒速度，也可以直接购买纳帕谷牌"完美果泥"。

尝试是学徒的事

1989年初，也就是彩虹屋开业几个月后的一天，我被叫到行政楼层，我的老板——乔·鲍姆要与我单独谈话。这可不是什么好消息。我进去时，乔把一本杂志扔到桌子上说："看看这个。"那是一本《美食家》（*Gastronome*）杂志。乔让我看的是凯伦·麦克尼尔（Karen MacNeil）写的文章《鸡尾酒？当然》。我不知道我的话会被他引用，但这是我的话第一次出现在出版物上，我感到很高兴，于是我笑了，但是乔很不高兴。

他在想让我注意的地方画了线："在这里（彩虹屋），我们正在尝试重新创造感觉、风格和专业性……"乔重重地拍了一下桌子，我吓得从椅子上跳了起来。他大叫道："学徒才尝试。我们不是在尝试，我们是在创造！滚出我的办公室。"

这不是一次糟糕的谈话，至少我没听到"你被解雇了"这句话。而且，这是我学到的第一堂也是最重要的课——如何应对媒体。这堂课还教会我要谨言慎行。

阿方索鸡尾酒

阿方索鸡尾酒

这款鸡尾酒是在经典的香槟鸡尾酒的基础上改造而成的，于1920年左右在法国的度假胜地——诺曼底地区的多维尔推出。

1块用安高天娜苦精浸过的方糖

1盎司（30毫升）红杜宝内（Dubonnet Rouge）

香槟或其他起泡酒

1片柠檬皮"硬币"或1条螺旋状柠檬皮卷，用于装饰

将在苦精中浸过的方糖放入白葡萄酒酒杯，加几块冰块。加入红杜宝内，然后用香槟或其他起泡酒装满酒杯。用柠檬皮"硬币"或柠檬皮卷装饰。

琥珀之梦（AMBER DREAM）

琥珀之梦是一种用干味美思和香甜的黄查尔特勒酒（而非绿查尔特勒酒）混合而成的宝石鸡尾酒（一种彩虹酒，也就是分层鸡尾酒）。

2盎司（60毫升）必富达（Beefeater）金酒

1盎司（30毫升）杜凌干味美思

¼盎司（7.5毫升）黄查尔特勒酒

1大滴橙味苦精

1片燃烧用橙子皮"硬币"，用于装饰

将所有原料（装饰物除外）放入一个酒吧杯，加冰搅拌。用燃烧用橙子皮"硬币"装饰。

美国丽人（AMERICAN BEAUTY）

¾盎司（22.5毫升）阿尔戈英雄白兰地

¾盎司（22.5毫升）杜凌干味美思

¾盎司（22.5毫升）新鲜橙汁

¼盎司（7.5毫升）自制石榴糖浆或在商店购买的石榴糖浆

¼盎司（7.5毫升）玛丽莎33号白薄荷利口酒

½盎司（15毫升）山地文（Sandeman）酒庄珍藏红宝石波特酒

1片食品级玫瑰花瓣，用于装饰

在摇酒壶中加入冰块和所有原料（波特酒和装饰物除外），摇匀后将其滤入一个冰镇过的鸡尾酒酒杯。缓缓倒入波特酒，使其漂浮在表面。用玫瑰花瓣装饰。

高杯美国佬（AMERICANO HIGHBALL）

19世纪90年代，马天尼罗西公司将这种鸡尾酒装瓶并销往世界各地。注意，大多数开胃酒、雪莉酒和味美思都应该用高脚杯盛，但是这款美国佬显然应该用高杯盛。

1½盎司（45毫升）意大利味美思

1½盎司（45毫升）金巴利（Campari）

苏打水

1片燃烧用橙子皮"硬币"，用于装饰

将味美思和金巴利倒入装满了冰块的高杯，再加入苏打水。用燃烧用橙子皮"硬币"装饰。

另一只灰狗（ANOTHER SHADE OF GREYHOUND）*

我为荷美游轮的酒吧设计了这个版本的灰狗鸡尾酒。

1½盎司（45毫升）蓝鲨伏特加

½盎司（15毫升）圣哲曼（St-Germain）接骨木花利口酒

4盎司（120毫升）新鲜西柚汁

1大滴比特储斯（Bitter Truth）西柚苦精

1片西柚皮"硬币"，用于装饰

将所有原料（装饰物除外）放入一个加了冰的高杯，搅拌。用西柚皮"硬币"装饰。

高杯陈酿朗姆鸡尾酒*

我设计这款鸡尾酒是为了向古巴优秀的调酒师致敬，特别是向20世纪的顶级调酒师——哈瓦那埃尔·弗罗里迪塔酒吧的康斯坦丁诺·里巴莱格瓦·贝尔特（Constantino Ribalaigua Vert）致敬。

1½盎司（45毫升）百加得陈酿朗姆酒

½盎司（15毫升）皮埃尔·费朗（Pierre Ferrand）橙皮利口酒

¼盎司（7.5毫升）新鲜青柠汁

2大滴戴尔·德格罗夫多香果芳香苦精

2盎司（60毫升）自制姜汁啤酒或在商店购买的姜汁啤酒

1片青柠圆片，用于装饰

1片橙子片，用于装饰

在高杯中加冰块，再加入前4种原料，然后加入姜汁啤酒。搅拌后用青柠圆片和橙子片装饰。

加州阿普瑞提（APERATIVO CALIFORNIA）*

这是我为基思·麦克纳利的莫兰蒂（Morandi）意大利餐厅设计的一款鸡尾酒。

1½盎司（45毫升）中国马天尼利口酒

¾盎司（22.5毫升）新鲜橙汁

¾盎司（22.5毫升）新鲜西柚汁

2大滴里根橙味苦精6号

1块青柠角

英国黄瓜薄圆片（未削皮的），用于装饰

将所有原料（青柠角和黄瓜圆片除外）放入一个双层古典杯，加冰，搅拌。把青柠角拿到杯口处挤出果汁，然后丢弃。最后，用刚切好的黄瓜圆片装饰。

苹果杰克鸡尾酒

苹果杰克鸡尾酒是巴黎里茨酒吧的一款经典饮料，它的配方被收录在弗兰克·迈耶1936年出版的《调酒艺术》一书中。我对这个配方略做修改。

2盎司（60毫升）莱尔德（Laird's）纯苹果杰克86

¾盎司（22.5毫升）皮埃尔·费朗橙皮利口酒

¼盎司（7.5毫升）新鲜青柠汁

2大滴比特储斯橙子苦精

1片苹果片，用于装饰

橙子皮"硬币"，用于装饰

在摇酒壶中加入冰块和所有原料（装饰物除外），摇匀后将其滤入一个冰镇过的鸡尾酒酒杯。用苹果片和橙子皮"硬币"装饰。

杏子（APRICOT）鸡尾酒*

我原本打算研究百慕大玫瑰鸡尾酒（原料为金酒、杏子白兰地、青柠汁和石榴汁）的配方，结果调制出了这款杏子鸡尾酒。它用来搭配辛辣的金枪鱼鞑靼或辛辣的西班牙餐前小吃都很不错。

1½盎司（45毫升）亨德里克奥比姆（Hendrick's Orbium）金酒

¾盎司（22.5毫升）玛丽莎杏子味利口酒

¾盎司（22.5毫升）新鲜橙汁

½盎司（15毫升）新鲜柠檬汁

燃烧用橙子皮"硬币"，用于装饰

在摇酒壶中加入冰块和所有原料（装饰物除外），摇匀后将其滤入一个冰镇过的鸡尾酒酒杯。用橙子皮"硬币"装饰。

亚古德赛马场（AQUEDUCT）

这款以赛马场的名称命名的鸡尾酒总是让我难以抗拒。

1½盎司（45毫升）伏特加

½盎司（15毫升）玛丽莎1号柑橘味利口酒

½盎司（15毫升）玛丽莎杏子味利口酒

¾盎司（22.5毫升）新鲜青柠汁

1片青柠薄圆片，用于装饰

在摇酒壶中加入冰块和所有原料（装饰物除外），摇匀后将其滤入一个冰镇过的鸡尾酒酒杯。将青柠薄圆片放在酒液表面作为装饰。

橙色美国佬（ARANCIO AMERICANO）*

这是我为基思·麦克纳利的莫兰蒂意大利餐厅设计的另一款鸡尾酒。

¾盎司（22.5毫升）阿佩罗（Aperol）

¾盎司（22.5毫升）马天尼罗西甜（Martini & Rossi）味美思

1盎司（30毫升）新鲜橙汁

2盎司（60毫升）缪讷托（Mionetto）酒庄瓦尔多比亚德内（Valdobbiadene）极干普洛赛克（Prosecco）

半片橙子圆片，用于装饰

在一个高杯中放冰块，冰块约占酒杯体积的3/4。然后，将阿佩罗、味美思和橙汁倒入高杯，搅拌后倒入普洛赛克起泡酒。用半片橙子圆片装饰。

天使之酒

　　"天使"类鸡尾酒是爵士乐时代的原创类烈酒。按照最初的设计，它们被分层装在1盎司（30毫升）的利口杯类小酒杯中的。如果你想用更大的杯子，就要对原料的用量进行相应调整。

天使之吻（ANGEL'S KISS）

　　分层类鸡尾酒的层次是通过依次往玻璃杯中倒各种酒实现的。倒酒的时候，要让酒液沿着勺子背面缓慢流入玻璃杯，而且勺子要紧贴玻璃杯内壁（详见第184页"彩虹酒"）。

1份光阴似箭可可利口酒
1份干邑
1份重奶油

　　将可可利口酒和干邑依次倒入利口杯。再将重奶油沿吧匙的背面倒入利口杯，让它浮在其他两种原料上面。

天使的提示（ANGEL'S TIP）

　　1份光阴似箭可可利口酒
　　1份重奶油

　　将可可利口酒倒入利口杯或小高脚酒杯，再将重奶油沿吧匙的背面倒入酒杯，让它浮在表面。

飞行鸡尾酒

互联网上活跃的鸡尾酒爱好者为这款经典鸡尾酒注入了新的活力。

2盎司（60毫升）富兹（Fords）金酒

½盎司（15毫升）路萨朵黑樱桃利口酒

½盎司（15毫升）新鲜柠檬汁

少许单糖浆（可选）

½盎司（15毫升）吉发得（Giffard）紫罗兰利口酒

1颗波尔多樱桃，用于装饰

在摇酒壶中加入冰块、金酒、黑樱桃利口酒、柠檬汁和单糖浆，摇匀后滤入一个冰镇过的鸡尾酒酒杯，再倒入紫罗兰利口酒。用樱桃装饰。

B-52

这是迪斯科时代的分层鸡尾酒之一，至今它仍然是最好的分层鸡尾酒之一。分层倒酒的方法参见第184页的彩虹酒。

¾盎司（22.5毫升）甘露咖啡利口酒

¾盎司（22.5毫升）百利甜酒（Baileys Irish cream）

¾盎司（22.5毫升）柑曼怡

将原料依次分层倒入一个小高脚酒杯，从甘露咖啡利口酒开始倒。

百加得（BACARDI）鸡尾酒

百加得鸡尾酒于20世纪30年代在全世界范围流行。加入橙汁，你就得到了罗布森（Robson）鸡尾酒；加入干味美思，你就得到了巴黎里茨酒吧的弗兰克·迈耶版本的百加得鸡尾酒。白鹳俱乐部（Stork）的调酒师约翰尼·布鲁克斯（Johnny Brooks）在常规的百加得鸡尾酒中添加了新鲜的橙汁、菠萝汁和蛋白，创造出了库班舞曲（Cubanola）。我的这个版本加了少量的石榴汁和一些单糖浆，这种调制方法在历史上是有先例的。

20世纪30年代中期，百加得公司对纽约一家用另一种朗姆酒调制百加得鸡尾酒的酒店提起诉讼。纽约最高法院裁定百加得鸡尾酒必须用百加得品牌朗姆酒调

制。虽然这项裁决无法强制所有人执行，但是百加得公司因此名声大噪。

2盎司（60毫升）百加得淡朗姆酒

½盎司（15毫升）新鲜柠檬汁

½盎司（15毫升）单糖浆

4大滴自制石榴糖浆或在商店购买的石榴糖浆

1颗波尔多樱桃，用于装饰

在摇酒壶中加入冰块和所有原料（装饰物除外），摇匀后将其滤入一个小号鸡尾酒酒杯。用樱桃装饰。

巴哈马妈妈（BAHAMA MAMA）

¾盎司（22.5毫升）淡朗姆酒

¾盎司（22.5毫升）陈酿朗姆酒

¾盎司（22.5毫升）黑朗姆酒

¾盎司（22.5毫升）克莱门特马希纳（Clément Mahina）可可利口酒

¾盎司（22.5毫升）光阴似箭香蕉利口酒

2盎司（60毫升）新鲜橙汁

2盎司（60毫升）菠萝汁

¼茶匙自制石榴糖浆或在商店购买的石榴糖浆

1大滴戴尔·德格罗夫多香果芳香苦精

1颗波尔多樱桃，用于装饰

1片菠萝片及菠萝叶，用于装饰

1片橙子片，用于装饰

在摇酒壶中加入冰块和所有原料（装饰物除外），摇匀后将其滤入敞口杯或其他造型别致的玻璃杯。用樱桃、菠萝片、菠萝叶和橙子片装饰。

巴枯宁（BAKUNIN）

这款酒由纽约普拉夫达酒吧首创。普拉夫达酒吧旁边就是音乐厅餐厅，餐厅内的酒吧是基思·麦克纳利经营最成功的酒吧。

1½盎司（45毫升）苏连红柑橘伏特加

¾盎司（22.5毫升）柑曼怡

1盎司（30毫升）新鲜橙汁

½盎司（15毫升）新鲜柠檬汁

1大滴比特储斯橙子苦精

在摇酒壶中加入冰块和所有原料，摇匀后将其滤入一个装有碎冰的大号碟形杯。

香蜂叶（BALM）鸡尾酒

如果你能找到新鲜的香蜂叶，可以将一片叶子与调酒原料一起放入摇酒壶摇匀，然后用一枝香蜂叶作为额外的装饰。

2盎司（60毫升）半干型雪莉酒

¾盎司（22.5毫升）新鲜橙汁

½盎司（15毫升）君度

2大滴安高天娜苦精

2片橙子片

2枝香蜂叶，用于装饰

1片燃烧用橙子皮"硬币"，用于装饰

将雪莉酒、橙汁、君度、苦精和橙子片放入摇酒壶，加冰块后摇匀，然后将其滤入一个冰镇过的鸡尾酒酒杯。用香蜂叶和燃烧用橙子皮"硬币"装饰。

香蕉大吉利（BANANA DAIQUIRI）（冰冻版）

在这个配方中我只使用了少量的香蕉利口酒，所以这款鸡尾酒的味道主要来自水果本身。

1盎司（30毫升）淡朗姆酒

1盎司（30毫升）琥珀朗姆酒

1盎司（30毫升）光阴似箭香蕉利口酒

¾盎司（22.5毫升）新鲜青柠汁

2盎司（60毫升）单糖浆

½根小号香蕉，切片

将所有原料放入搅拌机，再加入碎冰，搅打后倒入一个敞口玻璃杯。

女妖（BANSHEE）

这款鸡尾酒由"绿蚱蜢"（Grasshopper）演变而来，即将"绿蚱蜢"中的薄荷利口酒换成了香蕉利口酒。

1盎司（30毫升）光阴似箭香蕉利口酒

1盎司（30毫升）光阴似箭可可利口酒

2盎司（60毫升）重奶油

在摇酒壶中加入冰块和所有原料，摇匀后将其滤入一个大号碟形杯。

巴塞罗那（BARCELONA）（冰冻版）*

1992年巴塞罗那奥运会期间，我为纽约的詹姆斯·比尔德之家设计了这款冰冻版巴塞罗那，它适合搭配甜点。

¾盎司（22.5毫升）阿尔瓦公爵西班牙雪梨（Gran Duque d'Alba Spanish）白兰地

¾盎司（22.5毫升）干型雪莉酒或你喜欢的半干型雪莉酒

¾盎司（22.5毫升）君度

¾盎司（22.5毫升）新鲜橙汁

¾盎司（22.5毫升）重奶油

1盎司（30毫升）单糖浆

¾量杯冰块

肉桂粉，用于装饰

将所有原料放入搅拌机（装饰物除外），搅打后倒入一个大号碟形杯。在表面撒薄薄一层肉桂粉作为装饰。

芭提达（BATIDAS）（冰冻版）

这类巴西奶昔风味鸡尾酒可以做成多种口味，可以选择自己喜欢的果泥或花蜜来制作。

2盎司（60毫升）卡莎萨

2盎司（60毫升）热带水果果泥或花蜜

1盎司（30毫升）甜炼乳

1盎司（30毫升）单糖浆

1颗肉豆蔻，磨碎后用于装饰

将所有原料放入搅拌机（装饰物除外），加入冰块，搅打后倒入高脚杯。用磨碎的肉豆蔻装饰。

蜜蜂之吻（BEE'S KISS）

这个调酒配方是根据弗兰克·迈耶的《调酒艺术》（1936年）中记载的巴黎里茨酒吧的配方修改而成的。

1½盎司（45毫升）百加得朗姆酒

1盎司（30毫升）重奶油

¾盎司（22.5毫升）蜂蜜糖浆（见本页"说明1"）

在摇酒壶中加入冰块和所有原料，摇匀后将其滤入一个冰镇过的碟形杯。

说明1：蜂蜜作为鸡尾酒里的甜味剂往往有些偏甜，所以理想的选择是味道柔和、清淡的蜂蜜，如苜蓿蜜，而非味道浓郁的荞麦蜜。我经常购买本地生产的一种蜂蜜，它对我妻子的过敏症有好处。

出类拔萃（BEE'S KNEES）

2盎司（60毫升）金酒

¾盎司（22.5毫升）蜂蜜糖浆

¾盎司（22.5毫升）新鲜柠檬汁

1片柠檬皮"硬币"，用于装饰

将金酒、蜂蜜糖浆和柠檬汁放入摇酒壶，加入冰块后摇匀，然后滤入一个冰镇过的鸡尾酒酒杯。用柠檬皮"硬币"装饰。

贝尔法斯特（BELFAST）鸡尾酒+

这款鸡尾酒是弗朗西斯·肖特（Francis Schott）发明的，他是新泽西州新不伦瑞克地标式餐厅——舞台左侧牛排（Stage Left Steak）的合伙人。至此，这家提供优质美食和饮品的餐厅已经经营了37年。

1½盎司（45毫升）山地文酒庄珍藏红宝石波特酒

1½盎司（45毫升）皮埃尔·费朗库琥珀干邑

½盎司（15毫升）特兰巴克（Trimbach）威廉梨白兰地

½盎司（15毫升）肉桂糖浆

1大滴比特储斯橙子苦精

1大滴戴尔·德格罗夫多香果芳香苦精

1片橙子皮"硬币"

1根锡兰肉桂棒，磨碎后用于装饰

将所有原料（橙子皮"硬币"和肉桂碎除外）放入加了冰的鸡尾酒调酒杯，搅拌至冰凉后滤入一个冰镇过的鸡尾酒酒杯。挤压橙子皮"硬币"，将果皮中的精油挤到杯中，然后丢弃。用肉桂碎装饰。

贝里尼（THE BELLINI）

1948年，朱塞佩·奇普里亚尼（Giuseppe Cipriani）在威尼斯的哈里（Harry）酒吧发明了这款贝里尼。最初，这款鸡尾酒每年只供应4个月，因为其中用来制作果泥的白桃只在那段时间上市。但是，当朱塞佩的商业王国扩张到纽约后，朱塞佩的儿子阿里戈（Arrigo）找到了可以全年使用的速冻桃子果泥。他还用覆盆子汁或石榴汁给果泥稍微上色，从而赋予这款贝里尼绝美的颜色。

2盎司（60毫升）染色的速冻白桃果泥（见本页"说明2"）

3盎司（90毫升）干型起泡酒，如缪讷托酒庄尊贵精选系列DOC级特雷维索（Treviso）极干普洛赛克

½盎司（15毫升）玛丽莎11号桃子味利口酒（可选）

将桃子果泥放入调酒杯，不加冰。慢慢地倒入普洛赛克，同时，将染色的桃子果泥轻轻推到杯沿，使其与普洛赛克混合。轻轻搅拌，避免起泡。将混合物滤入香槟杯。如果需要，缓缓倒入桃子味利口酒，使其漂浮在表面。

说明2：我推荐纳帕谷牌完美果泥。我通常都购买1升装的速冻桃子果泥，解冻后，用1½汤匙覆盆子汁或石榴汁给1升桃子果泥上色，用于制作贝里尼。

我通常一次制作一大罐贝里尼。做法是，选择一个口大底小的罐子，先放染色过的桃子果泥，装至罐子的1/3高度。然后，慢慢地沿着罐子内壁倒入普洛赛克，接着用长柄吧匙把桃子果泥推到罐子内壁。轻轻搅拌，以免普洛赛克中的气泡大量逸出。

床笫之间（BETWEEN THE SHEETS）

这款鸡尾酒是边车的"亲戚"（见第198页）。边车还有其他版本，如用朗姆酒代替法国廊酒。我很喜欢这个配方，它是我从特德·索西耶于1951年出版的《干杯》中找到的。如果需要，你可以在玻璃杯的外沿制作糖边。

1½盎司（45毫升）干邑
½盎司（15毫升）法国廊酒
½盎司（15毫升）君度
¾盎司（22.5毫升）新鲜柠檬汁
1片燃烧用橙子皮"硬币"，用于装饰

在摇酒壶中加入冰块和所有原料（装饰物除外），摇匀后将其滤入一个冰镇过的鸡尾酒酒杯。用橙子皮"硬币"装饰。

大富豪（BIG SPENDER）*

我为2005年的百老汇音乐剧《生命的旋律》（Sweet Charity）设计了这款大富豪（音乐剧中有首歌叫《歌唱吧，大富豪》——译者注），很大程度上是因为贝克曼（Beckmann）家族的豪帅快活（Jose Cuervo）特其拉是这场演出幕后的"天使"。这款鸡尾酒的最早版本是用水晶粉红（Cristal Rosé）香槟调制的。

1盎司（30毫升）百年陈年特其拉
1盎司（30毫升）克莱门特橙子利口酒
1½盎司（45毫升）血橙汁
2½盎司（75毫升）粉红香槟
1片燃烧用橙子皮"硬币"

将特其拉、橙子利口酒和血橙汁放入加了冰的大号调酒杯，搅拌后滤入香槟杯，再倒入粉红香槟。轻轻搅拌，然后在酒杯上方燃烧橙子皮"硬币"，最后丢弃橙子皮"硬币"。

宝石（BIJOU）鸡尾酒

该版本的配方来自《萨伏伊鸡尾酒书》，原本用的普通绿查尔特勒酒升级为超级陈酿（V.E.P，_vieillissement exceptionnellement prolongé_的缩写，意思是极长时间的陈酿）。这款宝石鸡尾酒在彩虹屋餐厅长廊酒吧的酒单上排在第2位。这是一款口感能够达到微妙平衡的鸡尾酒，它对于1988年的顾客来说可能有点儿超前了，但在今天它会很受欢迎。

2盎司（60毫升）普利茅斯金酒
½盎司（15毫升）超级陈酿绿查尔特勒酒
½盎司（15毫升）马天尼罗西甜味美思
1大滴橙味苦精（见本页"说明1"）
1片柠檬皮"硬币"
1颗波尔多樱桃，用于装饰

将金酒、绿查尔特勒酒、甜味美思和橙味苦精放入加了冰的调酒杯，搅拌后滤入冰镇过的尼克诺拉杯。挤压柠檬皮"硬币"，将果皮中的精油挤到杯中，然后丢弃。用樱桃装饰。

说明1：就这个配方而言，我喜欢使用佩古俱乐部调配的橙味苦精——由2份里根橙味苦精6号与1份费氏兄弟（Fee Brothers）橙味苦精混合而成。

黑俄罗斯（BLACK RUSSIAN）

这是一款经典鸡尾酒。

1½盎司（45毫升）甘露咖啡利口酒
1½盎司（45毫升）俄罗斯标准伏特加

在古典杯中放入冰块，然后直接倒入利口酒和伏特加。

说明2：如果是调制白俄罗斯，就再加1盎司（30毫升）奶油，将所有原料摇匀后倒在碎冰上。

黑色丝绒（BLACK VELVET）

1861年，维多利亚（Victoria）女王的丈夫阿尔伯特亲王去世，举国哀悼。这款鸡尾酒是为悼念亲王而设计的，连其中的香槟都被黑色啤酒包裹。

4盎司（120毫升）健力士（Guinness）世涛啤酒
4盎司（120毫升）香槟

缓慢地、仔细地将健力士世涛啤酒和香槟倒入皮尔森啤酒杯，注意不要让酒液溢出。

黑莓茱莉普*

这是黑鸟酒吧的招牌酒，也是那里最受欢迎的鸡尾酒。多年来，彩虹屋酒吧的火焰雪山（Baked Alaska）一直在使用一种腌制浆果，它是这款鸡尾酒及其装饰的灵感来源。我在这款茱莉普的原始配方上做了改动，加入了金酒，使这款茱莉普变得更干爽。

1½盎司（45毫升）普利茅斯金酒
1盎司（30毫升）玛丽莎21号黑莓味利口酒
1盎司（30毫升）新鲜柠檬汁
¼盎司（7.5毫升）单糖浆
1汤匙腌制混合浆果（配方如下）

在摇酒壶中加入冰块和所有原料（腌制混合浆果除外），摇匀后将其滤入一个装满了碎冰的高杯。搅拌，直到杯壁开始凝结水珠。加入腌制混合浆果作为装饰。上桌时在高杯旁放一把茶匙，以便客人享用杯中的浆果。

腌制混合浆果

3品脱（1 651.8毫升）

将1品脱（550.6毫升）蓝莓、1品脱（550.6毫升）去蒂且切成四等份的草莓及共1品脱（550.6毫升）的黑莓和覆盆子分别洗净并晾干，放在一个碗里。将1½量杯超细白砂糖撒在浆果上，3小时后加入1½盎司（45毫升）白兰地和3盎司（90毫升）君度，轻轻搅拌混合物。腌制1小时，其间偶尔搅拌一下。

黑莓圣人思迈斯（BALAKBERRY SAGE SMASH）+

这款鸡尾酒是科罗拉多州丹佛市威廉和格雷姆（Williams & Graham）酒吧的老板肖恩·凯尼恩（Sean Kenyon）发明的。

4颗大号黑莓

3片中等大小的鼠尾草叶

½盎司（15毫升）单糖浆

1大滴自制石榴糖浆或在商店购买的石榴糖浆

¼盎司（7.5毫升）新鲜柠檬汁

2盎司（60毫升）伍迪溪酒庄（Woody Greek）波本威士忌

在波士顿摇酒壶中将3颗黑莓、2片鼠尾草叶、单糖浆、石榴糖浆和柠檬汁混合，用捣碎棒碾碎黑莓和鼠尾草叶。然后加入波本威士忌和冰块，摇匀。在双层古典杯中装碎冰，再将摇酒壶中的混合物仔细地滤入古典杯。用剩下的1片鼠尾草叶环绕剩下的那颗黑莓，再将一根竹制鸡尾酒酒签穿过黑莓正中间，以便装饰物可以直立在杯中。

黑刺李（BLACKTHORN）

罗伯特·韦梅尔（Robert Vermeire）在他1922年出版的《鸡尾酒：如何调制》（*Cocktails:How to Mix Them*）一书中，将黑刺李这款鸡尾酒的问世归功于19世纪的调酒师哈里·约翰逊。在哈里·约翰逊于1882年出版的《新增改良版调酒师手册》中，黑刺李主要是用爱尔兰威士忌调制的，而在《皇家咖啡馆鸡尾酒手册》中，这个配方则主要用到了黑刺李金酒。多亏了里根，我们才有了用普通金酒调制的现代版黑刺李。

1盎司（30毫升）鲍尔斯（Powers）爱尔兰威士忌

1盎司（30毫升）杜凌干味美思

½盎司（15毫升）普利茅斯黑刺李金酒

2大滴安高天娜苦精

1大滴贾德1901上等苦艾酒

1片燃烧用柠檬皮"硬币"，用于装饰

将所有原料（装饰物除外）加冰搅拌，然后滤入一个冰镇过的尼克诺拉杯。用燃烧用柠檬皮"硬币"装饰。

火焰

调制杰里·托马斯著名的燃烧类鸡尾酒十分有挑战性，而且有一定危险性。出于安全考虑，使用大号双层不锈钢马克杯；每次少放一点儿威士忌，以免酒液洒出来；在户外练习，以免发生火灾；若在室内调酒，在不易燃的台面上操作，千万不要在木制餐桌上操作。

¼盎司（7.5毫升）单糖浆

少许新鲜柠檬汁

沸水

1½盎司（45毫升）格兰威特（Glenlivet）单一麦芽苏格兰威士忌（60.3%）

1条柠檬皮卷，用于装饰

将单糖浆和柠檬汁倒入伦敦码头杯。用沸水给2个马克杯温杯。在其中一个马克杯里倒2盎司（60毫升）沸水，加入苏格兰威士忌，立即点燃混合物。将燃烧的混合物在两个杯子之间来回倒，在这个过程中，额外的氧气将创造出奇妙的效果。将一个马克杯盖在另一个马克杯上一会儿就可以使火焰熄灭，然后将混合物倒入准备好的伦敦码头杯。用柠檬皮卷装饰。

血与沙

第一次看到这款不同寻常的鸡尾酒时，我就觉得它是一种可怕的混合物。但随着时间的推移，我注意到这个配方出现在一些专业的鸡尾酒类书中，于是我决定亲自尝试一下。它的味道让我认识到，绝不能不去尝试就妄下定论。这款鸡尾酒激发了很多手工调酒师的灵感，他们在它的基础上创造了许多不同的版本。

¾盎司（22.5毫升）威雀（The Famous Grouse）调和型苏格兰威士忌

¾盎司（22.5毫升）希零樱桃利口酒

¾盎司（22.5毫升）意大利甜味美思

¾盎司（22.5毫升）新鲜橙汁

1片燃烧用橙子皮"硬币"，用于装饰

在摇酒壶中加入冰块和所有原料（装饰物除外），仔细摇匀后将其滤入冰镇过的鸡尾酒酒杯。用燃烧用橙子皮"硬币"装饰。

血橙科斯莫（BLOOD ORANGE COSMO）+

这款鸡尾酒是朱莉·赖纳在她位于纽约曼哈顿的熨斗酒吧创造的，该酒吧成功经营多年后于2018年关闭。朱莉和好友苏珊现在拥有布鲁克林的三叶草（Clover）俱乐部以及曼哈顿的佩古俱乐部的股份。她们最近和调酒师艾维·米克斯（Ivy Mix）在布鲁克林合作开办了一家名为"传奇"（Leyenda）的龙舌兰酒酒吧兼餐厅。

1½盎司（45毫升）苏连红柑橘伏特加
½盎司（15毫升）君度
¼盎司（7.5毫升）新鲜青柠汁
¼盎司（7.5毫升）新鲜血橙汁
少许蔓越莓汁
1片橙子片，用于装饰

在摇酒壶中加入冰块和所有原料（装饰物除外），仔细摇匀后滤入冰镇过的鸡尾酒酒杯。用橙子片装饰。

血洗布朗克斯（BLOODBATH IN THE BRONX）

这个由西蒙·麦戈格兰（Simon McGoram）发明的配方与经典的红舞裙（Bloodhound）鸡尾酒有关。西蒙在甜味美思中加入肉桂和小豆蔻来调味，而我选择使用本身就具有独特香味的维亚甜味美思。

1½盎司（45毫升）亨德里克奥比姆金酒
¾盎司（22.5毫升）马天尼特藏琥珀味美思
¾盎司（22.5毫升）维亚（Vya）甜味美思
¾盎司（22.5毫升）新鲜血橙汁
1大滴戴尔·德格罗夫多香果芳香苦精
半片血橙圆片，用于装饰（见本页"说明"）

在摇酒壶中加入冰块和所有原料（装饰物除外），仔细摇匀后滤入冰镇过的大号碟形杯。用半片血橙圆片装饰。

说明：如果没有血橙，可以使用普通的橙子。

红舞裙（猎犬）

戴维·索尔莫松（David Solmonson）和妻子莱斯莉（Lesley）合著了《12瓶酒酒吧》（*The 12 Bottle Bar*），书中介绍了这款20世纪早期的珍品鸡尾酒。

3~4颗新鲜草莓
1½盎司（45毫升）亨德里克奥比姆金酒
¾盎司（22.5毫升）马天尼罗西甜味美思
¾盎司（22.5毫升）洛里帕缇干味美思
少许黑樱桃利口酒

用捣碎棒将摇酒壶中的草莓捣碎，然后加入其他原料及冰块，仔细摇匀后滤入冰镇过的鸡尾酒酒杯。

血腥玛丽

调制血腥玛丽就像调制烧烤酱，每个人都认为自己的配方是最好的。当然，我也不例外。我经营酒吧的原则是用自己的血腥玛丽吸引尽可能多的顾客。首先，我不会破坏这款鸡尾酒的核心——番茄汁的甜味。过多的伍斯特郡酱（Worcestershire）或辣椒酱会使这款鸡尾酒变得混浊和太辣，从而打破甜味和辣味之间的微妙平衡。测试一个人对辣味的承受能力不是我们调制血腥玛丽的目的。其次，柠檬汁和番茄汁是必需的，所以，调制血腥玛丽时应该挤一点儿新鲜的柠檬汁。我的酒吧为客人端上血腥玛丽时会在酒杯旁额外放一块柠檬角和一块青柠角作为装饰，由客人自己决定要不要添加柠檬汁。有机番茄汁是最佳选择，如果你买不到，我推荐加利福尼亚州萨克拉门托市生产的浓缩番茄汁。

第一次世界大战后，罐装番茄汁的问世使得血腥玛丽的出现成为可能。我曾与米其林星级大厨热拉尔·庞戈合作，尝试制作一种与萨克拉门托罐装番茄汁一样浓稠可口的番茄汁，但没有成功。显然，巴黎里茨酒吧的首席调酒师弗兰克·迈耶多年来一直在用新鲜番茄调制他著名的番茄汁鸡尾酒，他的做法就是把番茄和香料一起捣碎，然后过滤出汁液。但是，他的番茄汁鸡尾酒缺少一种基本成分——酒！据说，是纽约酒吧（也位于巴黎）的调酒师费迪南德·珀蒂奥发明了有伏特加的血腥玛丽。但不知为什么，这款伏特加血腥玛丽并没有出现在哈里·麦克尔霍恩所著的《哈里的鸡尾酒入门知识》的任何版本中。我从与邓肯·麦克尔霍恩（哈里的孙子）的一次谈话中知道了"血腥玛丽"这个名称的由来：一位名叫玛丽的女士经常出现在酒吧里，她总是一边喝着皮特用番茄汁加伏特加调制的鸡尾酒，一边等她的伴侣。调酒师珀蒂奥于是给这款鸡尾酒起名叫"血腥玛丽"，以纪念苏格兰女王玛丽。这个故事听起来很可疑，但珀蒂奥在有关血腥玛丽的传说中扮演了重要角色是不争的事实。

皮特移民美国后，在纽约瑞吉酒店的国王科尔酒吧当调酒师。他把血腥玛丽带到了纽约，但是用金酒取代了伏特加，因为伏特加当时在美国并不出名。在阿斯托斯（Astors）的要求下，他把这款鸡尾酒改名成"红鲷鱼"，因为阿斯托斯觉得血腥玛丽这个名称让人不快。在1964年《纽约客》（New Yorker）的一篇采访中，皮特透露了一个事实：他是第一个往血腥玛丽里添加香料的人，但他不是第一个把番茄汁和伏特加搭配在一起的人，第一个这么做的人是喜剧演员乔治·杰塞尔（George Jessel）。

20世纪60年代，霍伊布莱因公司创始人吉尔伯特·霍伊布莱因的孙子约翰·马丁用这款酒精饮料来宣传一种新产品——皇冠伏特加。这导致这款饮料几乎只使用伏特加来调制，并且成为人们早晨日常饮用的鸡尾酒。

金发女郎血腥玛丽（BLONDE BLOODY MARY）

我在这个配方中使用了方便的金发女郎血腥玛丽天然组合原料（我在这个配方中还使用了其他香料），它能够为血腥玛丽系列饮料增添活泼和天然的风味。

2盎司（60毫升）伏特加

1大滴塔巴斯科（Tabasco）辣椒酱

4盎司（120毫升）金发女郎血腥玛丽天然组合原料

现磨黑胡椒

1枝罗勒，用于装饰

1片黄甜椒片，用于装饰

将所有原料（装饰物除外）放在调酒杯中，然后拿出另一个调酒杯，将混合物在两个调酒杯之间来回倒，使所有原料充分混合。然后，将混合物滤入加了冰块的高脚杯或品脱杯。用罗勒枝和黄甜椒片装饰。

血腥公牛（BLOOD BULL）

　　我用摇和法调制的血腥玛丽的变体只有这款血腥公牛和下一页的公牛之怒。添加牛肉高汤可以减少番茄汁中的泡沫。

1½盎司（45毫升）伏特加

少许新鲜橙汁

4大滴塔巴斯科辣椒酱

现磨黑胡椒

3盎司（90毫升）牛肉高汤（见本页"说明"）

2盎司（60毫升）番茄汁

1片橙子皮"硬币"，用于装饰

　　在摇酒壶的小调酒听（通常是玻璃材质的）中加入所有原料（装饰物除外），仔细摇匀后将其滤入加了冰块的高脚杯或品脱杯。用橙子皮"硬币"装饰。

　　说明：我用的是金宝牛肉高汤，效果很好。注意，不要额外加盐。

血腥巴顿（BLOOD BUTRUM）

血腥巴顿是血腥恺撒（Bloody Caesar）的变体，它来自我的朋友卡尔的厨房。卡尔喜欢开通宵派对，每当演奏克里斯·吉莱斯皮（Chris Gillespie，已逝世）在太阳升起前演奏《蓝色狂想曲》（Rhapsody in Blue），他都会准备好这种酒精饮料。卡尔的配方用的一半是伏特加，一半是果汁，但我不推荐在欣赏音乐时喝这么烈的酒精饮料。

2盎司（60毫升）伏特加

2大滴芹菜籽盐

1撮干莳萝（Dried Dill）

现磨黑胡椒

2大滴塔巴斯科辣椒酱

3大滴伍斯特郡酱

4盎司（120毫升）摩特番茄调酒蔬菜汁（Clamato Juice）或1盎司蛤蜊汁

3盎司（90毫升）番茄汁

1块柠檬角和1块青柠角，用于装饰

将所有原料（装饰物除外）和冰块放在调酒杯中，然后拿出另一个调酒杯，将混合物在两个调酒杯之间来回倒，使所有原料充分混合。然后，将混合物滤入加了冰块的高脚杯或品脱杯。端上桌时在酒杯旁放一块柠檬角和一块青柠角作为装饰。

血腥玛丽亚（BLOOD MARIA）

按照下面的"血腥玛丽/红鲷鱼"的配方调制，但是用桑格丽塔（见第89页）代替番茄汁，用特其拉代替伏特加。端上桌时在酒杯旁放一块青柠角作为装饰。

血腥玛丽/红鲷鱼（RED SNAPPER）

这是我的配方，自然它是最好的配方。实际上，它是一个模板，你可以在这个模板的基础上随意添加装饰物和调料。撒少许芹菜籽盐是不错的选择，不过纽约当地的传统是加辣根。开心享用吧。

1½盎司（45毫升）伏特加或金酒

2大滴伍斯特郡酱

4大滴塔巴斯科辣椒酱

1撮盐和现磨黑胡椒

2大滴新鲜柠檬汁

4~6盎司（120~180毫升）番茄汁

1块柠檬角和1块青柠角，用于装饰

将所有原料（装饰物除外）放在调酒杯中，然后拿出另一个调酒杯，将混合物在两个调酒杯之间来回倒，使所有原料充分混合。接着，在大号高脚杯或品脱杯中装3/4的冰块，再把混合物过滤到杯中。将一块柠檬角和一块青柠角放在一个盘子里，连同酒杯一起端上桌。

公牛之怒（BULLSHOT）

这是牛排馆的终极饮品，而且，用金宝牛肉高汤是最好的调制方法。戴维·旺德里奇博士曾断言：这款酒精饮料将使滞销的金宝牛肉高汤畅销起来。他是对的。要注意的是，调制这款鸡尾酒时不要加盐，因为牛肉高汤就可以提供足够的咸味。

1½盎司（45毫升）伏特加

4大滴塔巴斯科辣椒酱

1大滴橙汁

现磨黑胡椒

4盎司（120毫升）金宝牛肉高汤

1片橙子皮"硬币"，用于装饰

在摇酒壶的小调酒听（通常是玻璃材质的）中加所有原料（装饰物除外），仔细摇匀后将其滤入加了冰块的高脚杯或品脱杯。用橙子皮"硬币"装饰。

丹麦玛丽（DANISH MARY）

用阿夸维特酒（Aquavit）代替"血腥玛丽/红鲷鱼"配方中的伏特加。上桌时，在酒杯旁边放装了一块柠檬角、一块青柠角和一颗大号刺山柑浆果的盘子。

血腥玛丽自助餐

　　我有一个很棒的早午餐派对策划方案，那就是让客人自己调配血腥玛丽，然后以各色蔬菜和贝类作为装饰。酱汁不限于简单的番茄汁，可以准备一些自制的蔬菜汁，同时还备有各种各样的烈酒以供客人选择。

　　准备一张长桌，在中间放用玻璃瓶或玻璃罐装着的血腥玛丽所需的酱汁。在长桌两边放所需的装饰物，这样多位客人可以同时装饰自己的血腥玛丽。在长桌的两端各放一个冰桶，并附上夹子或勺子。还要准备一套波士顿摇酒壶，这样客人可以自己摇和。

　　烈酒：伏特加、金酒、特其拉、阿夸维特酒

　　贝类：蛤蜊、牡蛎（装在大号浅盘中，上面堆放碎冰，周围放柠檬角，备好钳子，以便客人夹取）

　　玻璃器皿：高脚杯、品脱杯

　　沙拉台：新鲜的和腌制好的装饰物；小面包和黄油；小萝卜、青葱、橄榄、鸡尾洋葱、刺山柑浆果、菊苣、白萝卜；新鲜去皮的辣根和蔬菜研磨器，以便辣根磨碎后加入饮料；可以充当搅拌棒的长条蔬菜，如西芹、胡萝卜和黄瓜；装饰用的新鲜芳香植物，如莳萝、罗勒和牛至；胡椒磨和用于碾碎粗盐的研钵；碗装的柑橘类水果角；瓶装辣椒酱，如塔巴斯科辣椒酱、伍斯特郡酱

　　客人须知：用量酒器量取自己选择的烈酒，倒入波士顿摇酒壶的玻璃调酒听，然后加入自己选择的香料，再加入自己选择的酱汁，混合物体积以占玻璃调酒听的⅔为宜。用摇酒壶的两个部分将混合物来回倒，使其充分混合，然后倒入高脚杯或高杯，再装满冰块，最后装饰一下即可。

酱汁配方

蛤蜊番茄汁

60盎司（1 800毫升）

这种酱汁可以用于调制血腥巴顿。

14盎司（420毫升）新鲜的冷藏蛤蜊汁

46盎司（1 380毫升）番茄汁，最好是萨克拉门托浓缩番茄汁

现磨黑胡椒

将所有原料混合均匀。冷藏保存。

彩虹V-7酱汁

60盎司（1 800毫升）

制作这种酱汁要用到榨汁机。

40盎司（1 200毫升）番茄汁，最好是萨克拉门托浓缩番茄汁

4盎司（120毫升）新鲜西芹汁

4盎司（120毫升）新鲜胡萝卜汁

4盎司（120毫升）新鲜青甜椒汁

4盎司（120毫升）新鲜红甜椒汁

2盎司（60毫升）新鲜洋葱汁

2盎司（60毫升）新鲜茴香汁

盐和现磨黑胡椒，根据口味酌情添加

将所有原料混合均匀。冷藏保存。

桑格丽塔

60盎司（1 800毫升）

¼量杯墨西哥辣椒（去蒂、去籽）磨成的泥

2½盎司（75毫升）新鲜青柠汁

5盎司（150毫升）新鲜橙汁

1盎司（30毫升）自制石榴糖浆或在商店购买的石榴糖浆

4盎司（120毫升）单糖浆

46盎司（1 380毫升）番茄汁，最好是萨克拉门托浓缩番茄汁

¾汤匙犹太盐

¾汤匙白胡椒粉

把所有原料混合均匀。冷藏。如果需要，可以调整调料的用量。与小林特其拉或血腥玛丽亚一起端给客人。

辣番茄汁

60盎司（1 800毫升）

2½盎司（75毫升）新鲜柠檬汁

2茶匙塔巴斯科辣椒酱

1茶匙伍斯特郡酱

46盎司（1 380毫升）番茄汁，最好是萨克拉门托浓缩番茄汁

盐和现磨黑胡椒，根据口味酌情添加

将所有原料混合均匀。冷藏保存。

蓝色海湾（BLUE BAYOU）*

蓝色饮料又回来了……至少我的朋友雅各布·布里亚斯（Jacob Briars）是这么说的。布里亚斯是百加得公司的全球宣传业务总监，他深谙其道。无论他说的是真是假，只要他在媒体上有足够的曝光率，他说的就会成为事实。蓝色酸酒类饮料很难调制成功，因为柠檬汁和青柠汁中的酸性物质会把蓝色库拉索酒中的蓝色变成绿色。在这里我会教大家一个解决这个问题的小技巧。

1½盎司（45毫升）鲁特（Rutte）金酒

½盎司（15毫升）蓝色橙皮利口酒

¼盎司（7.5毫升）圣哲曼接骨木花利口酒

¾盎司（22.5毫升）青柠酸溶液（使用原因见本页"说明"）

1片燃烧用橙子皮"硬币"，用于装饰

提基（Tiki）玻璃制小鸟摆件，用于装饰（可选）

在摇酒壶中加入冰块和所有原料（装饰物除外），摇匀后将其滤入冰镇过的碟形杯。在碟形杯上方点燃橙子皮"硬币"。如果条件允许，可以把小鸟摆件放在碟形杯边缘。

说明：青柠酸溶液是透明的，尽管它与新鲜青柠汁同样酸，但是它不会把蓝色的橙皮利口酒变成绿色。

蓝色星期一（BLUE MONDAY）

蓝色星期一是《萨伏伊鸡尾酒书》中记载的早期伏特加鸡尾酒。它需要用到君度和蓝色蔬菜提取物，但我擅自用蓝色橙皮利口酒代替了蓝色蔬菜提取物。

1½盎司（45毫升）伏特加

½盎司（15毫升）君度

¼盎司（7.5毫升）玛丽莎橙皮蓝柑利口酒

¾盎司（22.5毫升）青柠酸溶液

1片燃烧用橙子皮"硬币"，用于装饰

在摇酒壶中加入冰块和所有原料（装饰物除外），摇匀后将其滤入冰镇过的鸡尾酒酒杯。在酒杯上方点燃橙子皮"硬币"。

鲍比·伯恩斯

在1936年出版的《调酒艺术》中，弗兰克·迈耶用1份甜味美思和1份干味美思来调制这款鸡尾酒。

2盎司（60毫升）混合型威士忌或清淡型麦芽苏格兰威士忌

1盎司（30毫升）意大利甜味美思

¼盎司（7.5毫升）法国廊酒

1块酥脆曲奇，用于装饰

将所有原料（装饰物除外）放入调酒杯，加冰搅拌，然后将混合物滤入冰镇过的鸡尾酒酒杯。端上桌时在酒杯旁边放一块酥脆曲奇。

纳伦的鲍比·伯恩斯（BOBBY BURNS, NAREN'S）+

这是纳伦·扬（Naren Young）为纽约的萨克森和帕罗勒（Saxon + Parole）酒吧调制的鲍比·伯恩斯。

1盎司（30毫升）帝王12年苏格兰威士忌

1盎司（30毫升）马天尼罗西甜味美思

¼盎司（7.5毫升）法国廊酒

2大滴戴尔·德格罗夫多香果香芳香苦精

1块酥脆曲奇，用于装饰

将所有原料（装饰物除外）放入调酒杯，加冰搅拌，然后将混合物滤入冰镇过的鸡尾酒酒杯。端上桌时在酒杯旁边放一块酥脆曲奇。

地滚球（BOCCI BALL）

1½盎司（45毫升）萨龙诺（Disaronna）原味意大利苦杏酒

4~5盎司（120~150毫升）新鲜橙汁

半片橙子圆片，用于装饰

将两种原料倒入加了冰的高杯。用半片橙子圆片装饰。

爱心（BOSOM CARESSER）

这个配方改编自经典配方，用到了《萨伏伊鸡尾酒书》（1930年）中的配方和《现代美国饮品》（1895年）中乔治·J.卡普勒的配方元素。

1盎司（30毫升）雨水马德拉酒

1½盎司（45毫升）白兰地

1茶匙覆盆子糖浆，如莫林（Monin）覆盆子糖浆

1½盎司（45毫升）全脂牛奶

¾盎司（22.5毫升）乳化全蛋液

现磨肉豆蔻，用于装饰

在摇酒壶中加入冰块和所有原料（装饰物除外），充分摇晃，使其中的蛋液与其他原料混合均匀。将混合物滤入冰镇过的大号碟形杯。撒上肉豆蔻碎。

浪子（BOULEVARDIER）

我们认为这款黑麦威士忌鸡尾酒是内格罗尼（见第170页）的变体，是由移居美国的厄斯金·格温（Erskine Gwynne）发明的。厄斯金是浪子的发行人，这是为20世纪30年代移居巴黎的美国人创办的时事通讯。1929年出版的《巴黎鸡尾酒》（*Cocktails de Paris*）收录了酒保罗伯特·杜·维埃尔（Robert du Viel）的黑麦威士忌鸡尾酒的配方，他是"酒保冠军大奖赛"（Grand Prix au Championnat des Barmen）的优胜者。他的配方如下：1份杜宝内，1份拉斐尔（Rapheäl），金巴利和干邑白兰地各半份。不过，我还是更喜欢下面这个版本的黑麦威士忌内格罗尼。

1盎司（30毫升）布莱特（Bulleit）黑麦威士忌

1盎司（30毫升）马天尼罗西甜味美思

1盎司（30毫升）金巴利

1片橙子皮"硬币"，用于装饰

将威士忌、味美思和金巴利倒入加了冰的双层古典杯并搅拌。用橙子皮"硬币"装饰。

覆盆子（BRAMBLE）+

1984年，英国酒吧界"教父"迪克·布拉德塞尔在弗雷德（Fred's）俱乐部发明了这款鸡尾酒。这家俱乐部是迪安街的标志性酒吧，在迪克的努力下，这家酒吧声名鹊起。20世纪90年代，迪克在大西洋烧烤酒吧（Atlantic Bar and Grill）后面开了自己的迪克酒吧。

1½盎司（45毫升）金酒

1盎司（30毫升）新鲜青柠汁

¾盎司（22.5毫升）单糖浆

¾盎司（22.5毫升）吉发得黑莓利口酒

1片青柠圆片，用于装饰

几颗新鲜覆盆子，用于装饰

在摇酒壶中加入冰块、金酒、青柠汁和单糖浆，摇匀后滤入加了碎冰的双层古典杯。将利口酒滴到碎冰上，用青柠圆片和新鲜覆盆子装饰。

白兰地库斯塔（BRANDY CRUSTA）

库斯塔是约瑟夫·桑蒂纳（Joseph Santina）发明的一款十分别致的鸡尾酒，1852年，他在新奥尔良的格雷维尔街开了一家名为"南方宝石"（Jewel of the South）的酒吧。这种鸡尾酒得名于玻璃杯边缘的那层硬糖霜（库斯塔的英文名Crusta源自拉丁文，意思是甲壳——译者注）。

糖，用于制作糖边

1½盎司（45毫升）干邑白兰地

2大滴路萨朵黑樱桃利口酒

2大滴柠檬汁

4大滴莫林苹果糖浆（见本页"说明"）

1大滴戴尔·德格罗夫多香果芳香苦精

1条螺旋状柠檬皮卷，用于装饰

在小号鸡尾酒酒杯外边缘蘸½英寸（1.27厘米）宽的糖边。备用。

将干邑白兰地、利口酒、柠檬汁、苹果糖浆和苦精放入摇酒壶，加冰，仔细摇匀，滤入准备好的鸡尾酒酒杯。用一条较宽的螺旋状柠檬皮卷沿酒杯内壁装饰，并使其高度超出酒杯顶部。

说明：这个配方用苹果糖浆代替了最初的兰花糖浆。兰花糖浆的配方已经失传，很多研究鸡尾酒的历史学家都没有找到它。

白兰地牛奶潘趣酒（BRANDY MILK PUNCH）

这款潘趣酒可以快速变成用玻璃杯装的白兰地蛋奶酒，做法是在下面配方的基础上再加1个小号鸡蛋，并用重奶油代替1盎司（30毫升）牛奶。我在爱德华·斯宾塞（Edward Spencer）的《流动的碗》（*The Flowing Bowl*）中找到了这款潘趣酒的一个好喝的版本，名为"北极地带"，做法是将4盎司（120毫升）全脂牛奶、2盎司（60毫升）佩德罗-希梅内斯雪莉酒和1盎司（30毫升）白兰地放入摇酒壶加冰摇匀，然后滤入装了冰块并且撒了肉桂粉的酒杯。

> 2盎司（60毫升）干邑白兰地
> 1盎司（30毫升）冰糖糖浆或单糖浆，再加1滴香草精
> 4盎司（120毫升）牛奶
> 现磨肉豆蔻，用于装饰

将干邑白兰地、糖浆和牛奶放入摇酒壶，加冰，仔细摇匀。滤入装了冰块的高杯。最后撒上肉豆蔻粉。

早餐马天尼（BREAKFAST MARTINI）+

塞尔瓦多·卡拉布雷斯（Salvatore Calabrese）是一位真正的调酒大师，他于1996年在伦敦的兰斯伯勒（Lanesborough）酒店发明了这款鸡尾酒。不过，早在哈尔曼·伯尼·伯克（Harman Burney Burke）的《伯克鸡尾酒和饮料配方》（*Burke's Complete Cocktail and Drinking Recipes*，1934年）中，就有一款加了橘子酱的鸡尾酒，叫"迈阿密鸡尾酒"，它以金酒为基酒，配以甜味美思、橙汁、苦精和橘子酱等。

> 1½盎司（45毫升）孟买蓝宝石（Bombay）金酒
> ½盎司（15毫升）新鲜柠檬汁
> ½盎司（15毫升）君度
> 1茶匙淡味橘子酱（不带太多果皮）
> 1小片抹了橘子酱的黄油吐司，用于装饰（这是我的创意）

在摇酒壶中加入冰块和所有原料（装饰物除外），摇匀后将其滤入冰镇过的鸡尾酒酒杯。将抹了橘子酱的黄油吐司放在酒杯旁作为装饰。

辉煌（BRILLIANTE）鸡尾酒*

辉煌鸡尾酒是经典的内格罗尼的"清晨变奏曲"。我把苦味的金巴利换成了煮好的咖啡。我会挑选中度烘焙的咖啡豆，然后把它们和茴香籽一起磨碎，再制作一壶滴滤咖啡。茴香籽带有些许辛辣味和植物香气，这正是金巴利蕴含的味道。

> 1盎司（30毫升）茴香味咖啡（见本页"说明"）
> 1½盎司（45毫升）西娜尔
> ¾盎司（22.5毫升）亨德里克奥比姆金酒
> 1片橙子皮"硬币"，用于装饰

将前3种原料放入加了冰块的双层古典杯。搅拌至冰凉，使3种原料充分混合。用橙子皮"硬币"装饰。

说明：制作茴香味咖啡时，需要将1/2量杯中度烘焙的咖啡豆和1茶匙茴香籽细细磨碎。用3量杯纯净水制作滴滤咖啡。等咖啡冷却至室温即可使用。茴香味咖啡可以在冰箱里冷藏保存3天。

布朗克斯（BRONX）鸡尾酒

在成为华尔道夫（Waldorf Astoria）酒店前，酒店的前身就坐落在今天帝国大厦所在的位置。它是著名的大铜轨酒吧的所在地，也是著名的销金窟——19世纪末20世纪初大亨们喜欢流连的场所。它还是当时的顶级酒保约翰尼·索伦（Johnnie Solon）工作的场所。根据最广为流传的说法，约翰尼参观了新开幕的布朗克斯动物园后不久，就为一位客人调制了这款布朗克斯鸡尾酒。这位客人声称根本看不出动物园和他的酒吧有什么不同。

> 1½盎司（45毫升）赎金老汤姆金酒
> ¼盎司（7.5毫升）意大利甜味美思
> ¼盎司（7.5毫升）洛里帕缇原味干味美思
> 1盎司（30毫升）新鲜橙汁
> 1大滴安高天娜苦精（可选）
> 1片橙子皮"硬币"，用于装饰

在摇酒壶中加入冰块和所有原料（装饰物除外），摇匀后将其滤入大号鸡尾酒酒杯。用橙子皮"硬币"装饰。

布朗·德比（BROWN DERBY）鸡尾酒

这款鸡尾酒在1930年左右诞生于好莱坞的旺多姆（Vendome）俱乐部，它的名称来源于1926年开业的著名布朗·德比餐厅。这家餐厅位于威尔希尔大道，以德比帽形的建筑为特色。1980年，这家餐厅被拆除，但它的德比帽形的圆屋顶被保留了下来，后来并入布朗·德比广场，这是韩国城的中心地带。韩国城位于威尔希尔大道。

2盎司（60毫升）波本威士忌
1盎司（30毫升）新鲜西柚汁
¾盎司（22.5毫升）蜂蜜糖浆

在摇酒壶中加入冰块和所有原料，摇匀后将其滤入鸡尾酒酒杯。

巴德·赫尔曼高杯（BUD HERRMANN HIGHBALL）

我刚去贝尔艾尔酒店工作时，巴德·赫尔曼（Bud Herrmann）是鸡尾酒酒吧的主管。他是一位非常有才华的钢琴演奏家，曾在本尼·古德曼管弦乐队演奏过一段时间。他是礼仪大师，是生意上的中间人，也是情场上的介绍人。巴德的一个好朋友是酒店的常客，他因巴德的牵线而赚了一大笔钱，于是把西好莱坞的一栋公寓送给了巴德。巴德在1985年去世，这间公寓也换了主人。6个月后，我前往纽约为乔·鲍姆工作。1987年，我成为彩虹屋餐厅的首席调酒师。

2盎司（60毫升）迈塔克瑟（Metaxa）五星或七星白兰地
5盎司（150毫升）苏打水

将原料直接倒入加了冰块的高杯。

公牛血（BULL'S BLOOD）

¾盎司（22.5毫升）美雅士黑朗姆酒
¾盎司（22.5毫升）玛丽莎橙皮利口酒
¾盎司（22.5毫升）门多萨主教（Cardenal Mendoza）西班牙白兰地

1盎司（30毫升）新鲜橙汁
1片燃烧用橙子皮"硬币"，用于装饰

在摇酒壶中加入冰块和所有原料（装饰物除外），摇匀后将其滤入鸡尾酒酒杯。用燃烧用橙子皮"硬币"装饰。

缆车（CABLE CAR）+

缆车发明于1996年，是星光屋（Starlight Room）的标志性鸡尾酒。星光屋是一家令人惊叹的夜总会和鸡尾酒酒廊，位于旧金山历史悠久的金普顿弗朗西斯德雷克爵士（Kimpton Sir Francis Drake）酒店顶层。这家酒店坐落于世界著名的诺布山缆车轨道附近，因此星光屋被亲切地称为"星星和缆车之间的酒廊"。

"摩根船长公司的人找到我，让我用他们的朗姆酒调制一种新的鸡尾酒。就像我们应该做的那样，我在经典鸡尾酒中寻找灵感，然后发现了白兰地库斯塔。我以这款鸡尾酒为模板，创造出了一款可以给我们带来许多经典即兴表演的鸡尾酒，也就是后来成为我的代表作的鸡尾酒——缆车！"这段话出自托尼·阿布-加曼（Tony Abou-Ganim），他是拉斯维加斯曼德勒湾赌场的老板。

肉桂糖，用于制作糖边
1½盎司（45毫升）摩根船长香料朗姆酒
¾盎司（22.5毫升）玛丽莎橙皮利口酒
1½盎司（45毫升）新鲜柠檬酸溶液（见本页"说明"）
1个橙子的皮，切成细长的螺旋状

在鸡尾酒酒杯边沿蘸上肉桂糖，然后把酒杯放入冰箱冷冻直至使用。在调酒杯中将朗姆酒、橙皮利口酒、柠檬酸溶液和冰块混合。摇晃至混合物完全变得冰凉。将混合物滤入冰镇过的带糖边的鸡尾酒酒杯，并用一条细长的螺旋状橙子皮卷装饰。

说明：托尼用的新鲜柠檬酸溶液是由2份过滤过的现榨柠檬汁和1份单糖浆混合而成的。

布拉泽·克利夫酸酒（BROTHER CLEVE SOUR）+

这款鸡尾酒的原创者是布莱恩·米勒，他是纽约手工鸡尾酒界的先驱，曾在熨斗酒廊、佩古俱乐部和死亡公社工作过。布拉泽·克利夫是波士顿手工鸡尾酒界的"教父"。20世纪80年代和90年代，他与易燃爱迪生乐队（Combustible Edison）一起旅行，这支乐队是由帕丁顿饮料公司（Paddington Drinks）和金巴利公司资助的，之后他又作为键盘手加入飞车党乐队（Del Fuegos）并为乐队作曲。

1½盎司（45毫升）玛丘卡班图（Macchu Quebranta）皮斯科酒

½盎司（15毫升）新鲜柠檬汁

½盎司（15毫升）新鲜青柠汁

½盎司（15毫升）新鲜菠萝汁

¼盎司（7.5毫升）肉桂糖浆

1大滴戴尔·德格罗夫多香果芳香苦精

½盎司（15毫升）乳化蛋白

1个柠檬，用于装饰

在摇酒壶中加入3块大冰块和所有原料（装饰物除外），摇匀后将其滤入装了另外3块大冰块的双层古典杯。用柠檬装饰。

火焰咖啡（CAFÉ BRULOT）

19世纪末，朱尔斯·阿尔恰托雷（Jules Alciatore）在新奥尔良的安托万（Antoine）餐厅发明了这款火焰咖啡。朱尔斯是餐厅创始人安托万·阿尔恰托雷（Antoine Alciatore）的儿子，安托万于1840年打造了这座美食圣殿，专营路易斯安那克里奥尔料理。制作这款奢华的餐后酒精饮料需要用到鸡尾酒王国出品的一种火焰咖啡专用器具：铜制支架上有一个谢菲尔德银碗，支架底部有一个平盘。如果没有合适的器具和特制的双嘴长柄勺，就很难制作这款酒精饮料。

腌泡汁（25人份）

- 1瓶（750毫升）VS级干邑白兰地
- 12盎司（360毫升）樱桃白兰地
- 12颗完整的丁香
- 1个脐橙，只需要果皮
- 1个柠檬，只需要果皮
- 6根锡兰肉桂棒，碾碎

制作腌泡汁：在一个2升的容器中，将干邑白兰地、樱桃白兰地、丁香、脐橙皮、柠檬皮和碎肉桂棒混合。盖上盖子，静置数小时或一整夜，这样效果更好。

火焰咖啡（6人份）

- 9盎司（270毫升）腌泡汁
- 12盎司（360毫升）法式烘焙咖啡，如果有菊苣咖啡也可以（可在网上购买）
- 9盎司（270毫升）温热的红糖糖浆或德默拉拉糖浆
- 1个橙子的皮，切成螺旋状长条
- 8颗丁香
- 1盎司（30毫升）75%超烈朗姆酒，用作燃料

把丁香的尖端像钉子一样插入切成螺旋状的长橙子皮卷，然后把橙子皮卷放在餐盘上，备用。

制作火焰咖啡：要找一个天花板很高（制作这种甜点咖啡的地方要足够高），并且天花板上没有热源感应器的操作间，因为调制过程中银碗里的腌泡汁会燃烧起来。将所有器具放置在防火的台面上，如大的瓷砖台面上，这样就可以放心地放置支架底部装有燃料的铜

盘了。把点缀了丁香的橙子皮卷、双嘴勺、装有热咖啡的咖啡壶，以及装有温热糖浆的玻璃瓶都放在台面上。

在支架底部的平盘中倒入不超过1盎司（30毫升）的超烈朗姆酒，这是加热腌泡汁的燃料。燃料少一些可以防止银碗过热。

称9盎司（270毫升）腌泡汁并将其倒入银碗。

点燃铜盘里的超烈朗姆酒，让它燃烧1分钟。同时，将插有丁香的螺旋状橙子皮卷的一端固定在餐叉的齿之间，再将它们放回餐盘上备用。

将腌泡汁加热1分钟后用双嘴长柄勺舀半勺腌泡汁，小心地靠近银碗下方的火焰。等勺子里的腌泡汁被点燃后，把它倒回银碗以点燃剩下的腌泡汁。拿起叉子，把螺旋状橙子皮卷放在银碗上方中央，让橙子皮卷的另一端浸在腌泡汁中。用双嘴长柄勺带有小孔的一侧舀起燃烧着的腌泡汁，慢慢地淋在橙子皮顶端。这样重复几次，直到橙子皮卷上的精油溢出、丁香也开始变得油亮。然后，将橙子皮和叉子放回餐盘上，再慢慢地将咖啡倒在银碗中，直到火焰熄灭。注意，倒入咖啡会使银碗上方的火焰升高，所以咖啡壶要拿得高一些，以免受伤。

用温热的糖浆调味。最后，将火焰咖啡装在小号咖啡杯里。

制作火焰
咖啡的器具

点燃插了丁香的
螺旋状橙子皮卷

倒入法式
烘焙咖啡

将火焰咖啡舀入
专门设计的咖啡杯

龙舌兰咖啡（CAFÉ MAGUEY）*

自迪克·布拉德塞尔发明了意式浓缩伏特加鸡尾酒（见第118页），并且这款鸡尾酒被手工鸡尾酒界重新命名为"意式浓缩马天尼"以来，调酒师们一直在重复他的配方。这款龙舌兰咖啡就是我在该鸡尾酒的基础上进行的尝试，它唯一的装饰物就是顶部那一层通过剧烈摇和产生的令人惊叹的泡沫。

1盎司（30毫升）唐·胡里奥（Don Julio）珍藏金标特其拉

1盎司（30毫升）德尔玛盖梅斯卡尔酒

½盎司（15毫升）龙舌兰花蜜

2盎司（60毫升）冷的意式浓缩咖啡

磨碎的巧克力，用于装饰（可选）

在波士顿摇酒壶的玻璃调酒听中加入冰块和所有原料（装饰物除外），摇匀后将其滤入大号碟形杯。如果条件允许，可用磨碎的巧克力装饰。

凯匹林纳

凯匹林纳及其变体在鸡尾酒界是独一无二的存在，因为它们保留了捣碎的水果和在搅拌过程中用来降温的冰块，也就是用力搅拌后，冰块和青柠会随酒液一起倒入玻璃杯。凯匹林纳从本质上说是一种酸酒，但我们想要酸度和甜度达到平衡，因此会使用等量的青柠汁和单糖浆。下面介绍的配方有助于维持这种平衡，但要注意使用的青柠所含的果汁量，因为它会随着季节的变化而变化。你可以通过增加或减少要捣碎的青柠块的数量来调整。

½个青柠，4等份

¾盎司（22.5毫升）单糖浆（见本页的"说明"）

2盎司（60毫升）卡莎萨

把青柠块放在调酒杯中，加入单糖浆，用捣碎棒捣碎青柠块，这样不仅可以榨取果汁，还可以获得青柠皮中的精油。将卡莎萨倒入调酒杯，然后用洛克杯装¾杯冰块，并将冰块倒在调酒杯中充分摇匀。把所有混合物——冰块、液体和捣碎的青柠倒回洛克杯，鸡尾酒就可以上桌了。

说明：巴西人用的不是单糖浆，而是白砂糖，大约堆得高高的1茶匙白砂糖对应半个青柠。不过，白砂糖的用量可能会根据使用的青柠而有所不同。有些青柠较小或果汁含量较低，有些青柠则较大且充满果汁，所以要根据实际情况进行调整。我建议使用单糖浆，因为它更容易控制用量，从而达到酸度和甜度的平衡。

凯匹林纳

"Caipirinha"这个词来自巴西乡村，葡萄牙语的在线翻译网站都没有提供它的英文意思。但"Caipira"这个词在谷歌翻译软件中被翻译成"乡下人"，这很可笑，但也可以理解，因为这种酒精饮料似乎一直是巴西农民的最爱。直到近些年，城里的专业人士还要求调酒师用时下流行的伏特加来为他们调制凯匹林纳，甚至要专门用"Caipiroska"（伏特加凯匹林纳）这个词来加以区分。或许只有等世界上其他地方的人知道卡莎萨是巴西的传统烈酒，巴西的上层人士才会欣然接受他们的"乡村白兰地"。

樱桃凯匹林纳

½个青柠，4等份

4颗波尔多樱桃

¾盎司（22.5毫升）红糖糖浆或德默拉拉糖浆

2盎司（60毫升）卡莎萨

把青柠块和樱桃放在调酒杯中，加入糖浆，用捣碎棒捣碎青柠块和樱桃以榨取果汁和获得青柠皮中的精油。将卡莎萨倒入调酒杯，然后用洛克杯装¾杯冰块，将冰块倒在调酒杯中充分摇匀。把所有混合物倒回洛克杯，上桌。

葡萄凯匹林纳

½个青柠，4等份

4颗无籽绿葡萄

¾盎司（22.5毫升）单糖浆

2盎司（60毫升）卡莎萨

把青柠块和葡萄放在调酒杯中，加入单糖浆，用捣碎棒捣碎青柠块和葡萄以榨取果汁和获得青柠皮中的精油。将卡莎萨倒入调酒杯，然后用洛克杯装¾杯冰块，将冰块倒在调酒杯中充分摇匀。把所有混合物倒回洛克杯，上桌。

伏特加凯匹林纳

这是巴西的经典凯匹林纳的变体。

½个青柠，4等份

¾盎司（22.5毫升）单糖浆

2盎司（60毫升）伏特加

把青柠块放在调酒杯中，加入单糖浆，用捣碎棒捣碎青柠块以榨取果汁和获得青柠皮中的精油。将伏特加倒入调酒杯，然后用洛克杯装¾杯冰块，将冰块倒在调酒杯中充分摇匀。把所有的混合物倒回洛克杯，上桌。

说明：若要调制凯匹林斯玛（Caipirissima），只需用朗姆酒作为基酒，并遵循同样的操作步骤。

科德角（CAPE COD）

20世纪50年代，优鲜沛农业合作社（Ocean Spray Cooperative）[也就是后来的优鲜沛公司（Ocean Spray Cranberries Company）]，正在寻找全年销售蔓越莓而非只在感恩节销售蔓越莓的方法。该公司生产了蔓越莓汁，并与西格拉姆烈酒公司（Seagram's Spirits Company）合作。1964—1970年，2家公司积极推广一系列鸡尾酒，其中一种叫鱼叉（Harpoon）的鸡尾酒是用1盎司金酒或伏特加、1盎司蔓越莓汁和一些新鲜青柠汁调制的。它在鸡尾酒酒吧开始流行起来，尤其是在配方被稍加调整，用了更多的伏特加和蔓越莓汁调制并装入高杯后，它更是大受欢迎，许多人点酒的时候称它为"科德角"或"凯布柯达"（Cape Codder）。

1½盎司（45毫升）伏特加

4~5盎司（120~150毫升）蔓越莓汁

1块青柠角，用于装饰

将伏特加和蔓越莓汁倒入加满了冰块的高杯，搅拌。用青柠角装饰。

漫画（CARICATURE）鸡尾酒+

这是加里·里根和马尔蒂·里根（Mardee Regan）为我的妻子吉尔（Jill）设计的，她喜欢用自己的漫画俘获人心。大多数读者都欣然被她的漫画俘获，而这款鸡尾酒会安抚那些不情愿的人。很明显，这款鸡尾酒受启发于内格罗尼。

2盎司（60毫升）添加利（Tanqueray）10号金酒

½盎司（15毫升）马天尼罗西甜味美思

½盎司（15毫升）金巴利

1盎司（30毫升）新鲜西柚汁

¾盎司（22.5毫升）单糖浆

1片燃烧用橙子皮"硬币"，用于装饰

在摇酒壶中加入冰块和所有原料（装饰物除外），摇匀后将其滤入冰镇过的超大号鸡尾酒酒杯。用燃烧用橙子皮"硬币"装饰。

樱桃凯匹林纳

红衣主教（CARDINALE）

我的朋友卢卡·皮基（Luca Picchi）来自佛罗伦萨，他是《内格罗尼鸡尾酒：意大利的传奇》（*Negroni Cocktail: An Italian Legend*）的作者，他在1950年发现了红衣主教鸡尾酒的故事。它是内格罗尼（见第170页）的第一款变体，创造者是埃克塞西尔（Excelsior）酒店的调酒师乔瓦尼·雷蒙多（Giovanni Raimondo）。他精心调制了这款鸡尾酒，试图赢得一位德国籍红衣主教的喜爱，这位红衣主教偶尔会在这家大酒店的酒吧里喝点儿东西。乔瓦尼使用了干味美思，使得这款鸡尾酒的颜色与红衣主教的长袍更相称。

1盎司（30毫升）富兹金酒
1盎司（30毫升）金巴利
1盎司（30毫升）洛里帕缇原味干味美思
半片橙子圆片，用于装饰

将金酒、金巴利和味美思倒入加了冰块的古典杯，搅拌。用半片橙子圆片装饰。

西芹杯1号（CELERY CUP NO.1）+

这款鸡尾酒是旧金山灵丹妙药（Elixir）酒吧的老板约瑟夫·厄尔曼（H. Joseph Ehrmann）设计的。这家酒吧是1858年开业的，业内人士称，约瑟夫·厄尔曼是第12任老板。

1英寸（2.54厘米）长的英国黄瓜片，切碎
2汤匙香菜叶（去茎）
2根西芹茎，切碎
1盎司（30毫升）柠檬汁
1½盎司（45毫升）广场1号黄瓜伏特加
½盎司（15毫升）飘仙（Pimm）一号甜酒
¾盎司（22.5毫升）龙舌兰花蜜
1根西芹茎，用于装饰

把黄瓜、香菜叶、西芹茎和柠檬汁放在波士顿摇酒壶中，用捣碎棒捣成浆状。加入伏特加、飘仙一号甜酒和龙舌兰花蜜，再加冰块，充分摇匀。把混合物滤入加了冰的高杯，用西芹茎装饰。

香槟鸡尾酒

这一经典配方来自1862年杰里·托马斯的《调酒手册及美食家的伴侣》。要想喝到更烈的版本，可以加一些干邑白兰地或柑曼怡。

1块用安高天娜苦精浸泡的方糖
适量香槟酒
1片柠檬皮"硬币"，用于装饰（可选）

将用安高天娜苦精浸泡过的方糖放在香槟杯中，慢慢倒满香槟酒，注意不要让香槟酒溢出来。如果喜欢，可以用柠檬皮"硬币"装饰。

维珍（Virgin）香槟鸡尾酒*
（无酒精版本）

同制作普通香槟鸡尾酒一样，在香槟杯中放1块用安高天娜苦精浸泡过的方糖，但是用不含酒精的舒特家族（Sutter Home）无醇干型香槟酒替代普通的香槟酒。

夏朗德反转（CHARENTES REVERSE）马天尼

皮诺酒（Pineau）又叫夏朗德甜酒，由法国干邑白兰地与当年未发酵的葡萄汁混合酿造而成，之后会在橡木桶中陈化至少18个月。

2盎司（60毫升）弗西尼皮诺酒（A. de Fussigny Pineau des Charentes）
1盎司（30毫升）亨德里克奥比姆金酒
1大滴戴尔·德格罗夫多香果芳香苦精
1片燃烧用橙子皮"硬币"，用于装饰

将所有原料（装饰物除外）放入加了冰的调酒杯，搅拌后滤入冰镇过的鸡尾酒酒杯。最后，用橙子皮"硬币"装饰。

查理·卓别林（CHARLIE CHAPLIN）鸡尾酒

在美国实行禁酒令期间，古巴哈瓦那的许多餐厅的菜单和酒吧的酒单上都有以好莱坞明星玛丽·璧克馥（Mary Pickford）和道格拉斯·范朋克（Douglas Fairbanks）的名字命名的鸡尾酒，他们都是联美（United Artists）公司的老板。联美公司的另一位老板是戏剧大师查理·卓别林。众所周知，卓别林在禁酒令实行之前喜欢在老华尔道夫酒店的大铜轨酒吧喝酒。这款鸡尾酒就是以他的名字命名的，同样出现在许多餐厅的菜单以及老华尔道夫酒店酒吧的酒单上。

1盎司（30毫升）玛丽莎杏子味利口酒
1盎司（30毫升）普利茅斯黑刺李金酒
1盎司（30毫升）新鲜青柠汁
1片薄薄的青柠圆片，用于装饰

在摇酒壶中加入冰块和所有原料（装饰物除外），摇匀后将其滤入冰镇过的尼克诺拉杯。用青柠圆片装饰。

樱花（CHERRY BLOSSOM）

这款鸡尾酒的配方来自哈里·克拉多克的《萨伏伊鸡尾酒书》，但略有变化。在美国，夏天很适合调制这款鸡尾酒，因为夏天正是新鲜樱桃上市的时节。你可以尝试使用不同品种的当季樱桃。例如，产自纽约北部的酸樱桃可以为这款鸡尾酒增添活力。雷岛干邑是一款单一产区干邑，由干邑地区最西端一个岛上种植的葡萄酿制而成。

3颗去核的新鲜樱桃
½盎司（15毫升）皮埃尔·费朗橙皮利口酒
½盎司（15毫升）希零樱桃利口酒
1½盎司（45毫升）卡慕（Camus）VSOP雷岛干邑
¾盎司（22.5毫升）新鲜柠檬汁
1颗新鲜樱桃，用于装饰

把去核樱桃、橙皮利口酒和樱桃利口酒放在波士顿摇酒壶中，用捣碎棒把樱桃捣碎。加入干邑和柠檬汁，再加冰块，充分摇匀。把混合物仔细滤入冰镇过的鸡尾酒酒杯。用新鲜樱桃装饰。

奇奇（CHI CHI）

按照椰林飘香（见第179页）的配方制作，不过要用伏特加代替朗姆酒。

巧克力潘趣

威廉·施密特（William Schmidt）是一个勇于创新的人，也是一个善于自我提升的人。他于1891年出版了一本介绍鸡尾酒的书《流动的碗：什么时候喝，喝什么》（*The Flowing Bowl: When and What to Drink*）。该配方就来自这本书。这是一款终极甜品酒精饮料，它分量十足，所以适合多人一起分享。

1盎司（30毫升）干邑白兰地
½盎司（15毫升）红宝石波特酒
½盎司（15毫升）光阴似箭可可利口酒
½盎司（15毫升）单糖浆
1盎司（30毫升）重奶油
现磨肉豆蔻，用于装饰

在摇酒壶中加入冰块和所有原料（装饰物除外），仔细摇匀后将其滤入冰镇过的鸡尾酒酒杯。在表面撒一点肉豆蔻碎作为装饰。

圣诞威士忌（CHRISTMAS WHISKEY）鸡尾酒+

该配方由约瑟夫·厄尔曼原创，他在旧金山经营灵丹妙药酒吧长达15年。这家酒吧位于传教士区，已经连续经营了160年。

2片橙子皮"硬币"
1大滴比特储斯巧克力苦精
1大滴戴尔·德格罗夫多香果芳香苦精
¾盎司（22.5毫升）山地文皇家20年佩德罗·希梅内斯雪莉酒（见本页"说明"）
2盎司（60毫升）布兰顿（Blanton）单桶波本威士忌

把1片橙子皮"硬币"、2种苦精和雪莉酒放在古典杯中，用捣碎棒把橙子皮捣碎。加入波本威士忌和4块大冰块，搅拌。挤压剩下的1片橙子皮"硬币"，将橙皮中的精油挤到饮料表面，然后丢弃。

说明：这款山地文雪莉酒有点儿贵，所以挑选你喜欢的佩德罗·希梅内斯雪莉酒就可以。

克莱蒙特（CLAREMOUT）（老式）

克莱蒙特酒店是位于旧金山伯克利山的一家迷人的老牌酒店，开业于1915年。它在禁酒令颁布后不出售任何酒精饮料，直到1937年。你如果碰巧住在422房间，在回房间之前你一定要在酒吧里喝上几杯克莱蒙特老式招牌酒，因为众所周知，这个房间闹鬼。

3大滴安高天娜苦精
¾盎司（22.5毫升）皮埃尔·费朗橙皮利口酒
2片橙子
2颗波尔多樱桃
少许苏打水
1½盎司（45毫升）波本威士忌

把苦精、橙皮利口酒、1片橙子、1颗樱桃和少许苏打水放在古典杯中，用捣碎棒小心捣压。取出橙子皮，加入波本威士忌和几块冰块，搅拌。用剩下的橙子片和樱桃装饰。

巧克力潘趣

红酒柠檬水（CLARET LEMONADE）

这种柠檬水鸡尾酒在19世纪的最后10年很受欢迎。在哈里·约翰逊于1900年出版的《新增改良版调酒师手册》里，柠檬水鸡尾酒的配方再简单不过了：往一个平底玻璃杯中加碎冰、一点儿柠檬汁、³⁄₄汤匙糖、水，摇匀后加2盎司（60毫升）波尔多红葡萄酒。

1盎司（30毫升）新鲜柠檬汁

1盎司（30毫升）单糖浆

3盎司（90毫升）水

2盎司（60毫升）波尔多混酿红葡萄酒

1片柠檬圆片，用于装饰

在鸡尾酒摇酒壶中加入柠檬汁、单糖浆和水，摇匀后将其滤入装满了碎冰的高脚杯。然后将红葡萄酒轻轻倒入高脚杯，使其漂浮在表面。用柠檬圆片装饰。

三叶草俱乐部（CLOVER CLUB）

在《在老华尔道夫酒吧的时光》一书中，艾伯特·史蒂文斯·克罗克特把这款在禁酒令之前出现的鸡尾酒归于费城贝尔维-斯特拉特福德（Bellevue-Stratford）酒店名下，借用的是当时费城一个有点儿像阿尔冈琴圆桌会议的团体——三叶草俱乐部的名字。如果正值覆盆子上市的季节，就不要用覆盆子糖浆了，把单糖浆的用量增大到³⁄₄盎司（22.5毫升），然后把6颗新鲜的覆盆子和单糖浆放在摇酒壶中捣碎，再加入配方中的其他原料摇匀。

1½盎司（45毫升）金酒

³⁄₄盎司（22.5毫升）杜凌干味美思

½盎司（15毫升）单糖浆

³⁄₄盎司（22.5毫升）新鲜柠檬汁

½盎司（15毫升）覆盆子糖浆

½盎司（15毫升）乳化蛋白

在摇酒壶中加冰块和所有原料，摇匀后将其滤入冰镇过的鸡尾酒酒杯。如果用的是新鲜覆盆子，就用不锈钢细眼滤网过滤掉覆盆子的残渣。

变化：可用这个配方制作三叶草（Clover Leaf）鸡尾酒，做法是在摇和之前在摇酒壶里加一小枝薄荷。

俱乐部鸡尾酒*

这款鸡尾酒源自惠特菲尔德（W. C. Whitfield）的《精准鸡尾酒》（*Just Cocktails*）中的同名鸡尾酒，惠特菲尔德在20世纪30年代创作了一系列异想天开的鸡尾酒书，他的书用的都是木雕封面。

2盎司（60毫升）阿尔瓦公爵西班牙雪梨白兰地

½盎司（15毫升）路萨朵黑樱桃利口酒

½盎司（15毫升）菠萝汁

2盎司（60毫升）北秀德（Peychaud）苦精

1片柠檬皮"硬币"，用于装饰

1颗波尔多樱桃，用于装饰

在摇酒壶中加入冰块和所有原料（装饰物除外），仔细摇匀后将其滤入鸡尾酒酒杯。用柠檬皮"硬币"和樱桃装饰。

变化：添加 ½ 盎司（15毫升）橙皮利口酒，把北秀德苦精换成安高天娜苦精，你就得到了一杯日出（Rising Sun）鸡尾酒。

赫雷斯（JEREZ）鸡尾酒+

2盎司（60毫升）尊美醇（Jameson）爱尔兰威士忌

³⁄₄盎司（22.5毫升）卢士涛干型欧洛罗索雪莉酒

¼盎司（7.5毫升）卢士涛佩德罗-希梅内斯雪莉酒

1大滴戴尔·德格罗夫多香果芳香苦精

1片橙子皮"硬币"，用于装饰

将威士忌、雪莉酒、苦精和冰块放入调酒杯，搅拌后滤入冰镇过的鸡尾酒酒杯。用橙子皮"硬币"装饰。

椰子（COCOWEE）鸡尾酒*

这款鸡尾酒最初是为墨西哥城一场特殊的调酒活动设计的伏特加鸡尾酒。

1个成熟的猕猴桃

1盎司（30毫升）椰子汁

1½盎司（45毫升）克鲁赞单桶朗姆酒

½盎司（15毫升）新鲜青柠汁

½盎司（15毫升）可可·洛佩斯（Coco López）椰子

奶油

> ½盎司（15毫升）龙舌兰糖浆
>
> **1枝带茎的薄荷枝，用于装饰**
>
> **1片薄薄的青柠圆片，用于装饰**

把猕猴桃果肉挖出来，丢掉果皮。把猕猴桃果肉和椰子汁放在鸡尾酒摇酒壶中，用捣碎棒碾压，然后加入朗姆酒、青柠汁、椰子奶油、龙舌兰糖浆和冰块。充分摇匀后，用装有不锈钢细眼过滤网的鸡尾酒过滤器将其滤入大号碟形杯。把薄荷的茎穿过青柠圆片的中心，让它们漂浮在鸡尾酒表面。

阿尔及利亚鸡尾酒（COCTEL ALGERIA）

这是曼哈顿著名的拉芳达餐厅的酒单上一款非同寻常的皮斯科鸡尾酒，这家餐厅是乔·鲍姆1960年在担任餐厅联盟主管期间开的。为了这家餐厅，乔专门从秘鲁的塔卡马市进口了安第斯卡班图皮斯科酒（Demonio de los Andes Pisco）。他是一个富有远见的人，还进口了墨西哥的特其拉和梅斯卡尔酒来丰富餐厅的酒单。我对原始配方做了一些改动，把这款鸡尾酒带入了新千年。

> **1½盎司（45毫升）皮斯科酒**
>
> **½盎司（15毫升）君度**
>
> **½盎司（15毫升）玛丽莎杏子味利口酒**
>
> **1盎司（30毫升）新鲜橙汁**
>
> **1大滴比特储斯橙子苦精**
>
> **1片燃烧用橙子皮"硬币"，用于装饰**

在摇酒壶中加入冰块和所有原料（装饰物除外），摇匀后将其滤入冰镇过的鸡尾酒酒杯。用燃烧用橙子皮"硬币"装饰。

咖啡鸡尾酒

这款19世纪的特色酒精饮料出自1887年出版的杰里·托马斯的《调酒师指南：如何调制普通和高级饮料》（*The Bar-Tender's Guide, or How to Mix All Kinds of Plain and Fancy Drinks*），可惜托马斯已经在1885年去世。这本书的编辑将托马斯于1862年出版的《调酒手册及美食家的伴侣》中鸡尾酒部分的10个配方扩充到20个。这位编辑还加了一条免责声明，说这款鸡尾酒不含

咖啡，也不含苦精。苦精是人们最初给鸡尾酒下定义和分类的标志性成分。通过这条免责声明我们可以看到一种趋势愈演愈烈，即越来越多的混合饮料加入了鸡尾酒家族。这款鸡尾酒的颜色和质地不禁让人联想到加了奶油和糖的咖啡。

> **1盎司（30毫升）拿破仑（Courvoisier）VSOP干邑**
>
> **1盎司（30毫升）10年茶色波特酒（见本页"说明"）**
>
> **1颗小号鸡蛋**
>
> **¾盎司（22.5毫升）单糖浆**
>
> **现磨肉豆蔻，用于装饰**

在摇酒壶中加入冰块和所有原料（装饰物除外），充分摇匀，确保蛋液完全乳化。然后将酒滤入波特酒酒杯。将现磨肉豆蔻撒在表面作为装饰。

说明：我喜欢茶色波特酒，但是它有点儿贵。用家里现成的红宝石波特酒来调制这款鸡尾酒也很不错。

乔治咖啡（COFFEE NUDGE）

> **1盎司（30毫升）门多萨主教西班牙白兰地**
>
> **½盎司（15毫升）光阴似箭可可利口酒**
>
> **½盎司（15毫升）添万利咖啡利口酒（Tia Maria）**
>
> **4盎司（120毫升）热咖啡（不加糖）**
>
> **无糖手打爱尔兰咖啡奶油**

将白兰地、利口酒和热咖啡倒入爱尔兰咖啡杯，再加入奶油，使其漂浮在液体表面。

干邑苏打水

这是海明威（HemingWay）在巴黎塞纳河西岸的咖啡馆阅读《纽约先驱报》（*New York Herald*）巴黎版时最爱喝的鸡尾酒。在1862年出版的杰里·托马斯的《调酒手册及美食家的伴侣》中，它名为"石墙"（Stone Wall）；在英国，它被称为"钉子"。如果在这款鸡尾酒中再加一点儿北秀德苦精，那就是锦上添花了。

> **2盎司（60毫升）皮埃尔·费朗库琥珀干邑**
>
> **3～4盎司（90～120毫升）苏打水**

将干邑倒入加了冰的高杯，再倒入苏打水。

聚居区（COLONY ROOM）鸡尾酒*

伦敦的聚居区俱乐部有很多东西很出名，鸡尾酒却不在其中。《卫报》（Guardian）引用了一位老会员罗迪·阿什沃斯（Roddy Ashworth）的一句妙语作为总结："如果一位会员点了一杯椰林飘香，招待他的调酒师很可能只是挑挑眉毛，然后递给他一大杯金汤力。"

1998年，我去伦敦担任调酒比赛的评委，比赛结束后来到了聚居区俱乐部。我惊讶地发现，这里最复杂的鸡尾酒是螺丝起子，不过就算客人点的是螺丝起子，得到的也只是一大杯伏特加橙汁。不仅这里的鸡尾酒名不副实，让人大皱眉头，这里的水果和果汁同样让人不满意——都不够新鲜。新鲜的水果和鸡蛋只在举办诗朗诵的日子里供应，而且只是用来砸人的（我承认这话是我编的，但它完全符合这家俱乐部的特点）。面对一整晚都要喝伏特加和橙汁的局面，我说服了俱乐部老板迈克尔·沃加斯（Michael Wojas），他允许我到吧台后面自己调制饮品。虽然原料有限，但我还是设法调制出了以俱乐部名称命名的鸡尾酒。他们喜欢这款鸡尾酒，从那一刻起，我成了这家俱乐部的特殊非会员，可以享受会员能够享受的所有特权，包括以后可以随时到俱乐部喝一杯，以及像当地会员一样把美国佬当"炮灰"。遗憾的是，2008年迈克尔·沃加斯去世后聚居区俱乐部随即便关门了。

1大滴苦艾酒
2盎司（60毫升）金酒
2大滴洛里帕缇原味干味美思
1大滴戴尔·德格罗夫多香果芳香苦精

用苦艾酒给冰镇过的鸡尾酒酒杯洗杯：将苦艾酒倒入酒杯中的同时旋转酒杯，确保酒杯内壁被苦艾酒全面冲洗到，然后把多余的苦艾酒倒掉。将金酒、味美思和苦精倒入调酒杯，加入冰块，搅拌以使酒液变得冰凉。滤入准备好的鸡尾酒酒杯。这款鸡尾酒没有额外的装饰，当然，你可以用一种带有讽刺意味的机智态度或姿势作为它的"装饰"。

科罗拉多斗牛犬（COLORADO BULLDOG）

这是一款给成年人喝的蛋蜜乳（Egg Cream）。甘露咖啡利口酒、福克斯（Fox）糖浆……好吧，如果你不知道那是什么，上网搜索"纽约蛋蜜乳"。你会很高兴这么做的。它是从一款特色鸡尾酒——史密斯和卡恩斯演变而来的。科罗拉多斗牛犬的酒精度远低于鸡尾酒的平均水平，你完全可以把它当甜点来享用。相信我，你不会后悔的。

1½盎司（45毫升）甘露咖啡利口酒
2盎司（60毫升）冷牛奶
3盎司（90毫升）可口可乐

将甘露咖啡利口酒和牛奶倒入加了冰的高杯，然后一边倒入可口可乐，一边用长柄吧匙轻轻搅拌。先倒入一部分可口可乐，待泡沫消失后继续，并再次搅拌。重复此操作，直到杯子满了。泡沫就是这款酒精饮料的装饰。

库珀斯敦（COOPERSTOWN）

在《在老华尔道夫酒吧的时光》中，作者艾伯特·史蒂文斯·克罗克特声称，这款鸡尾酒是老华尔道夫酒店大铜轨酒吧为来自纽约州库珀斯敦的一些土豪设计的。大铜轨酒吧是老华尔道夫酒店中的一家传奇酒吧，美国女神枪手安妮·奥克利（Annie Oakley）、西部第一快枪手"野蛮比尔"希科克（Wild Bill Hickok）警长、英国王室成员、当地黑帮分子和政客都光顾过这间酒吧。

2枝新鲜薄荷枝
½盎司（15毫升）杜凌甜味美思
½盎司（15毫升）洛里帕缇原味干味美思
2盎司（60毫升）蓝士兵（Bluecoat）美国干金酒

把1枝薄荷枝和2种味美思放在调酒杯中，用捣碎棒捣碎薄荷枝。加入金酒和冰块，搅拌均匀。把混合物仔细滤入鸡尾酒酒杯。用剩下的薄荷枝装饰。

牛油果（COPA VERDE）*

15～20杯

这是一款用搅拌机就可以制作的小份鸡尾酒。我在墨西哥龙舌兰镇黑乌鸦酿酒厂（Cuervo's La Rojeña Distillery）的烧烤派对以及美国科罗拉多州"经典美食与美酒节"（Food & Wine Classic）闭幕式后的周日厨师派对上都制作过这款鸡尾酒，它大受欢迎。它适合搭配食物。下面的配方是按照搅拌机一次能够制作的分量设计的，用烈酒杯装的话，相当于15～20杯。

辣椒粉、犹太盐、柠檬角，用于装饰杯沿（可选）

6盎司（180毫升）唐·胡里奥珍藏白色特其拉

4盎司（120毫升）三重糖浆

3盎司（90毫升）新鲜柠檬汁或青柠汁

½个成熟但较硬的牛油果，去皮，粗略切碎

3盎司（90毫升）矿泉水

如果有需求，可以给烈酒杯制作盐边：将1份辣椒粉和3份犹太盐放入一个小而浅的盘子，混合均匀。用柠檬角涂抹容量为1½盎司（45毫升）的烈酒杯的外边沿使其湿润，然后用外边沿蘸取辣椒和犹太盐的混合物，放在一旁备用。用同样的方法处理剩下的烈酒杯。

将特其拉、三重糖浆、柠檬汁、牛油果和矿泉水倒入搅拌机，搅拌至混合物完全变得细腻。注意，搅拌时不必加冰。将混合物倒入一个大罐子，盖上盖子放入冰箱冷藏，直至需要使用时拿出。

上桌前，搅拌一下混合物，然后将4盎司（120毫升）的混合物放入加了碎冰的鸡尾酒摇酒壶。摇至混合物变得冰凉，加适量的水进行稀释。最后，将混合物滤入16个备用的烈酒杯。

说明1：如果是为大型聚会准备饮料，需要提前准备大量的牛油果碎、果汁和三重糖浆，并根据需要搅拌好。我在为上述两次派对调制酒精饮料时，根据经验准备了一箱特其拉和一箱牛油果。

僵尸复活2号（CORPSE REVIVER #2）

没有人在乎这款鸡尾酒里有什么。反正当我在哈里·克拉多克的《萨伏伊鸡尾酒书》（1930年）中读到这个名字时，我瞬间就被吸引了。下面这个配方是它的最佳版本。

¾盎司（22.5毫升）添加利10号金酒

¾盎司（22.5毫升）君度

¾盎司（22.5毫升）利莱白利口酒

¾盎司（22.5毫升）新鲜柠檬汁

1大滴或少许贾德埃斯普里·爱德华（Esprit Edouard）上等苦艾酒

在摇酒壶中加入冰块和前4种原料，用力摇匀后滤入冰镇过的鸡尾酒酒杯。最后将苦艾酒洒在饮料表面。

自由古巴（CUBA LIBRE）

在美西战争期间，当莽骑兵（Rough Riders）把瓶装可口可乐带到古巴时，瓶装可口可乐才上市4年。莽骑兵将其与古巴朗姆酒及青柠汁混合，并以他们的战斗口号"古巴自由"为这种酒精饮料命名，表达他们将西班牙人赶出古巴的心声。

2盎司（60毫升）古巴朗姆酒（我更推荐哈瓦那俱乐部3年朗姆酒，当然，它需要你专程去古巴采购）

4盎司（120毫升）可口可乐（见本页"说明2"）

1块青柠角，用于装饰

1大滴戴尔·德格罗夫多香果芳香苦精（可选）。

将朗姆酒倒入加了冰的高杯，再倒入可口可乐并装满酒杯。挤出青柠角的果汁滴在杯中作为装饰。我还喜欢加一点点苦精来增加风味，但你可以按自己的喜好决定是否添加。

说明2：选用装在绿色小瓶子里的可口可乐，它以蔗糖和甜叶菊而非玉米糖浆作为甜味剂。

寇伯乐

　　19世纪的寇伯乐涉及的范围很广，指的是用葡萄酒或烈酒以及糖浆和新鲜水果制作的混合饮料。那时人们用当季的新鲜水果做装饰，用糖或糖浆做甜味剂，并将这类饮料盛在加了冰的大玻璃杯里。坦率地说，它们从未出现在餐厅的酒单上，但我对这类可口的饮料产生了浓厚的兴趣，并想出了下面的这些配方。

　　我对杰里·托马斯1862年的《调酒手册及美食家的伴侣》中威士忌寇伯乐的配方很感兴趣。他把橙子片和其他原料放在摇酒壶中摇和，这令我震惊不已，但给了我启发——可以先把水果捣碎，再把水果和其他原料混在一起摇和。

　　1999年，我在黑鸟酒吧推出了被我改造过的寇伯乐，恢复了传统的摇和法并添加捣碎的步骤，把捣碎的水果和其他原料混合摇和，最后用同种水果的切片做装饰。

香槟寇伯乐（CHAMPAGNE COBBLER）*

1片橙子片

1块柠檬角

1块新鲜菠萝角，去皮

½盎司（15毫升）单糖浆

½盎司（15毫升）黑樱桃利口酒

4盎司（120毫升）香槟

1片燃烧用橙子皮"硬币"

将水果、单糖浆和黑樱桃利口酒放在调酒杯中，用捣碎棒将水果捣碎。加入冰块，再慢慢倒入香槟酒。轻轻搅拌以保留气泡，然后小心地将混合物过滤到香槟杯中。在香槟杯上方点燃橙子皮"硬币"，随后将其丢弃。

日式寇伯乐（JAPANESE COBBLER）*

2块新鲜菠萝角，其中1块去皮

2片橙子片

2块柠檬角

½盎司（15毫升）黑樱桃利口酒

2盎司（60毫升）大吟酿（Daiginjo）清酒

2盎司（60毫升）日本甘酒（来自日本的无酒精大米饮料）

1小枝新鲜薄荷枝，用于装饰

将去皮的菠萝角、1片橙子片、1块柠檬角和黑樱桃利口酒放在波士顿摇酒壶的玻璃调酒听中，用捣碎棒将水果捣碎。加入清酒和甘酒，再加入冰块，摇匀。将混合物滤入加满了碎冰的双层古典杯。用薄荷枝以及剩下的菠萝角、橙子片和柠檬角装饰。

波特寇伯乐（PORT COBBLER）*

2块新鲜菠萝角，其中1块去皮

2片橙子片

2块柠檬角

1½盎司（45毫升）皮埃尔·费朗橙皮利口酒

1盎司（30毫升）水

4盎司（120毫升）山地文酒庄珍藏红宝石波特酒

½盎司（15毫升）单糖浆（可选）

将去皮的菠萝角、1片橙子片、1块柠檬角、橙皮利口酒、单糖浆和水放在波士顿摇酒壶的玻璃调酒听中，用捣碎棒将水果捣碎。加入波特酒，再加入冰块，摇匀。将混合物滤入加满了碎冰的双层古典杯。用剩下的菠萝角、橙子片和柠檬角装饰。

雪莉寇伯乐（SHERRY COBBLER）*

2块新鲜菠萝角，其中1块去皮

2片橙子片

2块柠檬角

1盎司（30毫升）卢士涛佩德罗-希梅内斯雪莉酒

3盎司（90毫升）卢士涛干型阿蒙提亚多雪莉酒

1盎司（30毫升）菠萝汁

将去皮的菠萝角、1片橙子片、1块柠檬角和佩德罗-希梅内斯雪莉酒放在波士顿摇酒壶的玻璃调酒听中，用捣碎棒将水果捣碎。加入阿蒙提亚多雪莉酒和菠萝汁，再加入冰块，充分摇匀。将混合物滤入加满了碎冰的高脚杯。用剩下的菠萝角、橙子片和柠檬角装饰。

威士忌寇伯乐（WHISKEY COBBLER）*

这款饮料特别适合搭配用水果果酱调味的野味。

2块新鲜菠萝角，其中1块去皮

2片橙子片

2块柠檬角

¾盎司（22.5毫升）玛丽莎橙皮利口酒

2盎司（60毫升）威凤凰（Wild Turkey）101波本威士忌

将去皮的菠萝角、1片橙子片、1块柠檬角和橙皮利口酒放在波士顿摇酒壶的玻璃调酒听中，用捣碎棒将水果捣碎。加入波本威士忌，再加入冰块，充分摇匀。将混合物滤入加满了碎冰的双层古典杯。用剩下的菠萝角、橙子片和柠檬角装饰。

大都会鸡尾酒和我

大都会鸡尾酒的回归与绝对柠檬味伏特加的市场测试息息相关。有人说是我发明了大都会鸡尾酒，但我没有。我所做的只是在彩虹屋推广了一个权威的配方，然后它被人们广泛接受，成为一种标准。20世纪80年代末，纽约翠贝卡区的音乐厅餐厅首次推出了这款饮料，它味道不错。但我第一次喝到大都会鸡尾酒是在旧金山的一家媒体聚集地——雾城餐厅（Fog City Diner），味道并不好。20世纪90年代中期，我在彩虹屋餐厅把它列入了我的酒单。不久之后，美国联合通讯社（The Associated Press, AP，简称美联社）的一名摄影记者拍到巨星麦当娜（Madonna）在彩虹屋餐厅喝了一杯大都会鸡尾酒。一夜之间，我接到了从遥远的德国和澳大利亚打来的索要大都会鸡尾酒配方的电话。我用君度代替了便宜的橙皮甜酒，添加了新鲜的青柠汁，并用一片燃烧用橙子皮"硬币"作为装饰。大都会鸡尾酒让年轻女士们再次开始喝鸡尾酒，她们中的很多人是达伦·思达（Darren Star）编剧、HBO鼎级剧场拍摄的电视剧《欲望都市》（Sex and the City）的忠实粉丝，这部电视剧使大都会成为全世界最知名的鸡尾酒。

1956年，优鲜沛公司推出了一款名为"鱼叉"的鸡尾酒，它的原料包括1盎司（30毫升）伏特加、1盎司（30毫升）蔓越莓汁和一点儿新鲜青柠汁。在此基础上再加一点儿君度橙皮甜酒，你就得到了一杯大都会。

大都会鸡尾酒

1½盎司（45毫升）绝对柠檬味伏特加
¾盎司（22.5毫升）君度
¼盎司（7.5毫升）新鲜青柠汁
1盎司（30毫升）蔓越莓汁
1片燃烧用橙子皮"硬币"，用于装饰

在摇酒壶中加入冰块和所有原料（装饰物除外），摇匀后将其滤入冰镇过的鸡尾酒杯。用燃烧用橙子皮"硬币"装饰。

大都会乐事（COSMOPOLITAN DELIGHT）

除了名称相似，这款鸡尾酒与大都会鸡尾酒没有什么关系。这个配方出自查理·保罗（Charlie Paul）的《美国鸡尾酒和其他冰镇饮料》（*Recipes of American and Other Iced Drinks*, 1902年）一书。它有点儿像纽约酸酒，只不过多加了一些干邑，最后还洒了少许杏仁糖浆。

1½盎司（45毫升）皮埃尔·费朗库琥珀干邑
½盎司（15毫升）皮埃尔·费朗橙皮利口酒
¼盎司（7.5毫升）单糖浆
¾盎司（22.5毫升）新鲜柠檬汁
¼盎司（7.5毫升）杏仁糖浆
少许红葡萄酒
当季新鲜水果，用于装饰

在摇酒壶中加入冰块和所有原料（红酒和装饰物除外），摇匀后将其滤入加了冰的古典杯。混合物表面用少许红葡萄酒封顶并用水果装饰。不要羞于用水果装饰鸡尾酒，因为这些早期的鸡尾酒大多看起来像水果沙拉，端上桌时你可能需要加一把勺子。

大吉利

这款古巴经典鸡尾酒的名称源自有"东方省"之称的圣地亚哥的一个小镇。19世纪晚期，美国采矿工程师詹宁斯·考克斯（Jennings Cox）和古巴工程师帕柳希（Pagliuchi）创造了这款鸡尾酒。之后，哈瓦那的天才调酒师们，尤其是佛罗里达餐厅的康斯坦丁诺·里巴莱格瓦·贝尔特对原配方进行了改良。

大吉利鸡尾酒由海军上将卢修斯·约翰逊（Lucius Johnson）从古巴带到美国，并在华盛顿特区的陆军和海军俱乐部（Army and Navy Club）首次亮相。

2盎司（60毫升）凯珊白朗姆酒
¾盎司（22.5毫升）单糖浆
¾盎司（22.5毫升）新鲜青柠汁

在摇酒壶中加入冰块和所有原料，摇匀后将其滤入冰镇过的鸡尾酒酒杯。

戴尔的绝对有效亢奋药（DALE'S ABSOLUTELY GUARANTEED APHRODISIAC）*

这是我为《纽约》杂志举办的、由托尼·亨德拉（Tony Hendra）发起的"鸡尾酒挑战赛"发明的鸡尾酒。其他挑战者包括大厨安妮·罗森茨威格（Anne Rosenzweig），酿酒师亚历克斯·哈格雷夫（Alex Hargrave）和《欲望都市》的作者、专栏作家坎迪斯·布什内尔（Candace Bushnell）。安妮参与了下午的最后挑战，比赛的要求是调制一款不含水果的"绝对有效亢奋药"。

1盎司（30毫升）柑曼怡
1盎司（30毫升）卡莎萨
¼盎司（7.5毫升）柠檬哈妥（Lemon Hart）151超烈朗姆酒

将柑曼怡和卡莎萨混合搅拌，倒在加了冰的洛克杯中。然后倒入朗姆酒，使其漂浮在表面。不要加水果！

戴尔的黑麦樱桃潘趣酒（DALE'S RYE & CHERRY PUNCH）*

1加仑（3.79升）

这是一款具有殖民地风格的潘趣酒，设计灵感来自总统夫人玛莎·华盛顿（Martha Washington）的樱桃甜酒（Cherry Bounce）。

1升瑞顿房（Rittenhouse）100纯黑麦威士忌
8盎司（240毫升）布朗迪雨水马德拉酒
18盎司（540毫升）希零樱桃利口酒（绝对无可取代）
1份戴尔的柠檬橙子甜酒
1升矿泉水
现磨肉豆蔻，用于装饰

将威士忌、马德拉酒、樱桃利口酒、柠檬橙子甜酒和矿泉水放入大容器或潘趣酒碗里，混合均匀，放入冰箱冷藏至使用前。上桌时，用潘趣酒碗或水罐装这款潘趣酒，然后分别倒进加了冰块的白葡萄酒酒杯，撒上肉豆蔻粉作为装饰。

黑暗风暴（DARK AND STORMY）

2盎司（60毫升）高斯林黑封慕大（Goslings Black Seal Bermuda）朗姆酒
4盎司（120毫升）芬味树（Fever-Tree）姜汁啤酒
1块青柠角，用于装饰

将朗姆酒倒入加了冰的高杯，再倒入姜汁啤酒，直至装满酒杯。把青柠角的果汁挤进去。

达达尼昂（D'ARTAGNAN）

1茶匙卢贝尔·维埃耶（Loubère Vieille）珍藏下雅文邑白兰地或你喜欢的雅文邑白兰地
1茶匙柑曼怡
½盎司（15毫升）新鲜橙汁
½茶匙单糖浆
5盎司（150毫升）冰镇香槟
1颗橙子的皮，切成细长的螺旋状，用于装饰

将前4种原料放入加了冰块的调酒杯，搅拌至冰凉，然后将混合物滤入香槟杯，再倒入香槟。把螺旋橙皮卷的一端钩在香槟杯的边缘，让它竖直靠在香槟杯内壁。

D.O.M.鸡尾酒

该配方是根据巴黎里兹酒吧弗兰克·迈耶的《调酒艺术》（1936年）中的配方修改的。

2盎司（60毫升）亨德里克奥比姆金酒
¾盎司（22.5毫升）新鲜橙汁
½盎司（15毫升）法国廊酒
1片燃烧用橙子皮"硬币"，用于装饰

在摇酒壶中加入冰块和所有原料（装饰物除外），摇匀后将其滤入冰镇过的尼克诺拉杯。用燃烧用橙子皮"硬币"装饰。

民主党人（THE DEMOCRAT）+

"我在读大卫·麦卡洛（David McCullough）的《杜鲁门》（*Truman*）。晚上，杜鲁门和妻子喜欢在密苏里州家里的门廊喝波本威士忌。我想为这位总统设计一款饮料以向他致敬，他是一位被低估的总统，面临着艰难的局面。所以，我开始考虑制作适合在门廊享用的饮料，如甜茶和柠檬水，人们可以在密苏里的夜晚啜饮这些饮料。民主党人就像这种饮料，醉醺醺的柠檬水。"这段话出自乔恩·桑特（Jon Santer），他是职业拳击手（Prizefighter）酒吧和诺莫（Nommo）酒吧的老板。

3~4片大薄荷叶

½盎司（15毫升）蜂蜜糖浆

2盎司（60毫升）老祖父波本威士忌

¾盎司（22.5毫升）新鲜柠檬汁

½盎司（15毫升）桃子味利口酒(我建议使用玛丽莎11号桃子味利口酒)

1片柠檬圆片，用于装饰

1枝薄荷枝，用于装饰

将薄荷叶和蜂蜜糖浆放在波士顿摇酒壶的玻璃调酒听中，用捣碎棒把薄荷叶碾碎。加入波本威士忌、柠檬汁和利口酒，再加冰块，充分摇匀。把混合物仔细滤入装了碎冰的高杯或高脚杯，最后用柠檬圆片和薄荷枝装饰。

德比（DERBY）鸡尾酒

德比鸡尾酒是《萨伏伊鸡尾酒书》（1930年）中的经典之作，被国际调酒师协会列为最难忘的鸡尾酒之一。我自作主张地往这款鸡尾酒里加了点儿利口酒来增加它的风味。

3片薄荷叶

¼盎司（7.5毫升）玛丽莎11号桃子味利口酒

1大滴费氏兄弟桃子味苦精

2盎司（60毫升）普利茅斯金酒

1枝薄荷枝，用于装饰

将薄荷叶、桃子味利口酒和桃子味苦精放在调酒杯中，用捣碎棒轻轻把薄荷叶碾碎。加入金酒和冰块，搅拌。把混合物仔细滤入装了碎冰的古典杯，最后用薄荷枝装饰。

坏妈妈（DIRTY MOTHER）

1½盎司（45毫升）贝尔图白兰地

1盎司（30毫升）甘露咖啡利口酒

将所有原料倒入加了冰块的洛克杯，搅拌。

坏妈妈（白色版本）（DIRTY WHITE MOTHER）

1½盎司（45毫升）贝尔图白兰地

1盎司（30毫升）甘露咖啡利口酒

1盎司（30毫升）重奶油

在摇酒壶中加入冰块和所有原料，摇匀后将其滤入加了冰块的洛克杯。

清爽（DEBONAIRE）鸡尾酒

我离开彩虹屋的前几年，加里·里根和马尔蒂·里根为我端来了一杯他们在厨房里调制的橙味苦精。如今，里根橙味苦精6号已经上市了。他们根据杰里·托马斯《调酒手册及美食家的伴侣》1862年的第一版中的配方调制了这款饮料。

2½盎司（75毫升）高地麦芽苏格兰威士忌

½盎司（15毫升）巴罗（Barrow）加强型姜味利口酒（见本页"说明"）

将2种原料倒入加了冰块的调酒杯，搅拌至冰凉，然后将混合物滤入冰镇过的鸡尾酒酒杯。

说明：巴罗利口酒是用秘鲁生姜酿造的，产地在美国纽约布鲁克林区。这款清爽鸡尾酒还有一种调制方法：将威士忌倒入加了冰块的古典杯，再倒入利口酒，使其漂浮在表面。这样调制的鸡尾酒的风格类似锈钉子（Rusty Nail）。

民主党人鸡尾酒

"鸡尾酒师"的损失

加里·里根是鸡尾酒复兴运动的先驱，在20世纪90年代和新千年的头20年，他培养过很多调酒师。"加斯"是他的小名。2019年，加里·里根去世。他出版过好几本关于鸡尾酒的书，其中最著名的是两版《调酒的乐趣》（The Joy of Mixology）。里根是第一个将鸡尾酒按家族分类的现代鸡尾酒作家，他的观点在《调酒的乐趣》的《鸟的羽毛：鸡尾酒和混合饮料家族》一章中有集中的体现。他有组织事物和为事物命名的天赋，他的观点不仅能让调酒师明白，也能让大众明白。他为新千年发展起来的调酒师群体创造了一个绰号"Cocktailian"，意为鸡尾酒师。这个英文单词如今已被收入词典。加斯非常喜欢一段话，他热衷于与后辈调酒师交谈，并热情地宣传自己的理念。

"当一位客人准备喝一杯，而他或他的家人可能需要钱去做其他更重要的事情的时候，你要做的不是递给他一杯酒，而是向他提出建议，然后送他回家，而非赚他的酒钱。"

——哈里·约翰逊《新增改良版调酒师手册》，1882年。

沉浸式调酒是加斯想向世人宣传的理念，因为专注于当下已成为例外而非常态，这太令人遗憾了。加斯是一个完美的酒友，也是一个完美的朋友。在我看来，他的陪伴和友谊是珍贵的财富。除了加斯，在过去的几年里，鸡尾酒界还失去了另外两位明星：约翰·勒迈尔（John Lermayer）和萨沙·彼得拉斯克。我总会回想起一个场景：加斯在与圣彼得（St. Peter）交谈之后发现那两个人也坐在酒吧里，正在争论谁为下一轮的健力士世涛啤酒买单。

双"D"（DOUBLE "D"）鸡尾酒+

加里·里根的原创鸡尾酒。

2½盎司（75毫升）坎特（Ketel）1号伏特加
¼盎司（7.5毫升）美丽布里耶（Belle de Brillet）梨子味利口酒
1片梨子片，用于装饰

将伏特加和利口酒倒入调酒杯，加入冰块后搅拌，然后滤入冰镇过的尼克诺拉杯。用梨子片装饰。

道格拉斯·范朋克

1½盎司（45毫升）多萝西·帕克（Dorothy Parker）杜松子酒
1盎司（30毫升）玛丽莎杏子味利口酒
½盎司（15毫升）新鲜青柠汁
½盎司（15毫升）乳化蛋白
磨碎的青柠皮，用于装饰

在摇酒壶中加入冰块和所有原料（装饰物除外），非常用力地摇和，使蛋白完全乳化。然后将混合物滤入冰镇过的鸡尾酒酒杯。在鸡尾酒表面的泡沫上撒一点点刚刚磨碎的青柠皮。

都柏林人*

1995年，为了向捷克调酒师证明当地的奶油打发后很适合调酒，我在莫丽·马龙（Molly Malone）的爱尔兰酒吧里发明了这款都柏林人鸡尾酒。

2盎司（60毫升）尊美醇爱尔兰威士忌
1盎司（30毫升）爱尔兰之雾利口酒（Irish Mist）
无糖手打爱尔兰咖啡奶油

将威士忌和利口酒倒入加了冰的调酒杯，搅拌至冰凉。然后，将混合物滤入尼克诺拉杯，并在上面小心地加入1英寸（2.54厘米）厚的略微打发的奶油。

杜宝内鸡尾酒

2018年，莱内特之家（Lynette House）与肯塔基州产区巴兹敦的天堂山酒厂的品酒团队合作，重新调配了美国版本的红杜宝内，使其与欧洲的红杜宝内更接近。美国版本添加了更多的金鸡纳，用蔗糖取代了玉米糖浆，同时还做了其他一些改变。最终，美国人喜欢上了欧洲这种苦涩的开胃酒。

这款鸡尾酒也被叫作"扎扎"（Zaza）。诺埃尔·科沃德（Noël Coward）的歌曲《我参加了一个很棒的派对》（I Went to a Marvelous Party）中就出现了杜宝内和金酒。

1½盎司（45毫升）红杜宝内
1½盎司（45毫升）亨德里克金酒
1片柠檬皮"硬币"，用于装饰

将红杜宝内和金酒倒入加了冰的古典杯，搅拌至冰凉。将酒液滤入鸡尾酒酒杯。挤压柠檬皮"硬币"，将柠檬精油滴到鸡尾酒表面，然后将柠檬皮"硬币"丢进酒杯。

很棒的派对

劳拉喝杜宝内和金酒迷了眼，用卡地亚别针刮花了脸，我们知道她要开始兴奋了。我太喜欢这个派对了。

——《我参加了一个很棒的派对》，诺埃尔·科沃德

朦胧爱意（DUSTY ROSE）*

1盎司（30毫升）希零樱桃利口酒
½盎司（15毫升）玛丽莎白可可利口酒
1½盎司（45毫升）重奶油

在摇酒壶中加冰块和所有原料，摇匀后将其滤入尼克诺拉杯。

安杰洛蛋奶酒（EGGNOG, UNCLE ANGELO'S）+

72盎司（2 160毫升）

这是我的叔祖安杰洛·金卡莱利（Angelo Gencarelli）的配方，他在多年前举行的"四玫瑰威士忌大赛"上，凭借这个配方赢得了比赛。安吉洛叔祖总是在过圣诞节时做两碗蛋奶酒：一碗给孩子，一碗给大人。这款蛋奶酒的特别之处在于它的轻盈：牛奶的用量是奶油的2倍，蛋白被打到硬性发泡后被翻拌到蛋奶酒混合物中，所以这款蛋奶酒就像云朵一样轻盈。如果你对使用生鸡蛋感到不安，可以参阅第119页的"山寨蛋奶酒"。

6个大鸡蛋，分离蛋白和蛋黄
¾量杯糖
1夸脱（1.14升）牛奶
1品脱（0.57升）重奶油
8盎司（240毫升）四玫瑰（Four Roses）波本威士忌
6盎司（180毫升）香料朗姆酒
现磨肉豆蔻，用于装饰

在一个大碗里把蛋黄搅打至颜色变浅，一边搅打一边分多次加入共½量杯糖。加入牛奶、重奶油、威士忌和朗姆酒，冷藏至准备上桌时。在上桌之前，将蛋白和剩下的¼量杯糖搅打至蛋白能够形成硬实的尖角。将打发的蛋白翻拌到之前做好的蛋奶酒混合物中。在表面撒上刚刚磨碎的肉豆蔻粉，趁其冰凉时享用。

总统（EL PRESIDENTE）

总统鸡尾酒是于20世纪20年代于哈瓦那的维斯塔·阿雷格（Vista Alegre）发明的，用以向马里奥·加西亚·梅诺卡尔（Mario García Menocal）致敬，他在1913—1921年担任古巴的总统。大概是这样吧。我们不能肯定，因为没有文献证明。下面这个配方是朱利奥·卡布雷拉（Julio Cabrera）的版本，他是特罗瓦（Trova）咖啡馆的老板兼厨师。这家咖啡馆的另一个老板是著名厨师米歇尔·伯恩斯坦（Michelle Bernstein），他在1925年左右在美国迈阿密的小哈瓦那区附近又开了一间哈瓦那风格的餐馆。那里有现场的音乐和舞蹈表演，食物也很好吃——毕竟是米歇尔·伯恩斯坦开的嘛。

1½盎司（45毫升）班克斯（Banks）岛7年陈酿调和金朗姆酒

¾盎司（22.5毫升）皮埃尔·费朗橙皮利口酒

¾盎司（22.5毫升）杜凌白味美思

1汤匙自制石榴糖浆或在商店购买的石榴糖浆

在摇酒壶中加入冰块和所有原料，摇匀后将其滤入冰镇过的尼克诺拉杯。

麋鹿（ELK'S OWN）

该配方是根据巴黎里兹酒吧弗兰克·迈耶的《调酒艺术》（1936年）中的配方修改的。波特酒是常用的调制潘趣酒和鸡尾酒的原料，有时只倒在饮料表面，有时会与其他原料一起摇匀。

1½盎司（45毫升）皇冠皇家调合型（Crown Royal Blended）加拿大威士忌

1盎司（30毫升）波特酒

½盎司（15毫升）新鲜柠檬汁

½盎司（15毫升）单糖浆

1颗小的鸡蛋的乳化蛋白

在摇酒壶中加入冰块和所有原料，充分摇匀，确保蛋白完全乳化。然后将其滤入冰镇过的鸡尾酒酒杯。

大使馆（EMBASSY）鸡尾酒

白兰地和朗姆酒的组合经常被用在蛋奶酒和假日潘趣酒中，偶尔也会被用在鸡尾酒中，比如这款出自好莱坞大使馆俱乐部的鸡尾酒（1930年）。

¾盎司（22.5毫升）卡慕优质雷岛干邑

¾盎司（22.5毫升）约瑟夫·卡特龙橙皮利口酒

¾盎司（22.5毫升）阿普尔顿庄园牙买加朗姆酒

½盎司（15毫升）新鲜青柠汁

1大滴安高天娜苦精

1片薄薄的青柠圆片，用于装饰

在摇酒壶中加入冰块和所有原料（装饰物除外），摇匀后将其滤入冰镇过的尼克诺拉杯。用青柠圆片装饰。

变化：添加少许单糖浆可以调出更甜的版本。

意式浓缩伏特加（ESPRESSO VODKA）鸡尾酒（意式浓缩马天尼）+

迪克·布拉德塞尔把这款饮料叫作"伏特加浓缩咖啡"，而其他人则把它叫作"意式浓缩马天尼"。迪克坚决不同意这个称呼，因为只要涉及马天尼，他就是个纯粹主义者。

½盎司（15毫升）添万利咖啡利口酒

½盎司（15毫升）甘露咖啡利口酒

1盎司（30毫升）坎特1号伏特加

1½盎司（45毫升）冷的意式浓缩咖啡

在摇酒壶中加冰块和所有原料，摇匀后将其滤入鸡尾酒酒杯。适当摇匀后，浓缩咖啡中的油脂会再次浮在饮料表面，并且会赋予这款饮料咖啡的香气。

珠穆朗玛峰（EVEREST）+

"2008年，我被邀请和一群调酒师一起鉴赏必富达24金酒，它当时还没有上市。在去活动举办场地——佩古俱乐部的路上，我坐在火车上思考我要做什么。酿造必富达24金酒的植物原料里有日本茶和中国的绿茶，茶让我联想到了印度。印度让我想到了咖喱……这就是这个配方的设计思路。珠穆朗玛峰是令人难以置信的

存在。20世纪70年代初，我经常去英国布莱克浦一家不起眼的印度餐馆吃夜宵。这就是这款饮料名称的来由。"——加里·里根

2½盎司（75毫升）必富达24金酒

¾盎司（22.5毫升）椰子咖喱酱（见"说明"）

½盎司（15毫升）新鲜柠檬汁

一小撮咖喱粉，用于装饰

将金酒、咖喱酱和柠檬汁放入摇酒壶，混合均匀。加入冰块，摇匀后滤入冰镇过的鸡尾酒酒杯。用一小撮咖喱粉装饰后即可上桌。

说明：椰子咖喱酱的做法是将 1 茶匙咖喱粉和 1/2 盎司（15毫升）可可·洛佩斯椰子奶油混合。剩余的椰子咖喱酱可以装在密封容器中冷藏保存。

山寨蛋奶酒（FAUX NOG）*

你害怕直接喝生鸡蛋调的酒？那你可以尝试用这款饮料代替蛋奶酒。它的味道一定会让你大吃一惊。

1盎司（30毫升）伏特加

1盎司（30毫升）玛丽莎白可可利口酒

1½盎司（45毫升）重奶油

3大滴安高天娜苦精

现磨肉豆蔻，用于装饰

在摇酒壶中加入冰块和所有原料（装饰物除外），仔细摇匀后将其滤入加了碎冰的大号碟形杯。撒上肉豆蔻粉作为装饰。

菲奈特·布兰卡（FERNET BRANCA）鸡尾酒

2盎司（60毫升）富兹金酒

¼盎司（7.5毫升）菲奈特·布兰卡阿玛罗

¾盎司（22.5毫升）马天尼特藏红宝石味美思

1片燃烧用柠檬皮"硬币"，用于装饰

将金酒、阿玛罗、味美思倒入加了冰的鸡尾酒调酒杯，搅拌至冰凉后滤入冰镇过的鸡尾酒酒杯。在酒杯上方点燃柠檬皮"硬币"，并把它扔到酒杯中。

费城鱼库潘趣酒（FISH HOUSE PUNCH, PHILADELPHIA）

这个配方是根据杰里·托马斯的《调酒手册及美食家的伴侣》中的配方改编的。据书中记载，这款潘趣酒是19世纪的作家查尔斯·G. 利兰（Charles G. Leland）发明的。其实，鱼库潘趣酒的历史可以追溯到利兰之前的100多年。它最初出自1732年开业的斯库尔基尔（Schuylkill）钓鱼俱乐部，这是一家专为运动员开办的俱乐部，供他们吃吃喝喝。下面这个配方只是鱼库潘趣酒的其中一个版本，我自由发挥了一下。

6个成熟、甜美的乔治亚（Georgia）桃子，洗净、去核、切片

8个柠檬的果皮(需要非常新鲜的硬柠檬)

2量杯糖

16盎司（480毫升）新鲜柠檬汁

16盎司（480毫升）VS级干邑白兰地

8盎司（240毫升）桃子白兰地

1升牙买加朗姆酒

先做一个冰环。在萨伐仑（Savarin）松饼的环形模具中装¾容量的水并盖上保鲜膜，放入冰箱冷冻成冰，然后取出模具，小心地将它翻转过来放在一个干净的平面上，轻轻敲模具底部，使冰环脱模。

将桃子片和柠檬皮放在大碗里，撒上糖，静置至少3小时。接着，倒入柠檬汁，搅拌，使糖全部溶解。把混合物过滤到潘趣酒碗里，扔掉滤出的果皮和果肉。将干邑白兰地、桃子白兰地和朗姆酒倒在潘趣酒碗中，搅拌均匀。放入冰环即可上桌。

菲茨杰拉德*

这款鸡尾酒是我在一个繁忙的夜晚，在彩虹屋餐厅的长廊酒吧匆忙想出来的。当时一位顾客向我抱怨，说他喝腻了常点的夏季饮品（金汤力），让我设计一款新的金酒鸡尾酒作为夏季特饮。多亏了互联网，这种饮料出现在了世界各地手工鸡尾酒酒吧的酒单上。我们对互联网又爱又恨，这个配方的广泛传播是我们爱互联网的一个原因。

1½盎司（45毫升）多萝西·帕克（Dorthy Parker）金酒(我无法抗拒这一文学与酒的组合，尽管只是在喝酒方面)

¾盎司（22.5毫升）单糖浆

¾盎司（22.5毫升）新鲜柠檬汁

4大滴安高天娜苦精

1片薄薄的柠檬圆片，用于装饰

在摇酒壶中加冰块和所有原料（装饰物除外），摇匀后将其滤入加了冰块的洛克杯。用柠檬圆片装饰。

爱情之火

这款马天尼的变体有时也被称为"瓦伦西亚马天尼"或"西班牙马天尼"。你可能买不到拉艾娜菲诺雪莉酒，缇欧佩佩菲诺（Tio Pepe Fino）雪莉酒是很好的替代品。请参阅第208页有关于这款马天尼历史的简单介绍。

¼盎司（7.5毫升）拉艾娜菲诺雪莉酒

2片燃烧用橙子皮"硬币"，用于装饰

2½盎司（75毫升）芬兰伏特加

用雪莉酒给冰镇过的鸡尾酒酒杯洗杯，使其覆盖酒杯内壁，然后把多余的雪莉酒倒在鸡尾酒摇酒壶中。在鸡尾酒酒杯中点燃1片橙子皮"硬币"，然后将它取出丢掉。将伏特加和冰块放入摇酒壶，摇匀后滤入之前处理过的鸡尾酒酒杯。在酒杯上方点燃另一片橙子皮"硬币"，并把它扔到饮料中。

火烈鸟（FLAMINGO）

这是一款很容易制作的经典鸡尾酒，很适合在炎热的夏季饮用。你可以按比例增加原料，一次性做一大

份，需要的时候就从冰箱里取出来享用。

1½盎司（45毫升）美雅士铂金白（Myers's Platinum）朗姆酒

1½盎司（45毫升）菠萝汁

¼盎司（7.5毫升）新鲜青柠汁

¼盎司（7.5毫升）自制石榴糖浆或在商店购买的石榴糖浆

在摇酒壶中加冰块和所有原料，充分摇匀。上桌时，用鸡尾酒酒杯装饮料。

变化：要想制作更甜的版本，可以添加 ¼ 盎司（7.5毫升）甘蔗糖浆或单糖浆。

花的力量（FLEUR POWER）+

"我经常被问到最喜欢的食物是什么，我总是回答说是覆盆子！这款灵感来自法式75但融合了更多花园元素的鸡尾酒包含我喜欢的所有东西：覆盆子、充满植物芳香的金酒、粉红香槟和鲜花。"——凯茜·凯茜（Kathy Casey）

4颗覆盆子

1½盎司（45毫升）希普史密斯（Sipsmith）金酒

¼盎司（7.5毫升）莫林玫瑰糖浆

¼盎司（7.5毫升）莫林有机龙舌兰花蜜

½盎司（15毫升）新鲜柠檬汁

1½盎司（45毫升）酩悦（Moët & Chandon）年份粉红香槟

微型花，用于装饰（见本页"说明"）

将覆盆子放在鸡尾酒摇酒壶中，用捣碎棒轻轻捣碎。加入金酒、玫瑰糖浆、龙舌兰花蜜和柠檬汁，再加满冰块，充分摇匀。

有条件的话，在碟形杯中放一朵花形冰块，然后将摇酒壶中的混合物倒入其中。倒入香槟，用鲜花装饰。

说明：硅胶花形冰模可以在网上买到。

弗利普

从殖民地时代开始，弗利普这种饮料就是热饮。可以说，波士顿邮政路上有多少家旅馆，弗利普就有多少个版本。通常，人们会把红糖、鸡蛋和奶油混合在一起，再把它们放到一大杯啤酒里，然后用滚烫的铁拨火棍(一种末端为球形的拨火棍)加热饮料。铁拨火棍要先在火里烧红，然后插入杯子里，人们还会在杯子里加朗姆酒、白兰地或苹果酒来提升酒精度。如今，弗利普从热饮变成了冷饮，以下配方就是如此。

冰冷雪莉（COLD SHERRY）弗利普

2盎司（60毫升）干型雪莉酒
1盎司（30毫升）单糖浆
1盎司（30毫升）乳化全蛋液
现磨肉豆蔻，用于装饰

在摇酒壶中加入冰块和所有原料（装饰物除外），充分摇匀，确保鸡蛋完全乳化。然后将其滤入伦敦码头杯或波特酒杯。撒上肉豆蔻粉作为装饰。

狐狸弗利普

这个配方改编自查尔斯·马奥尼（Charles S. Mahoney）的《霍夫曼调酒师指南》中的同名配方。

1½盎司（45毫升）老福里斯特波本威士忌
¾个柠檬榨的新鲜柠檬汁
½盎司（15毫升）单糖浆
1个中等大小的乳化全蛋液
3盎司（90毫升）布伦海姆（Blenheim）姜汁汽水

在鸡尾酒摇酒壶中加入半壶刨冰，再加入前4种原料，充分摇匀，确保鸡蛋完全乳化。然后将其滤入中等大小的细长高杯，最后加入姜汁汽水。

菲兹

　　菲兹和柯林斯的区别在于酒杯的大小和装饰：柯林斯装在高杯或柯林斯杯中，用樱桃和橙子片装饰；菲兹装在8盎司（240毫升）的高杯或小号高杯中，没有装饰。含有鸡蛋的菲兹通常不加冰，但常规的金酒菲兹不加鸡蛋，要加冰块，没有装饰。杰里·托马斯于1862年出版的《调酒手册及美食家的伴侣》中没有柯林斯或菲兹的配方，但是收录了酸酒和索耶（Soyer）的金酒潘趣酒11号的配方。后者所用的基酒是金酒，配以柠檬汁、单糖浆、黑樱桃利口酒和德国无气泡矿泉水。不过，杰里·托马斯于1887年出版的《调酒师指南：如何调制普通和高级饮料》收录了汤姆·柯林斯及6款菲兹的配方。

金酒（GIN）菲兹

　　这款菲兹是汤姆·柯林斯的简化版本。

1½盎司（45毫升）富兹金酒
¾盎司（22.5毫升）新鲜柠檬汁
¾盎司（22.5毫升）单糖浆
2盎司（60毫升）苏打水

　　在摇酒壶中加入冰块和前3种原料，摇匀后滤入装满了冰块的高杯。倒入苏打水并搅拌。

金（GOLDEN）菲兹

　　这款菲兹还有一个更豪华的版本——皇家（Royal）菲兹，它使用了一整个鸡蛋。

1½盎司（45毫升）富兹金酒
¾盎司（22.5毫升）新鲜柠檬汁
1盎司（30毫升）单糖浆
¾盎司（22.5毫升）乳化蛋黄
2盎司（60毫升）苏打水

　　在摇酒壶中加入冰块和所有原料（苏打水除外），长时间用力摇匀，确保蛋黄完全乳化。然后将其滤入未加冰的菲兹杯或高杯。最后慢慢倒入苏打水。

拉莫斯（RAMOS）菲兹/新奥尔良（NEW ORLEANS）菲兹

- 1½盎司（45毫升）富兹金酒
- ½盎司（15毫升）新鲜柠檬汁
- ½盎司（15毫升）新鲜青柠汁
- 1¼盎司（37.5毫升）单糖浆
- 1½盎司（45毫升）牛奶或奶油
- ¾盎司（22.5毫升）乳化蛋白
- 2滴橙花水
- 2盎司（60毫升）苏打水

在摇酒壶中加入冰块和所有原料（苏打水除外），长时间用力摇匀，确保蛋白完全乳化。然后将其滤入未加冰的高杯。最后慢慢倒入苏打水。

银色菲兹

- 1½盎司（45毫升）富兹金酒
- ¾盎司（22.5毫升）新鲜柠檬汁
- 1盎司（30毫升）单糖浆
- ¾盎司（22.5毫升）乳化蛋白
- 2盎司（60毫升）苏打水

在摇酒壶中加入冰块和所有原料（苏打水除外），用力摇匀，确保蛋白完全乳化。然后将其滤入未加冰的菲兹杯或高杯。最后慢慢倒入苏打水。

说明：我发现含有蛋白的气泡饮料需要更多甜味剂。

调情（FLIRTINI）*

这是20世纪90年代的流行饮料。市面上有很多配方，下面这个是我的。

2块新鲜菠萝角，去皮
½盎司（15毫升）君度
½盎司（15毫升）灰雁伏特加
1盎司（30毫升）菠萝汁
3盎司（90毫升）香槟
1颗波尔多樱桃，用于装饰

将菠萝角和君度放在调酒杯中，用捣碎棒把菠萝角捣碎。加入伏特加和菠萝汁，再加冰块，搅拌均匀。把混合物仔细滤入冰镇过的鸡尾酒酒杯，再慢慢倒入香槟。最后用樱桃装饰。

花之赫雷斯（FLOR DE JEREZ）+

"作为调酒师，我们可能正处在历史上最伟大的时代。整理收集的历史、知识和最佳实践已经经过了前人的编辑、解释、剖析和严格测试。但在可以轻松获得所有这些东西的同时，我们绝不能忘记我们的职业根本：为坐在吧台对面的客人服务。记住，真正的调酒不是发生在吧台之上，而是发生在你与客人之间以及你与你的同事之间。永远不要忘记，热情好客是调酒师必备的品质，你的个人传奇将因你服务的人而熠熠生辉。"——华金·西莫

½盎司（15毫升）阿普尔顿庄园珍藏调和型牙买加朗姆酒
1½盎司（45毫升）卢士涛干型阿蒙提亚多雪莉酒或干型欧洛罗索雪莉酒
½盎司（15毫升）玛丽莎杏子味利口酒
¾盎司（22.5毫升）新鲜柠檬汁
½盎司（15毫升）单糖浆
1大滴安高天娜苦精

在摇酒壶中加入冰块和所有原料，摇匀后将其滤入大号碟形杯。

弗洛拉朵拉（FLORADORA）

这款鸡尾酒得名于1900年的百老汇音乐剧《弗洛拉朵拉女郎》（*Floradora Girls*）。花香风格的亨德里克（Hendrick）金酒非常适合这个配方。

1½盎司（45毫升）亨德里克金酒
½盎司（15毫升）新鲜青柠汁
½盎司（15毫升）覆盆子利口酒或覆盆子糖浆
3盎司（90毫升）芬味树姜汁汽水
1片青柠圆片，用于装饰
食用甜紫罗兰或堇菜，用于装饰（见本页"说明"）

将金酒、青柠汁和覆盆子利口酒直接倒入加满了冰块的高杯。倒入姜汁汽水。用青柠圆片和可食用的紫罗兰装饰。

说明：我喜欢用花做装饰。务必选购食品级的可食用花卉。普通超市售卖的花卉食材通常含杀虫剂，你可以去当地的有机食品商店看看。露辛达·哈特森（Lucinda Hutson）的《香草花园食谱》（*The Herb Garden Cookbook*，1998 年）中有很多关于可食用花卉的内容。

雾（FOG）

在纽约布鲁克的加拉帕戈斯（Galapagos）酒吧，我曾为约翰·霍奇曼（John Hodgman）主持的小灰书（Little Gray Book）读书会准备了一款鸡尾酒——火焰橙子山谷（Flaming Orange Gully）。约翰的读书会成就了自己的作家和演员事业。约翰当时还是一位文学经纪人，是他说服我写了这本书。

1½盎司（45毫升）苏连红柑橘伏特加
¾盎司（22.5毫升）约翰·D.泰勒天鹅绒法勒南
1盎司（30毫升）新鲜橙汁
½盎司（15毫升）新鲜青柠汁
2大滴里根橙味苦精6号
1片燃烧用橙子皮"硬币"，用于装饰
现磨肉豆蔻，用于装饰

在摇酒壶中加入冰块和所有原料（装饰物除外），充分摇匀后将其滤入冰镇过的鸡尾酒酒杯。在酒杯上

方点燃橙子皮"硬币"，然后将它扔掉。最后撒上肉豆蔻粉。

说明1：天鹅绒法勒南可以在网上商店购买。

雾之刃（FOG CUTTER）

浓雾滚滚而来……

2盎司（60毫升）班克斯岛7年陈酿调和金朗姆酒

¾盎司（22.5毫升）卡慕优质雷岛干邑

½盎司（15毫升）普利茅斯金酒

1盎司（30毫升）杏仁糖浆

1盎司（30毫升）新鲜橙汁

½盎司（15毫升）新鲜柠檬汁

2大滴佩古俱乐部橙味苦精（见本页"说明2"）

¼盎司（7.5毫升）卢士涛佩德罗-希梅内斯雪莉酒

1片橙子皮"硬币"，用于装饰

现磨肉豆蔻，用于装饰

在摇酒壶中加入冰块和原料（雪莉酒和装饰物除外），仔细摇匀后倒入加了冰块的双层古典杯。倒入雪莉酒，使其漂浮在表面。挤压橙子皮"硬币"，将果皮中的精油挤到杯中，然后丢弃橙子皮"硬币"。撒上肉豆蔻粉作为装饰。

说明2：我喜欢使用佩古俱乐部调配的橙味苦精——由2份里根橙味苦精6号与1份费氏兄弟橙味苦精混合而成。

弗雷迪·福德普克

这是哈维撞墙鸡尾酒的墨西哥"表亲"。好吧，这是我胡编的。

1½盎司（45毫升）田园8号银樽（Ocho Plata）特其拉

5盎司（150毫升）新鲜橙汁

¾盎司（22.5毫升）加利安奴香草利口酒

将特其拉和橙汁直接倒入加了冰块的高杯，再倒入加利安奴香草利口酒，使其漂浮在表面。

法式75（FRENCH 75）

说到法式75鸡尾酒，不禁让人想到干邑白兰地的狂热支持者和坚守金酒传统的保守派之间的争论一直没有停止。新奥尔良人对法式75的热爱是绝对虔诚的，他们只喜欢喝干邑版本的法式75。不要为此与他们争论。我第一次品尝这种鸡尾酒是在南塔克特岛上的公鸡（Chanticleer）餐厅。这是该餐厅早午餐的特色饮品，盛在一个很大的碟形杯里，下面铺满了冰块，还奢侈地用新鲜水果做装饰。

1盎司（30毫升）干邑白兰地或金酒

¾盎司（22.5毫升）单糖浆

¾盎司（22.5毫升）新鲜柠檬汁

3盎司（90毫升）香槟酒

在摇酒壶中加入冰块和前3种原料，用力摇匀后滤入加了冰块的高脚杯或者细长的香槟杯。最后，倒入香槟酒。

哈里·S.杜鲁门与法式75

第一次世界大战期间，担任炮兵连连长的哈里·S.杜鲁门在士兵用法国M1897型75mm加农炮以每分钟30发的速度向德国人发射的几分钟前，对他的士兵们说："我宁愿待在这里，也不愿当美国总统！"法式75鸡尾酒就是以这种大炮命名的，最早的配方以金酒为基酒，但它后来因为改为以干邑白兰地为基酒而变得更受欢迎。

法式95（FRENCH 95）

法式95鸡尾酒需要使用波本威士忌，但是乔治·迪克尔（George Dickel）酿制的一款非常漂亮的黑麦威士忌能与这款鸡尾酒完美互补。

¾盎司（22.5毫升）乔治·迪克尔黑麦威士忌

½盎司（15毫升）单糖浆

½盎司（15毫升）新鲜柠檬汁

¾盎司（22.5毫升）新鲜橙汁，已过滤的

3盎司（90毫升）香槟酒

在摇酒壶中加入冰块和前4种原料，摇匀后滤入装满了冰块的高脚杯，最后倒入香槟酒。

法国贩毒网（FRENCH CONNECTION）

我以前的酒友雷妮（Renee）喜欢在睡前或起床时喝一杯这款鸡尾酒，有时则睡前和起床时都喝。

1½盎司（45毫升）拿破仑干邑

1盎司（30毫升）柑曼怡

若是在睡前饮用，就将原料倒在温过的白兰地杯中混合均匀；若是在早上饮用，就将原料倒在加了冰的白兰地杯中，还可搭配一杯橙汁。

法式火烈鸟（FRENCH FLAMINGO）

这是我从《纽约时报》周日版中挑选出的配方。它和我的配方风格相似，所以我做了一些改动，让它更符合我的口味。

1½盎司（45毫升）绝对黑加仑味伏特加

¾盎司（22.5毫升）君度

½盎司（15毫升）新鲜青柠汁

1盎司（30毫升）POM奇妙石榴汁

1片薄青柠圆片，用于装饰

在摇酒壶中加入冰块和所有原料（装饰物除外），摇匀后将其滤入冰镇过的鸡尾酒酒杯。用青柠圆片装饰。

意大利之吻（FRENCH KISS ITALIAN-STYLE）

1½盎司（45毫升）马天尼特藏红宝石味美思

1½盎司（45毫升）卡帕诺干味美思

1片柠檬皮"硬币"，用于装饰

将前2种原料直接倒入加了冰块的葡萄酒酒杯，搅拌。用柠檬皮"硬币"装饰。

冰爽蓝色夏威夷（FROZEN BLUE HAWAIIAN）

这款鸡尾酒实际上就是蓝色版的椰林飘香（见第179页）。

1盎司（30毫升）淡朗姆酒，最好是凯珊银色朗姆酒或巴拿马甘蔗朗姆酒

1盎司（30毫升）玛丽莎橙皮利口酒

1盎司（30毫升）可可·洛佩斯椰子奶油

2盎司（60毫升）菠萝汁

1量杯碎冰

1片菠萝片，用于装饰

1片菠萝叶，用于装饰

将所有原料（装饰物除外）放入搅拌机，搅打后倒入长脚大玻璃杯。用新鲜的菠萝片和菠萝叶装饰。

冰冻鬣蜥蜴（FROZEN IGUANA）*

天太冷了，鬣蜥蜴都从树上掉下来了！我们需要喝一杯。

1½盎司（45毫升）德尔玛盖基基卡帕梅斯卡尔酒

4盎司（120毫升）金发女郎血腥玛丽天然原料套装（见本页"说明"）

1汤匙龙舌兰糖浆

少许戴尔·德格罗夫多香果芳香苦精

将所有原料与少量冰块混合后倒入大高脚杯。

说明：血腥玛丽天然原料套装？是的，我没有开玩笑。它由黄色番茄制成，可以在网上买到。

画廊螺丝锥（GALLERY GIMLET）*

　　我为荷美游轮上的画廊酒吧设计了这款画廊螺丝锥。创立于1872年的荷美游轮公司如今为嘉年华游轮公司所有，并且保留了游轮旅行业务，致力于在优雅的环境中提供精美的食物和饮料。

黑色夏威夷海盐，用于装饰

1½盎司（45毫升）普利茅斯金酒

1茶匙柚子汁

½盎司（15毫升）新鲜青柠汁

½盎司（15毫升）三重糖浆

1片薄青柠圆片，用于装饰

　　用黑色夏威夷海盐给鸡尾酒酒杯制作盐边，然后将酒杯冰镇备用。在摇酒壶中加入冰块和其余的原料（装饰物除外），仔细摇匀。接着，将其滤入之前处理好的鸡尾酒酒杯，用青柠圆片装饰。

石榴红（GARNET）*

1½盎司（45毫升）添加利10号金酒

½盎司（15毫升）POM奇妙石榴汁

1盎司（30毫升）新鲜西柚汁

½盎司（15毫升）圣哲曼接骨木花利口酒

1片柚子皮"硬币"，用于装饰

在波士顿摇酒壶的玻璃调酒听中加入冰块和所有原料（装饰物除外），仔细摇匀后将其滤入冰镇过的碟形杯，用柚子皮"硬币"装饰。

哈里森将军的蛋奶酒（GENERAL HARRISON'S EGGNOG）

哈里森将军滴酒不沾，在这款酒里加波本威士忌是我的创意。这款蛋奶酒实际上是一款简单、可口、完美的无乳糖饮料，适合在节日或苹果汁上市的时候饮用。

1½盎司（45毫升）布莱特波本威士忌

1个中等大小的乳化全蛋

1盎司（30毫升）单糖浆

4盎司（120毫升）新鲜苹果汁

现磨肉豆蔻，用于装饰

在波士顿摇酒壶的玻璃调酒听中加入冰块和所有原料（装饰物除外），充分摇匀，确保鸡蛋完全乳化。然后将其滤入蛋奶酒杯或马克杯，最后用肉豆蔻粉装饰。

吉尔伯托（GILBERTO）+

这是杜尚·扎里克为重新装修后的洛杉矶菲格罗亚（Figueroa）酒店设计的招牌饮料，是一款有趣、好看、好喝的饮料。

1½盎司（45毫升）巴索尔精选意大利皮斯科

1盎司（30毫升）纽顿霞多丽（Newton Chardonnay）干白葡萄酒或任何橡木桶霞多丽干白葡萄酒

1盎司（30毫升）康科德（Concord）葡萄糖浆

¼盎司（7.5毫升）浓糖浆

1盎司（30毫升）新鲜柠檬汁

5大滴戴尔·德格罗夫多香果芳香苦精

一串冰冻的香槟葡萄，用于装饰

在摇酒壶中加入冰块和所有原料（装饰物除外），用力摇匀后仔细滤入鸡尾酒碟形杯。用冰冻的香槟葡萄装饰酒杯边沿。

螺丝锥

调制螺丝锥时不要随意用新鲜青柠汁代替玫瑰牌青柠汁。真正的螺丝锥爱好者想要尝到的是腌制青柠汁的味道，用新鲜的青柠汁和糖浆调制的是金酒酸酒，或者我口中的"加利福尼亚螺丝锥"。

2½盎司（75毫升）蓝士兵美国干金酒

½盎司（15毫升）腌制青柠汁，最好是玫瑰或安高天娜牌的

1块青柠角

在摇酒壶中加入冰块、金酒和青柠汁，摇匀后滤入冰镇过的鸡尾酒酒杯或古典杯。在酒杯上方挤青柠角，然后扔掉青柠角。

金和意（GIN AND IT）

金和意是金酒和意大利的简称。我选择了老达夫杜松子酒，因为它是用⅔的黑麦和⅓的麦芽发酵成的麦芽酒蒸馏而成的，风味非常接近威士忌，很适合与意大利甜味美思搭配。20世纪20年代，美国人在巴黎和伦敦的欧洲酒吧点马天尼时，都会点加冰的金酒和法国或者金酒和意大利。金和意与它们不同，通常不加冰。

1½盎司（45毫升）老达夫杜松子酒

1½盎司（45毫升）马天尼特藏红宝石味美思

将杜松子酒、味美思和冰块放入调酒杯，搅拌至酒液冰凉。将酒液滤入冰镇过的鸡尾酒酒杯（如马天尼杯）或者加了冰块的双层古典杯（如曼哈顿杯、洛克杯）。这个配方中之所以有冰，是因为热的金酒饮料现在已经不受人们喜爱了。

哈里森将军的蛋奶酒

吉布森

  吉布森（Gibson）的原料与尼克诺拉马天尼（见第161页）的几乎一样，只不过要用鸡尾洋葱代替橄榄。

  美国著名插画家查尔斯·达纳·吉布森（Charles Dana Gibson）被认为是第一个用鸡尾洋葱代替橄榄并发明了吉布森鸡尾酒的人。但还有另外一个说法：生活类网站作者科琳·格雷厄姆（Colleen Graham）发现了一些新信息。《旧金山纪事报》记者查尔斯·麦凯布（Charles McCabe）告诉她，他在采访电影演员艾伦·P.吉布森（Allan P. Gibson）时，艾伦谈到了他的叔祖父沃尔特·D.K.吉布森（Walter D. K. Gibson）："我的祖父和父亲清楚地记得，是我的叔祖父发明了吉布森鸡尾酒……（艾伦后来想起来那是19世纪90年代的事情）他过去常常喝这种酒，直到他去世。"

  格雷厄姆找到了艾伦·P.吉布森的儿子查尔斯·波洛克·吉布森（Charles Pollok Gibson），他证实了这件事的真实性。查尔斯说，他父亲的叔祖父沃尔特曾抱怨过波希米亚（Bohemian）俱乐部的调酒师："他更喜欢用普利茅斯金酒，而且用搅拌法调制。他还相信吃洋葱可以预防感冒。因此，这个配方里有洋葱。"

  吉布森最早的配方与干马天尼很接近，通常是一半金酒一半味美思，没有洋葱。用到洋葱的吉布森配方最早出现在传奇调酒师比尔·布斯比的最后一本书中，那本书是1934年出版的。

伙计，来杯吉布森

  著名的调酒师、酒类图书作家托尼·阿布－加尼姆总是来我的酒吧喝吉布森风格的马天尼。有一天，我问他为什么。他指向吧台上随处可见的配菜盘解释道："吧台上的标配是6个塑料盘，用来装6种最常见的装饰物——橄榄、螺旋皮卷、樱桃、柠檬角、青柠角和橙子片。糟糕的是，这些装饰物长时间在这个环境中会变暖。鸡尾洋葱则不同。猜猜它们在哪里？在冰箱里，又冰凉又新鲜……"

金酒骡子（GIN GIN MULE）+

这款鸡尾酒是纽约首屈一指的鸡尾酒酒吧佩古俱乐部的老板、调酒师奥德丽·桑德斯设计的。佩古俱乐部是早期手工酒吧的鼻祖，被《纽约时报》誉为"调酒界的哈佛"。这么多奥德丽培训过的调酒师后来开的手工酒吧都十分有名，包括"死亡公社"和"请保密"等。

2枝薄荷枝
¾盎司（22.5毫升）新鲜青柠汁
1盎司（30毫升）单糖浆
1¾盎司（52.5毫升）添加利伦敦干金酒
1盎司（30毫升）奥德丽姜汁啤酒或在商店购买的姜汁啤酒（见本页"说明"）
1片青柠圆片，用于装饰
1片糖渍姜片，用于装饰

将1枝薄荷枝、青柠汁和单糖浆放入波士顿摇酒壶的玻璃调酒听中，用捣碎棒轻轻把薄荷枝捣碎。加入金酒和姜汁啤酒，再加冰块，充分摇匀。把混合物滤入装了冰块的10盎司（300毫升）高杯。用剩下的薄荷枝、青柠圆片和糖渍姜片装饰。

说明：如果你使用的是购买的姜汁啤酒，就将单糖浆的量减半。

金酒异形

金汤力是夏季酒会的传统鸡尾酒。几年前，彩虹屋长廊酒吧的一位顾客向我发起挑战，要我设计一款新的夏季特饮。我用到了金酒和酸酒，但是加了安高天娜苦精来调味，并把它叫作"金酒异形"。它在那年夏天大受欢迎，所以我决定把它放在酒吧的酒单上。但是，一位喜欢这款饮料的客人——一位喜欢看《纽约客》杂志的读者——坚持要我给这款饮料取一个更雅致的名字。当时我们的酒单上有海明威大吉利，她认为与海明威齐名的菲茨杰拉德很合适，于是金酒异形有了新名字（见第120页的菲茨杰拉德）。

金司令

这款金司令是我自己设计的，在彩虹屋卖了好多年，并且非常受欢迎。隔壁美联社图片编辑部门的女士们特别喜欢这款鸡尾酒。

1½盎司（45毫升）普利茅斯金酒
1盎司（30毫升）马天尼罗西甜味美思
¾盎司（22.5毫升）新鲜柠檬汁
¾盎司（22.5毫升）单糖浆
1大滴安高天娜苦精
1盎司（30毫升）苏打水
1条螺旋状柠檬皮卷，用于装饰

在摇酒壶中加入冰块和所有原料（苏打水和装饰物除外），摇匀后将其滤入加了冰块的高杯，再倒入苏打水。像调制马颈（见第139页）一样，用螺旋状柠檬皮卷装饰。

金汤力壁画（GIN TONIC AL FRESCO）*

这是我为格林威治村的莫兰蒂意大利餐厅设计的，但它从未出现在酒单上。餐厅大厨乔迪·威廉姆斯（Jody Williams）只想供应酒精含量低的餐酒，所以我在给他的那个配方中减少了金酒的用量，增多了西娜尔的用量。

1½盎司（45毫升）添加利10号金酒
¾盎司（22.5毫升）西娜尔
4盎司（120毫升）芬味树地中海汤力水
2大滴里根橙味苦精6号
1片橙子片，用于装饰

将所有原料（装饰物除外）直接放入加了冰的高杯，搅拌。用橙子片装饰。

生姜橙子传统节日鸡尾酒（GINGER & ORANGE HOLIDAY OLD-FASHIONED）*

2片橙子皮"硬币"
2大滴戴尔·德格罗夫多香果芳香苦精
¼盎司（7.5毫升）生姜糖浆，自制的或购买的（最好是莫林牌）均可

2½盎司（75毫升）美格（Maker）46波本威士忌

1汤匙香橙果酱

1片燃烧用橙子皮"硬币"，用于装饰

1片糖渍姜片，用于装饰

将橙子皮"硬币"、苦精和生姜糖浆放在波士顿摇酒壶的玻璃调酒听中，用捣碎棒把橙子皮"硬币"捣碎。然后，加入波本威士忌和香橙果酱，再加入冰块，充分摇匀。把混合物仔细滤入装了冰块的古典杯，用燃烧用橙子皮"硬币"和糖渍姜片装饰。

格拉格（GLOGG）

6人份

1946年，肯尼斯·汉森（Kenneth Hansen）在洛杉矶创办了斯坎迪亚维京人（Vikings of Scandia）俱乐部，它后来改名为斯坎迪亚餐厅。这家俱乐部的会员有演员丽塔·海华丝（Rita Hayworth）、柯纳·王尔德（Cornel Wilde）、玛丽莲·梦露（Marilyn Monroe）、加里·库珀（Gary Cooper）和玛琳·黛德丽（Marlene Dietrich）等。格拉格是一款源于瑞典的热饮，是斯坎迪亚维京人俱乐部的传统节日饮品，也是最受欢迎的饮品。我延续了这一传统，在彩虹屋的长廊酒吧于圣诞节前后的两周时间里尝试推出了这款鸡尾酒，并且对它的配方稍做了调整。

1瓶（750毫升）酒体厚重的红葡萄酒

⅓量杯黑色葡萄干

⅓量杯漂白杏仁片，另备一些用于装饰

1颗小橙子的皮（不要保留白色的部分）

5颗碾碎的小豆蔻

5颗完整的丁香

1根肉桂棒

4盎司（120毫升）伏特加或干邑白兰地

3盎司（90毫升）（或按个人口味调节）单糖浆

几颗金色葡萄干，用于装饰

将红葡萄酒、黑色葡萄干、杏仁片、橙子皮和香料放入一个容器，盖上盖子，在室温下静置24小时。将混合物过滤至沙莫瓦（Samovar，一种俄式茶壶，底部可以加热），丢弃剩下的固体。往沙莫瓦中加伏特加和

单糖浆（根据口味调节用量）。上桌时，将已加热的格拉格倒入耐热的高脚杯或潘趣酒杯，每一杯都用金色葡萄干和漂白的杏仁片装饰。

教父（GODFATHER）/教母（GODMOTHER）

2盎司（60毫升）顺风禁酒令（Cutty Sark）限量版苏格兰威士忌或皇冠伏特加

1盎司（30毫升）意大利苦杏酒

将2种原料倒入加了冰的洛克杯，搅拌。

猴子也抓狂（GOING BANANAS）+

这款鸡尾酒是弗朗西斯科·拉弗兰科尼（Francesco Lafranconi）的创意，他受过欧洲四星级酒店专业服务培训，是意大利人。他后来在拉斯维加斯定居，并在南部格雷泽葡萄酒和烈酒公司（Southern Glazer's Wine & Spirits）工作。在那里他很好地利用自己的受训经历，开发了烈酒和精品服务培训项目。该项目持续在全美各地培训年轻调酒师。2019年初，弗朗西斯科在棕榈赌场度假村（Palms Casino Resort）开了自己的钢琴酒吧——可可先生（Mr. Coco）。这家酒吧提供精致的鸡尾酒和小食。

1盎司（30毫升）罗恩·博特兰（Ron Botran）珍藏朗姆酒

1盎司（30毫升）尊美醇焦桶风味爱尔兰威士忌

¾盎司（22.5毫升）单糖浆

¾盎司（22.5毫升）新鲜柠檬汁

2大滴戴尔·德格罗夫多香果芳香苦精

几片脱水香蕉片，用于装饰

在摇酒壶中加入冰块和所有原料（装饰物除外），摇匀后将其滤入冰镇过的鸡尾酒酒杯。用脱水香蕉片装饰。

金色凯迪拉克（GOLDEN CADILLAC）

这款鸡尾酒是由加利福尼亚州埃尔多拉多县的贫瘠红（Poor Red）酒吧发明的，这家酒吧里的所有东西都是金色的。

1盎司（30毫升）加利安奴香草利口酒

1盎司（30毫升）光阴似箭可可利口酒

1½盎司（45毫升）重奶油

锡兰肉桂粉，用于装饰

在摇酒壶中加入冰块和所有原料（装饰物除外），摇匀后将其滤入冰镇过的鸡尾酒酒杯。用锡兰肉桂粉装饰。

金色黎明（GOLDEN DAWN）

这款鸡尾酒是由伦敦伯克利（Berkeley）酒店的调酒师汤姆·巴特利（Tom Buttery）发明的，是1930年国际鸡尾酒大赛的冠军鸡尾酒。

¾盎司（22.5毫升）杜邦（Dupont）珍藏卡尔瓦多斯

¾盎司（22.5毫升）哥顿（Gordon）伦敦干金

¾盎司（22.5毫升）新鲜橙汁

¾盎司（22.5毫升）玛丽莎杏子味利口酒

1大滴自制石榴糖浆或在商店购买的石榴糖浆

1颗波尔多樱桃，用于装饰

在摇酒壶中加入冰块和前4种原料，用力摇匀后滤入冰镇过的鸡尾酒酒杯。让石榴糖浆沉入杯底以形成"金色黎明"。用樱桃装饰。

黄金女郎（GOLDEN GIRL）*

1½盎司（45毫升）百加得奥乔珍藏朗姆酒

½盎司（15毫升）单糖浆

1盎司（30毫升）不加糖的菠萝汁

¾盎司（22.5毫升）奥芬妮（Offley）10年茶色波特酒或山地文雨水马德拉酒

¾盎司（22.5毫升）乳化全蛋

磨碎的橙子皮，用于装饰

在摇酒壶中加入冰块和所有原料（装饰物除外），摇匀后将其滤入冰镇过的鸡尾酒酒杯。在饮料表面撒上橙子皮屑作为装饰。

绿色命运（GREEN DESTINY）+

布拉德·法兰（Brad Farran）为三叶草俱乐部调制

了这款绿色命运，而且它大受欢迎。法兰曾说过："我的手工鸡尾酒调酒经验都是在学习中获得的，我喜欢发现的感觉。与他人分享是我们不断鞭策自己、学习和创造的原因。我喜欢分享。"

1½盎司（45毫升）必富达24金酒

¾盎司（22.5毫升）杜凌干味美思

¾盎司（22.5毫升）新鲜西柚汁

½盎司（15毫升）新鲜青柠汁

½盎司（15毫升）单糖浆

1片紫苏叶，和其他原料一起摇和

1片紫苏叶，用于装饰

在摇酒壶中加入冰块和所有原料（装饰物除外），仔细摇匀后将其滤入冰镇过的鸡尾酒酒杯。在饮料表面放1片紫苏叶作为装饰。

绿色飞龙（GREEN DRAGON）*

我为纽约的奥古斯丁（Augustine）餐厅设计了绿色飞龙和其他几款鸡尾酒。

1½盎司（45毫升）芬兰伏特加

¾盎司（22.5毫升）纯米吟酿（Momokawa Junmai Ginjo）清酒

¼盎司（7.5毫升）绿查尔特勒酒

½盎司（15毫升）新鲜青柠汁

¾盎司（22.5毫升）龙舌兰和蜂蜜混合糖浆（见本页"说明"）

1枝迷迭香，用于装饰

1片青柠圆片，用于装饰

贝尔热（C. F. Berger）上等苦艾酒，用于喷洒在表面

在摇酒壶中加入冰块和所有原料（装饰物和苦艾酒除外），摇匀后将其仔细滤入加了冰块的古典杯。把迷迭香的茎穿过青柠圆片的中心作为装饰物。最后，在鸡尾酒表面喷洒苦艾酒。

说明：在这个配方中，需要将3份龙舌兰糖浆和1份蜂蜜糖浆混合起来。我发现，用这种糖浆代替单糖浆可以提升特定的鸡尾酒的味道层次，使其口感更强烈、花香更浓郁。

绿蚱蜢

1盎司（30毫升）玛丽莎32号薄荷利口酒

1盎司（30毫升）光阴似箭可可利口酒

1½盎司（45毫升）重奶油

巧克力屑，用于装饰

在摇酒壶中加入冰块和所有原料（装饰物除外），仔细摇匀后将其滤入尼克诺拉杯。用刀刮出巧克力屑，撒在饮料表面。

绿色的梦（GREEN DREAM）*

大约18杯[每杯1½盎司（45毫升）]

我调整了科林·考伊（Colin Cowie）的一款子弹酒——施特雷普·舍波（Strepe Chepe）的配方，在一杯薄荷伏特加中加入了生姜糖浆、清酒和龙舌兰花蜜。我和科林一起参加过很多派对，午夜过后，总有那么一刻所有人都在舞池里狂舞，一杯凉爽的薄荷子弹酒则是让那些跳舞的傻瓜兴奋的最佳"燃料"。

6盎司（180毫升）蓝鲨伏特加

1把新鲜薄荷叶

4盎司（120毫升）龙舌兰糖浆

2盎司（60毫升）三重糖浆

2盎司（60毫升）生姜糖浆，自制的或商店购买的（最好是莫林牌）均可

2盎司（60毫升）清酒

4盎司（120毫升）新鲜柠檬或青柠汁

1量杯碎冰

将所有原料放入搅拌机，高速搅打，直到原料完全变成液态没有薄荷碎片。将混合物装入烈酒杯中后上桌。

绿茶潘趣（GREEN TEA PUNCH）

6人份

进入新千年后，茶作为鸡尾酒的原料所发挥的作用越来越大，一些老配方也因茶的加入而焕然一新。我从爱德华·里基特（Edward Ricket）的《绅士餐桌指南》（*The Gentleman's Table Guide*，1873年）中找到了这个迷人鸡尾酒的配方并进行了改编。

9盎司（270毫升）红醋栗（Red Currant）或番石榴果冻（Guava Jelly）

16盎司（480毫升）热绿茶（见本页"说明"）

4盎司（120毫升）马爹利（Martel）VSOP干邑

4盎司（120毫升）阿普尔顿庄园珍藏调和型牙买加朗姆酒

3盎司（90毫升）约瑟夫·卡特龙橙皮利口酒

2盎司（60毫升）新鲜柠檬汁

6片马鞭草叶，用于装饰

将果冻溶解在耐热的调酒杯中的热茶中，加入剩下的原料（装饰物除外），搅拌。将混合物滤入烫过的马克杯，用马鞭草叶装饰。

说明：要想酒精度更低，可以加更多的绿茶。

灰狗（GREYHOUND TOO）*

1½盎司（45毫升）绝对伏特加

4盎司（120毫升）新鲜西柚汁

1大滴比特储斯西柚苦精

少许圣哲曼接骨木花利口酒

将伏特加和西柚汁倒在加了冰块的高杯中。加一点儿苦精和接骨木花利口酒来提亮饮料的色彩。

海军格罗格（GROG, NAVY）

这绝对不是你祖母用来治疗鼻塞的药水。

1盎司（30毫升）帕萨姿朗姆酒

1盎司（30毫升）多拉多3年朗姆酒

1盎司（30毫升）柠檬哈妥1804原产朗姆酒

1盎司（30毫升）蜂蜜糖浆

¼盎司（7.5毫升）肉桂糖浆

¾盎司（22.5毫升）新鲜青柠汁

¾盎司（22.5毫升）新鲜西柚汁

1大滴安高天娜苦精

1大滴戴尔·德格罗夫多香果芳香苦精

1片青柠圆片，用于装饰

1枝薄荷枝，用于装饰

在鸡尾酒摇酒壶中加入冰块和所有原料（装饰物除外），仔细摇匀后将其滤入加了冰块的敞口玻璃杯或双层古典杯。用青柠圆片和薄荷枝装饰。

老格罗格

1740年，英国驻西印度群岛海军司令弗农上将（Admiral Vernon）削减了在加勒比海作业的英国海军的朗姆酒配给量，变为半品脱酒兑半品脱水（1品脱=568.26毫升）。弗农认为，尽管炎热、疾病和痢疾对在加勒比热带海域工作的海员来说十分危险，但减少朗姆酒的配给至少可以防止醉醺醺的海员从缆绳上掉下来，也可以减少他们身上散发的酒臭味。弗农经常穿一件丝绸和羊毛混纺的格罗格兰姆呢（Grogram）大衣，显得威武不凡，因此他有个绰号叫老格罗格兰姆，他的掺水朗姆酒也因此被称为格罗格。弗农后来在朗姆酒酒桶中添加了用糖腌制的青柠汁，这使格罗格变得更好喝——这听起来非常像大吉利。这也是玫瑰牌腌制青柠汁的来由。弗农要么是幸运，要么是走在时代前沿，因为在1753年，一位名叫詹姆斯·林德（James Lind）的苏格兰外科医生发现新鲜水果和新鲜蔬菜有助于缓解坏血病的症状。1793年，英国皇家海军正式用青柠汁和朗姆酒的混合物来解决海员患坏血病的问题，而早在53年前弗农上将就这么干了。

传统格罗格（GROG, TRADITIONAL）

严格地说，格罗格是由朗姆酒、糖（或糖蜜、蜂蜜）、柠檬汁和水按以下方中的比例混合而成的热饮或冷饮。在威廉·施密特的《流动的碗：什么时候喝，喝什么》中，他用热茶代替了水。

1½盎司（45毫升）朗姆酒

1盎司（30毫升）蜂蜜糖浆

¾盎司（22.5毫升）新鲜柠檬汁

4盎司（120毫升）热水或冷水

1根肉桂棒或1块柠檬角，用于装饰

如果是调制热饮，就将所有原料（装饰物除外）放入马克杯并搅拌。用肉桂棒装饰。

如果是调制冷饮，就在摇酒壶中加入冰块和所有原料（装饰物除外），摇匀后倒入加了冰块的洛克杯，最后用柠檬角装饰。

汉基帕基（HANKY PANKY）

这款用3种原料调制的饮料是萨伏伊酒店富有传奇色彩的首席调酒师艾达·科尔曼（Ada Coleman）的创意。它看起来很像马丁内斯鸡尾酒（见第160页）的简化版，这让我产生了一个灵感——或许可以用麦芽杜松子酒来调制它。

1½盎司（45毫升）老达夫单麦芽杜松子酒或波尔斯旧型杜松子酒

1½盎司（45毫升）马天尼罗西甜味美思

少许菲奈特·布兰卡阿玛罗

将所有原料放入调酒杯，加冰搅拌，然后滤入冰镇过的尼克诺拉杯。

哈里的哈维潘趣（HARRY'S HARVEY'S PUNCH）*

这款鸡尾酒是以哈里·德沃斯金（Harry Dwoskin）的名字命名的，90多岁的他每年都在彩虹屋为自己精心筹备一场生日派对。哈里很讲究，他声称自己有足够的钱来举办派对，可以办到他104岁生日时。他非常喜欢潘趣酒，所以每次为他准备生日派对我们都供应这款酒，直到他96岁——他的最后一个生日。

2盎司（60毫升）哈维斯（Harveys Bristol）奶油雪莉酒

½盎司（15毫升）路萨朵黑樱桃利口酒

½盎司（15毫升）新鲜柠檬汁

3盎司（90毫升）新鲜橙汁

1大滴安高天娜苦精

七喜汽水或苏打水，或两者都用（可选）

1枝新鲜薄荷枝，用于装饰

1片橙子片，用于装饰

在摇酒壶中加入冰块和前5种原料，用力摇匀后滤入大号高脚杯。再倒入七喜汽水或苏打水，或者两者的混合物（如果需要的话）。用薄荷枝和橙子片装饰。

丰收满月潘趣（HARVEST MOON PUNCH）*

20人份

只要省略波本威士忌就可以调制不含酒精的版本了。

1加仑（3.79升）新鲜苹果汁

6个完整的八角

6根肉桂棒，再多准备一些用于装饰

6颗完整的丁香

8盎司（240毫升）红糖糖浆或德默拉拉糖浆

1颗橙子的皮（带少许白色部分）

1½瓶（1瓶750毫升）布莱特波本威士忌

将苹果汁、八角、肉桂棒、丁香、糖浆和橙子皮放入大号不锈钢锅中，用小火慢炖30～40分钟，千万不要煮沸。然后加入波本威士忌，再煮几分钟，让威士忌升温即可。滤去所有香料后即可上桌。

说明：举办派对时，你可以把潘趣酒盛在挖空的南瓜里，就像做南瓜灯一样，把南瓜顶端切下来，挖出瓤和南瓜子。清洗切下来的南瓜顶，南瓜子不要丢掉。用长柄勺挖出南瓜果肉，但仍需保留稍厚的南瓜果肉，确保内壁和底部没有破漏。将处理好的南瓜洗干净，再将冰水灌入南瓜以检查它是否渗漏。往南瓜中倒入温热的潘趣酒，把"盖子"盖上以保温。享用时，用长柄勺将潘趣酒盛在陶瓷马克杯中，并用肉桂棒装饰。

把南瓜子洗干净、烘干，放在抹了油的烤盘上，放入预热到350 ℉（大约177℃）的烤箱中烤8~10分钟，直到南瓜子变脆、呈金黄色。从烤箱中取出烤盘，往南瓜子上撒盐、孜然粉和多香果粉调味，最终和潘趣酒一起端上桌。

哈维撞墙

据称，这款20世纪60年代的鸡尾酒是以一位冲浪者的名字命名的，这位冲浪者喝这款鸡尾酒喝得酩酊大醉，以致最后撞到了墙上。我的一位号称"百事通"的朋友——21俱乐部首席调酒师布莱恩·雷亚（Brian Rea）告诉我，这位冲浪者喝这么多"撞墙"是为了得到加利安奴香草利口酒的空酒瓶，这种酒瓶非常受女士喜爱。

1½盎司（45毫升）蓝鲨伏特加

4盎司（120毫升）新鲜橙汁

¾盎司（22.5毫升）加利安奴香草利口酒

在一个高杯中加冰块，再倒入伏特加和橙汁，最后倒入利口酒，使其漂浮在表面。

夏威夷石头酸酒（HAWAIIAN STONE SOUR）*

这是我为彩虹屋长廊酒吧的常客设计的一款适合跳舞间歇喝的鸡尾酒，它是威士忌石头酸酒（Whiskey Stone Sour）的变体。

1½盎司（45毫升）老福里斯特1897波本威士忌

¾盎司（22.5毫升）单糖浆

¾盎司（22.5毫升）新鲜柠檬汁

1盎司（30毫升）菠萝汁

1颗波尔多樱桃，用于装饰

1块去皮菠萝角，用于装饰

几滴戴尔·德格罗夫多香果芳香苦精

在摇酒壶中加入冰块和前4种原料，用力摇匀后滤入加了冰块的洛克杯。用樱桃和菠萝角装饰。最后在产生的泡沫上滴几滴苦精。

海明威大吉利[HEMINGWAY DAIQUIRI，又称"爸爸的渔船"（PAPA DOBLE）]

大约在1921年，哈瓦那佛罗里达酒吧的康斯坦丁诺·里巴莱格瓦·贝尔特受到鸡尾酒缪斯女神的眷顾，在大吉利中添加了新鲜西柚汁和黑樱桃利口酒。结果他收获了无上美味。这款名为"大吉利3号"的冰冻饮料用搅拌机制作而成，为了纪念欧内斯特·海明威，它也被称作海明威大吉利或爸爸的渔船。这个配方最初是不加糖的，只需要一点儿黑樱桃利口酒，而且出于对"爸爸"的尊重，它一直这样被后人沿用。但可以肯定的是，对普通的顾客来说，在这款大吉利里加糖或单糖浆是有必要的。

1½盎司（45毫升）哈瓦那俱乐部3年朗姆酒（你如果近期不太可能去古巴，可以用你最喜欢的朗姆酒）

¼盎司（7.5毫升）黑樱桃利口酒

½盎司（15毫升）新鲜西柚汁

¾盎司（22.5毫升）单糖浆

¾盎司（22.5毫升）新鲜青柠汁

在摇酒壶中加入冰块和所有原料，摇匀后将其滤入冰镇过的鸡尾酒酒杯。

变化：若要制作冰冻版本的，可以将单糖浆的用量增加到1½盎司（45毫升），将青柠汁的用量增加到1盎司（30毫升），然后将所有原料与1量杯碎冰一起搅拌均匀。

你好鸡尾酒（HI HO COCKTAIL）

2盎司（60毫升）普利茅斯金酒

1盎司（30毫升）华莱仕（Warre's）优质白波特酒

4大滴比特储斯橙子苦精

3颗冰冻的汤普森无籽葡萄，用于装饰

在摇酒壶中加入冰块和所有原料（装饰物除外），摇匀后将其滤入冰镇过的鸡尾酒酒杯。用冰冻葡萄装饰。

蜜月（HONEYMOON）鸡尾酒

这款鸡尾酒出自1930年好莱坞的布朗德比餐厅。我增加了莱尔德纯苹果白兰地的用量，并且用法国廊酒来改进风味，用来吸引顾客关注干型饮料。

1½盎司（45毫升）莱尔德纯苹果白兰地

½盎司（15毫升）法国廊酒

1大滴皮埃尔·费朗橙皮利口酒

½盎司（15毫升）新鲜柠檬汁

1片柠檬皮"硬币"，用于装饰

在摇酒壶中加入冰块和所有原料（装饰物除外），摇匀后将其滤入冰镇过的尼克诺拉杯。用柠檬皮"硬币"装饰。

檀香山鸡尾酒

这款鸡尾酒也出自1930年左右的布朗德比餐厅。

肉桂糖，用于制作糖边

2盎司（60毫升）一甲科菲（Nikka Coffey）金酒（柑橘味、水果味金酒，非常适合调制鸡尾酒）

½盎司（15毫升）菠萝汁

½盎司（15毫升）新鲜橙汁

¼盎司（7.5毫升）新鲜柠檬汁

½盎司（15毫升）单糖浆

1大滴佩古俱乐部橙味苦精（见"说明"）

2大滴戴尔·德格罗夫多香果芳香苦精

1片橙子皮"硬币"，用于装饰

在鸡尾酒酒杯边缘沾上肉桂糖，然后把酒杯放入冰箱冷冻直至使用时。在摇酒壶中加入冰块和所有原料（装饰物除外），摇匀后将其滤入准备好的鸡尾酒酒杯。用橙子皮"硬币"装饰。

说明：我喜欢使用佩古俱乐部调配的橙味苦精——由2份里根橙味苦精6号与1份费氏兄弟橙味苦精混合而成。

马颈

这款鸡尾酒的名字源于其独特的装饰——从杯沿上露出的"马头"和"脖颈"。它最初是不含酒精的，所以如果你喜欢喝无酒精饮料，可以省略配方中的威士忌。我完全可以用自己最喜欢的美国威士忌来调制一杯令人满意的威士忌高球，该配方中所使用的天使的嫉妒（Angel's Envy）朗姆桶黑麦威士忌使这款鸡尾酒成为一款非常特殊的威士忌高球。

螺旋状柠檬皮卷，用于装饰
1½盎司（45毫升）天使的嫉妒朗姆桶黑麦威士忌
5盎司（150毫升）芬味树姜汁汽水
1大滴戴尔·德格罗夫多香果芳香苦精

将螺旋状柠檬皮卷放在高杯或柯林斯杯中，使皮卷的顶端悬挂在杯沿，末端落到杯底，就像马的头部和脖颈靠在杯沿。使冰块穿过螺旋状柠檬皮卷的中心落下，然后依次加入原料。

热黄油朗姆（HOT BUTTERED RUM）

你可以根据这个配方尽情发挥创意，好好享受吧。例如，使用加了香料的朗姆酒，或者在朗姆酒中加枫糖浆或红糖来增加甜味。

1盎司（30毫升）黑朗姆酒或香料朗姆酒

1盎司（30毫升）淡朗姆酒

1茶匙复合黄油

1盎司（30毫升）红糖糖浆或德默拉拉糖浆

4盎司（120毫升）热水或苹果汁

1根肉桂棒，用于装饰

将所有原料（装饰物除外）放入耐热的高脚杯，搅拌几次使黄油融化。用肉桂棒装饰。

复合黄油

在不锈钢搅拌碗中放入1磅（453.59克）软化的黄油，加入肉桂粉、肉豆蔻粉、多香果粉各1茶匙，再加入丁香粉½茶匙，然后加入¼量杯红糖，搅拌均匀。在饼干烤盘上铺一层蜡纸，舀满满1茶匙复合黄油放在蜡纸上，重复舀出黄油，注意黄油之间要留出空隙。放满后，用保鲜膜盖好烤盘，放入冰箱冷藏，使用前30分钟取出即可。

伊比利亚波本威士忌（IBÈRICO & BOURBON）+

这是威尔·范鲁汶（Will Van Leuven）为圣地牙哥的香草木头（Herb & Wood）餐厅设计的曼哈顿的变体，它非常特别。油脂浸洗这一步骤出人意料地容易。

2盎司（60毫升）伊比利亚脂洗（Fat-Washed）波本威士忌

¾盎司（22.5毫升）阿玛罗·蒙特内罗（Amaro Montenegro）

2大滴R&D芳香苦精7号（见本页"说明"）

1片燃烧用橙子皮"硬币"，用于装饰

将所有原料（装饰物除外）放入调酒杯，加冰搅拌后将其滤入冰镇过的碟形杯。挤压橙子皮"硬币"，将精油滴到鸡尾酒表面，然后将橙子皮"硬币"丢进

酒杯。

说明：可在网上购买。如果买不到，你可以用安高天娜苦精代替。

冰屋高球（ICE HOUSE HIGHBALL）

如果买不到可食用花卉，可以用新鲜的薄荷和柠檬片来装饰。我以绝对伏特加为基酒设计了一系列夏季饮品，并用可食用花卉来装饰它们，这款鸡尾酒就是其中之一。关于可食用花卉，请参阅露辛达·哈特森的《香草花园食谱》。

2盎司（60毫升）柠檬味绝对伏特加

5盎司（150毫升）新鲜柠檬汽水

2大滴玛丽莎33号白薄荷利口酒

可食用兰花或其他可食用花卉，用于装饰

将伏特加和柠檬汽水倒入装满冰块的大号品脱杯，再洒入白薄荷利口酒。用可食用兰花装饰。

国际史丁格（INTERNATIONAL STINGER）

2盎司（60毫升）迈塔克瑟七星白兰地

¾盎司（22.5毫升）加利安奴香草利口酒

在摇酒壶中加入冰块和所有原料，摇匀后将其滤入加了碎冰的老式杯。

爱尔兰金发女郎（IRISH BLOND）*

2盎司（60毫升）死兔子爱尔兰威士忌

¾盎司（22.5毫升）玛丽莎橙皮利口酒

¼盎司（7.5毫升）缇欧佩佩菲诺雪莉酒

1大滴比特储斯橙子苦精

1片燃烧用橙子皮"硬币"，用于装饰

将所有原料（装饰物除外）放入调酒杯，加冰搅拌后将其滤入冰镇过的尼克诺拉杯。用橙子皮"硬币"装饰。

飓风（HURRICANE）

    飓风这款鸡尾酒是在新奥尔良的帕特·奥布莱恩（Pat O'Brien's）酒吧出名的，但它是帕特·奥布莱恩酒吧的原创吗？位于新奥尔良的美国鸡尾酒博物馆（Museum of the American Cocktail）获取了新的消息，这个消息是安德鲁·库恰斯基（Andrew Kucharski）的孙子提供的，当时他居住在芝加哥。

    20世纪30年代，安德鲁在威斯康星州北部森林中的大熊湖（Big Bear Lake）湖畔开了一家韦伯（Webb）湖酒店。安德鲁的女儿贝比（Babe）负责经营酒店里的飓风酒吧，她创造了一款名为飓风的饮料。库恰斯基家族声称，帕特·奥布莱恩酒吧的飓风是他们的原创。他们说，帕特·奥布莱恩本人于1930年左右来这里度假，把他们的飓风配方带到了新奥尔良。

1盎司（30毫升）美雅士黑朗姆酒
1盎司（30毫升）安高天娜白橡木朗姆酒
½盎司（15毫升）加利安奴香草利口酒
¾盎司（22.5毫升）新鲜青柠汁
1½盎司（45毫升）加糖百香果果泥
1½盎司（45毫升）新鲜橙汁
1½盎司（45毫升）菠萝汁
1大滴安高天娜苦精
菠萝叶，用于装饰
1片橙子片，用于装饰
1块菠萝角，用于装饰
1片青柠圆片，用于装饰
单糖浆（可选）

在摇酒壶中加入冰块和所有原料（装饰物和单糖浆除外），摇匀后将其滤入装满碎冰的飓风杯，用水果和菠萝叶装饰。如果需要，可以加入单糖浆来增加甜味。

爱尔兰咖啡

这款饮料是由爱尔兰香农机场附近的埃尼斯老房子酒店（Old Ground Hotel Ennis）的厨师乔·谢里丹（Joe Sheridan）发明的。谢里丹有习惯，就是为那些乘水上飞机从美国偷偷溜进饱受战争摧残的欧洲、疲惫不堪的旅客送上一杯加了爱尔兰威士忌的热咖啡，咖啡上面还有薄薄的一层打发的爱尔兰奶油。以下这些窍门可以让你做的爱尔兰咖啡和乔·谢里丹做的一样好。

·千万不要用罐装奶油制作爱尔兰咖啡。先将重奶油放入冰箱冷藏至足够冰冷，然后取出，用打蛋器在不锈钢碗中手工打发。将冰冷的重奶油搅打至略硬但可以缓慢流动的程度，奶油中应该没有大气泡。不要在奶油中加糖，糖应该加在咖啡中。
·用红糖糖浆或德默拉拉糖浆为咖啡增加甜味。
·不要添加太多咖啡，大约4盎司（120毫升）就够了。
·使用经典的爱尔兰咖啡杯，因为它们的大小会迫使你适量添加咖啡。

1½盎司（45毫升）爱尔兰威士忌
4盎司（120毫升）热咖啡
1盎司（30毫升）热的红糖糖浆或德默拉拉糖浆（见本页"说明"）
无糖手打爱尔兰咖啡奶油

将威士忌、咖啡和糖浆放入预热过的爱尔兰咖啡杯。用勺子舀手工打发的奶油并放在饮料表面，奶油厚度为1英寸（2.54厘米）。

说明： 将装糖浆的容器放在炉子上以保持温度，将杯子用热水加热。

爱尔兰咖啡的其他版本

意大利苦杏咖啡（Café 'Amore）：意大利苦杏酒和白兰地

卡里普索（Calypso）咖啡：朗姆酒和甘露咖啡利口酒

牙买加（Jamaican）咖啡：朗姆酒和添万利咖啡利口酒

墨西哥（Mexican）咖啡：特其拉和甘露咖啡利口酒

西班牙（Spanish）咖啡：西班牙白兰地和甘露咖啡利口酒

皇家（Royale）咖啡：干邑白兰地和糖

犹太（Kioke）咖啡：加利福尼亚白兰地和甘露咖啡利口酒

杰克·罗斯

艾伯特·史蒂文斯·克罗克特是《在老华尔道夫酒吧的时光》（1931年）一书的作者，他喜欢做的事情是让全世界的人都知道各种鸡尾酒名称的来源。他向读者保证，这款杰克·罗斯鸡尾酒并不是以歹徒的名字命名的，事实上，它的名称源自一种叫雅克莫（Jacquemot）玫瑰的粉红色玫瑰。你如果对这款鸡尾酒有足够的了解，杰克·罗斯的故事就不会影响你的判断。我建议你在开始研究它的名称之前先调制一杯尝尝。

1½盎司（45毫升）莱尔德纯苹果白兰地
¼盎司（7.5毫升）新鲜青柠汁
¾盎司（22.5毫升）新鲜柠檬汁
½盎司（15毫升）单糖浆
½盎司（15毫升）马镫（Stirrings Authentic）石榴汁或自制石榴糖浆
1片苹果片，用于装饰
1颗波尔多樱桃，用于装饰

在摇酒壶中加入冰块和所有原料（装饰物除外），摇匀后将其滤入鸡尾酒酒杯。用苹果片和波尔多樱桃装饰。

日本鸡尾酒（JAPANESE COCKTAIL）

日本鸡尾酒是杰里·托马斯1862年出版的《调酒手册及美食家的伴侣》中列举的为数不多的鸡尾酒之一。他建议用几片柠檬皮搅拌酒杯中的饮料。

2盎司（60毫升）马爹利VSOP干邑
½盎司（15毫升）杏仁糖浆
3大滴比特储斯鲍嘉（Bogart）苦精
1片柠檬皮"硬币"，用于装饰

将所有原料（装饰物除外）放入加了冰的老式玻璃杯，搅拌均匀。挤压柠檬皮"硬币"，将柠檬精油滴到鸡尾酒表面，然后将柠檬皮"硬币"丢进酒杯。

爱尔兰咖啡

说明： 调制茱莉普时一定要用嫩的小枝薄荷。它们的香味可以保持更久，在酒杯里也更好看。绿薄荷的叶子很小，形状很好看，而且不会很快枯萎。从薄荷的顶枝开始摘下大约 3 英寸（7.62 厘米）长的嫩薄荷枝，保留顶部叶子形状完整的小枝做装饰。下面的叶子可以轻轻碾碎来为饮料提供香味。

茱莉普

茱莉普是第一款引起全世界人关注的美国饮料。人们想到茱莉普的时候通常会想到波本威士忌，但事实上，最早的茱莉普是用干邑白兰地和桃子白兰地调制的。茱莉普在国际上引起了大量的关注，尤其是在英国，是美国炎热的夏天成就了它的非凡吸引力：装在冰镇过的酒杯里，酒里充满了碎冰，酒杯外面还包裹了一层冰霜。

戴尔的桃子（DALE'S PEACH）茱莉普

4～5片薄荷叶

2片甜美的乔治亚桃子切片

½盎司（15毫升）玛丽莎11号桃子味利口酒

2盎司（60毫升）里格尔堪萨斯城（Rieger's Kansas City）威士忌

2枝鲜嫩的薄荷枝，用于装饰

将薄荷叶和1片桃子片放入茱莉普杯或酒吧杯中，加入桃子味利口酒，用捣碎棒捣碎薄荷叶和桃子片。然后加入威士忌并加满碎冰，用吧匙搅拌直到杯子外面结霜。再次用碎冰填满酒杯。用薄荷枝和剩下的桃子片装饰。

薄荷茱莉普

4～5片薄荷叶

½盎司（15毫升）单糖浆

2盎司（60毫升）威凤凰101波本威士忌

2枝鲜嫩的薄荷枝，用于装饰

将薄荷叶和单糖浆放在茱莉普杯或酒吧杯中，用捣碎棒捣碎薄荷叶。再加满碎冰并倒入波本威士忌，用吧匙搅拌直到杯子外面结霜。再次用碎冰填满酒杯。用薄荷枝装饰。

处方（PRESCRIPTION）茱莉普

4～5片薄荷叶

¾盎司（22.5毫升）单糖浆

2盎司（60毫升）马爹利VSOP干邑

少许史密斯和克罗斯牙买加朗姆酒

2枝鲜嫩的薄荷枝，用于装饰

将薄荷叶和单糖浆放入茱莉普杯或酒吧杯中，轻轻碾碎薄荷叶。加入干邑，再加满碎冰，用吧匙搅拌直到杯子外面结霜。再次用碎冰填满酒杯，在表面洒朗姆酒。用薄荷枝装饰。

堪萨斯城曼哈顿（KANSAS CITY MANHATTAN）+

这个配方的首创者是德尔玛盖梅斯卡尔酒厂的史蒂夫·奥尔森。史蒂夫是龙舌兰酒方面的专家，也是我的合伙人之一，我们和其他4人一起创办了酒精饮料资源公司，这家公司致力于培训调酒师。

2½盎司（75毫升）里格尔堪萨斯城威士忌

½盎司（15毫升）佩德罗–希梅内斯雪莉酒

½盎司（15毫升）好奇巴罗罗奇纳多味美思

2盎司（60毫升）戴尔·德格罗夫多香果芳香苦精

1片橙子皮"硬币"

1颗路萨朵黑樱桃，用于装饰

将所有原料（橙子皮"硬币"和装饰物除外）和冰块一起搅拌至冰凉，然后滤入冰镇过的玻璃杯。挤压橙子皮"硬币"，将果皮中的精油挤到杯中，然后丢弃橙子皮"硬币"。用黑樱桃装饰。

辛口清酒（KARAKUCHI）50/50+

这款鸡尾酒是由纽约一家名为"武士刀和小猫"（Katana Kitten）的小酒馆的调酒师漆堂正弘（Masahiro Urushido）设计的。

1½盎司（45毫升）亦竹（Iichiko Saiten）烧酒（日本产100%大麦蒸馏酒）

1¼盎司（37.5毫升）洛里帕缇超干味美思

¼盎司（7.5毫升）日本甘酒（不含酒精的大米饮料）

3大滴好斗（Scrappy）西柚苦精

1片柚子皮"硬币"，用于装饰

将所有原料（装饰物除外）放入加了冰的鸡尾酒调酒杯，搅拌至冰凉后滤入冰镇过的尼克诺拉杯。挤压柚子皮"硬币"，将果皮中的精油挤到杯中，然后将柚子皮"硬币"扔到杯中。

凯宾斯基（KEMPINSKY）菲兹

我是在约翰·J.波斯特（John J. Poister）的《美国新调酒师指南》（*The New American Bartender's Guide*，1989年）中找到这个配方的。我猜它是由凯宾斯基豪华

酒店集团贡献的。我的这个版本的用料更豪华，我用波兰高级伏特加和香槟代替了苏打水。

1½盎司（45毫升）雪树巴滕克湖（Belvedere Lake Bartezek）单一庄园黑麦伏特加

½盎司（15毫升）美乐（Merlet）黑加仑利口酒

½盎司（15毫升）柠檬汁

3盎司（90毫升）香槟

1片柠檬皮"硬币"

1颗波尔多樱桃，用于装饰

将前3种原料放入装满⅔容量冰块的高杯，搅拌。加入香槟，再次轻轻搅拌。挤压柠檬皮"硬币"，将果皮中的精油挤到杯中，然后丢弃柠檬皮"硬币"。用波尔多樱桃装饰。

肯塔基圣诞节（KENTUCKY CHRISTMAS）+

这款饮料的配方是华盛顿州西雅图的汤姆·道格拉斯（Tom Douglas）餐厅的科迪·古德温（Cody Goodwin）的原创。配方中的味美思是由意大利著名调酒师吉安卡洛·曼奇诺（Giancarlo Mancino）酿制的。

2½盎司（75毫升）伍德福德储备波本威士忌

1盎司（30毫升）曼奇诺奇纳多味美思（见本页"说明"）

¼盎司（7.5毫升）路萨朵黑樱桃利口酒（Luxardo Marschino Liqueur）

2大滴戴尔·德格罗夫多香果芳香苦精

1颗波尔多樱桃，用于装饰

将所有原料（装饰物除外）放入调酒杯，加冰搅拌，然后滤入冰镇过的鸡尾酒杯。用波尔多樱桃装饰。

说明： 如果很难买到曼奇诺奇纳多味美思，可以用好奇巴罗罗奇纳多味美思代替。

肯塔基上校（KENTUCKY COLONEL）

这是石峡谷的贝尔艾尔酒店多年来的招牌酒。占边（Jim Beam）波本威士忌酒厂专门为贝尔艾尔酒店供应波本威士忌作为其招牌威士忌，并为这种威士忌制作了特殊的酒瓶，瓶子上贴着酒店的标志。我在贝尔艾尔

酒店当了5年的吧台服务员，我想用另一种特殊的占边波本威士忌向这两家公司的合作致敬。

2½盎司（75毫升）占边黑标超级陈酿波本威士忌

½盎司（15毫升）法国廊酒

1大滴安高天娜苦精

1大滴北秀德苦精

将所有原料放入加了冰块的古典杯，搅拌。

基尔（KIR）

第戎（Dijon）是黑醋栗甜酒（The Black-Currant Liqueur）的官方产地。卡农·费利克斯·基尔（Canon Félix Kir）是第戎的一位天主教牧师，他在第二次世界大战期间积极参与法国的抵抗运动，并于1945年当选市长。基尔是为了纪念卡农·费利克斯·基尔而以他的名字命名的一种饮料。有些人认为，当地的黑加仑兑白葡萄酒（Blanc-Cassis）之所以被重新命名就是为了纪念基尔，因为德国人抢夺了该地区所有的优质红酒，是基尔将黑醋栗制成的利口酒和白葡萄酒混合在一起，发明了这种饮料。

¼~½盎司（7.5~15毫升）黑醋栗甜酒

5盎司（150毫升）白葡萄酒（我推荐法国霞多丽白葡萄酒）

1片柠檬皮"硬币"，用于装饰（可选）

将黑醋栗甜酒倒入白葡萄酒酒杯，再加入白葡萄酒。如果需要，可以用柠檬皮"硬币"装饰。

皇家基尔（KIR ROYALE）

½盎司（15毫升）黑醋栗甜酒

4盎司（120毫升）香槟

1片柠檬皮"硬币"，用于装饰（可选，因为它通常不受法国人欢迎）

将黑醋栗甜酒倒入葡萄酒酒杯或香槟杯，然后倒入香槟。如果需要，可以用柠檬皮"硬币"装饰。

变化：若要制作帝国基尔（Kir Impérial），就用覆盆子利口酒代替黑醋栗甜酒。

尼克博克（KNICKERBOCKER）

这个配方改编自杰里·托马斯的《调酒手册及美食家的伴侣》（1862年）。你也可以将酒液倒在碎冰上并用浆果做装饰。

2盎司（60毫升）阿普尔顿庄园珍藏调和型牙买加朗姆酒

½盎司（15毫升）约瑟夫·卡特龙橙皮利口酒

½盎司（15毫升）莫林覆盆子糖浆

¾盎司（22.5毫升）新鲜柠檬汁

1片薄柠檬圆片，用于装饰

在摇酒壶中加入冰块和所有原料（装饰物除外），摇匀后将其滤入冰镇过的鸡尾酒杯。用柠檬圆片装饰。

变化：在覆盆子上市的季节，可以不用覆盆子糖浆。把6~8颗新鲜覆盆子、柠檬汁、½盎司（15毫升）单糖浆、橙皮利口酒放在波士顿摇酒壶的玻璃调酒听中，用捣碎棒捣碎覆盆子。加入剩下的原料，加入冰块，摇匀。将混合物仔细滤入冰镇过的鸡尾酒酒杯，将柠檬圆片放在饮料表面使其漂浮。

美好人生（LA VIDA BUENA）+

史蒂夫·奥尔森对与龙舌兰酒相关的一切都充满了热情，他有着渊博的龙舌兰酒的知识。德尔玛盖梅斯卡尔酒厂的创始人罗恩·库伯十分认可史蒂夫·奥尔森的专业知识，他联合史蒂夫·奥尔森与另一位合伙人共同创立了一家公司。

1½盎司（45毫升）德尔玛盖维达梅斯卡尔酒

¾盎司（22.5毫升）卡帕诺·安提卡配方甜味美思

¾盎司（22.5毫升）阿佩罗

3大滴里根橙味苦精6号

1片橙子皮"硬币"，用于装饰

将所有原料（装饰物除外）放入较高的、加了冰块的调酒杯，搅拌至酒液完全冰凉。在双层古典杯中放一块2英寸（5.08厘米）见方的大冰块，再滤入酒液。用橙子皮"硬币"装饰。

临别一语（LAST WORD）

在为彩虹屋准备第一份鸡尾酒酒单时，我翻看了特德·索西耶的《干杯》（1951年）。但我没有将这款名字很吸引人的饮料纳入我的酒单。那是1987年，当时我觉得不能再为酒单添加以金酒做基酒的饮料了，毕竟第一份酒单上的24种饮料中以金酒做基酒的就占了8种。如今，这款临别一语又回来了，金酒饮料就像春天里的野花肆意绽放。底特律体育俱乐部率先供应了这款饮料，他们说是一位名叫弗兰克·福格蒂（Frank Fogarty）的杂耍演员把这款饮料介绍给他们的。

¾盎司（22.5毫升）富兹金酒

¾盎司（22.5毫升）路萨朵黑樱桃利口酒

¾盎司（22.5毫升）绿查尔特勒酒

¾盎司（22.5毫升）新鲜青柠汁

在摇酒壶中加入冰块和所有原料，摇匀后将其滤入冰镇过的尼克诺拉杯。

拉丁之爱（LATIN LOVE）+

尽管折服于这款酒，但如果你想保持强壮的身体来吸引你的拉丁情人，就只喝一杯吧。这款阿尔多·泽加雷利（Aldo Zegarelli）发明的鸡尾酒赢得了由《阁楼》（Penthouse）杂志赞助的第一届年度最性感鸡尾酒大赛大奖。

自制石榴糖浆或在商店购买的石榴糖浆，用于制作糖边

椰丝，用于制作糖边

1盎司（30毫升）克鲁赞椰子朗姆酒

1盎司（30毫升）克鲁赞香蕉朗姆酒

3盎司（90毫升）菠萝汁

1盎司（30毫升）可可·洛佩斯椰子奶油

1盎司（30毫升）覆盆子糖浆

1盎司（30毫升）重奶油

将飓风杯边沿放在石榴糖浆中浸湿，然后蘸上椰丝。放在一旁备用。

把所有剩余的原料放入搅拌机混合均匀，然后加一勺冰块，将混合物搅打至光滑细腻，最后倒入飓风杯。

派罗奎特（LE PERROQUET）

少许金巴利

少许富兹金酒

1½盎司（45毫升）新鲜橙汁

4盎司（120毫升）冰镇香槟

1片橙子皮"硬币"，用于装饰

将金巴利、金酒和橙汁倒入香槟杯，再倒入香槟，用橙子皮"硬币"装饰。

柠檬糖（LEMON DROP）鸡尾酒

糖，用于制作糖边

2盎司（60毫升）柠檬味绝对伏特加

¾盎司（22.5毫升）新鲜柠檬汁

1盎司（30毫升）君度

1片柠檬圆片，用于装饰

为鸡尾酒酒杯边沿制作糖边，冷藏，直至使用时。

在摇酒壶中加入冰块和所有剩余的原料（装饰物除外），摇匀后将其滤入冰镇过的鸡尾酒酒杯。将柠檬圆片放在饮料表面使其漂浮。

变化：这款鸡尾酒还可以继续调制，制成吸引人的子弹酒。做法是先按照上面的配方调好酒，然后将其滤入3个1½盎司（45毫升）的烈酒杯，最后用撒了糖的柠檬圆片分别盖住每个烈酒杯的杯口。

柠檬蛋白派（LEMON MERINGUE）

你如果想让这款饮料更别致，可以用全麦饼干碎装饰酒杯边沿。

2盎司（60毫升）柠檬味绝对伏特加

¾盎司（22.5毫升）意大利柠檬甜酒

½盎司（15毫升）白可可利口酒

¾盎司（22.5毫升）乳化蛋白

在摇酒壶中加入冰块和所有原料，充分摇匀，确保蛋白完全乳化。然后将其滤入大号碟形杯。

完美的绅士

我在贝尔艾尔酒店工作期间，有一天，一对老夫妇走进来，坐在餐厅的角落里吃午餐。那张餐桌从吧台处是看不到的。餐厅中间摆放着一台斯坦威（Steinway）钢琴，钢琴盖上的锁坏了，长期在餐厅演奏钢琴的巴德·赫尔曼让我平时留意一下，确保在锁没有修好的时候没有人乱弹钢琴。不一会儿，坐在角落的那位男士向钢琴走去，当我注意到的时候，他已经坐在琴凳上，抬起了琴盖。就在他的手指快要碰到琴键的时候，我走到钢琴前对他说："对不起，先生。常驻餐厅的钢琴演奏家巴德·赫尔曼不希望有人在他不在的时候弹这台钢琴。"

那位绅士非常大度地回到了他的餐桌旁。结账时，他用信用卡支付，我在他刷卡时注意到了他的名字——弗拉基米尔·霍洛维茨（Vladimir Horowitz）。我立即给前台打电话，希望这是另一位弗拉基米尔·霍洛维茨，但这里是贝尔艾尔酒店，霍洛维茨绅士是来开音乐会的。我向他道歉，并试图撤回我之前的要求，请他使用那台钢琴。然而，霍洛维茨先生不为所动，他对我说，他已经把自己的钢琴运到了将要演奏的地方。他是一位完美的绅士，他遵从了布德的愿望，不碰那台钢琴。而我，懊恼不已。

椰子青柠（LIME IN DE COCONUT）*

1盎司（30毫升）青柠味绝对伏特加

1盎司（30毫升）绝对伏特加

1盎司（30毫升）生姜糖浆，自制的或商店购买的（最好是莫林牌的）

1盎司（30毫升）新鲜青柠汁

2盎司（60毫升）椰汁

½盎司（15毫升）可可·洛佩斯椰子奶油

1片薄青柠圆片，用于装饰

1片未去皮的长条英国黄瓜，用于装饰

在摇酒壶中加入冰块和所有原料（装饰物除外），摇匀后将其滤入加了冰块的高杯。用青柠圆片和黄瓜片装饰。

巴尔的摩之狮（LION OF BALTIMORE）+

那是2013年夏天，作家菲尔·格林（Phil Greene）和他的父亲在切萨皮克湾航行了一天后，在马里兰州的博德金溪岸边发明了这款饮料。"巴尔的摩之狮号"是美国在1812年英法战争期间建造的一艘船，它对英国航运造成了严重破坏。"巴尔的摩之狮号"被藏在博德金溪，菲尔和父亲驾驶的单桅船也停泊在那里。

2盎司（60毫升）阿普尔顿庄园珍藏调和型牙买加朗姆酒

1盎司（30毫升）马天尼罗西甜味美思

¾盎司（22.5毫升）新鲜青柠汁

¼盎司（7.5毫升）杏仁糖浆

2大滴戴尔·德格罗夫多香果芳香苦精

在摇酒壶中加入冰块和所有原料，摇匀后将其滤入冰镇过的鸡尾酒酒杯。

宝石生菜（Little Gem）

"1999 年末，当我第一次开始写关于饮料的文章时，我看到任何东西的第一反应都是摇一摇。玛格丽特？摇一摇。迈泰？摇一摇。马天尼？摇一摇。曼哈顿、内格罗尼、总统？摇一摇。从某种程度上说，我看到的每个人都是这样做的，至少我经常去的酒吧是这样做的。当然，在好莱坞的穆索和弗兰克（Musso & Frank）酒吧及纽约的贝梅尔曼斯（Bemelmans）酒吧，偶尔会有个老家伙是晃悠而非摇一摇，当我问他要一杯干型添加利马天尼时，他会拿一把勺子搅拌，让杯子里的冰块如同跳华尔兹一般。但是，这样的调酒师很少见。当我在家里试着调酒时，我的杯子里的冰块跳的不是华尔兹，而是霹雳舞。

"后来，我遇到了戴尔，他教会我如何正确搅拌鸡尾酒。但我还是花了好几年的时间才把这个动作做得不那么难看。好在，这种努力是值得的。时至今日，能够基本正确地搅拌出一杯鸡尾酒仍令我异常高兴，尽管它看起来微不足道。但这正是手工调酒的本质：使用一些本质上很简单的东西，却需要知识和经验来恰到好处地把握，结果是鸡尾酒在逐渐改变的同时变得非常好。它们在玻璃杯里仿佛是活的一般。宝石生菜是一款有点儿古怪，但我认为非常好喝的鸡尾酒。它有点儿甜，但如果搅拌得当，它也会十分柔和，令人愉快。

——戴维·旺德里希

宝石生菜 +

如果调制得当，这款饮料应该有宝石生菜那样的脆嫩绿色。如果你不满意它的颜色，就调整一下橙皮利口酒的分量。

1盎司（30毫升）白色特其拉
1盎司（30毫升）卡帕诺白味美思
¾盎司（22.5毫升）蔗园斯蒂金斯（Stiggins）花式菠萝朗姆酒

¼盎司（7.5毫升）玛丽莎橙皮利口酒
2大滴里根橙味苦精6号
1条柠檬皮

将所有原料（装饰物除外）放入调酒杯，加碎冰搅拌。滤入冰镇过的鸡尾酒酒杯，然后将柠檬皮拿到饮料上方拧一下，再将柠檬皮丢弃。

小意大利（LITTLE ITALY）+

"一天晚上，戴尔、罗布·奥本海默（佩古俱乐部的总经理）和我坐在拉乌尔（Raoul）的酒吧里吃晚餐。我们吃的是牛排加薯条，喝着曼哈顿鸡尾酒。我们还谈到了西娜尔，戴尔说他很喜欢这种加香型葡萄酒。我们当时喝的是曼哈顿，所以我想知道用西娜尔调制的曼哈顿会是怎样的味道，于是就有了这款小意大利。"

——奥德丽·桑德斯

2盎司（60毫升）瑞顿房100纯黑麦威士忌
½盎司（15毫升）西娜尔
¾盎司（22.5毫升）马天尼罗西甜味美思
2颗路萨朵意大利樱桃（罐装），穿在酒签上，用于装饰

将威士忌、西娜尔和味美思倒入加了冰的调酒杯，充分搅拌。将酒液滤入冰镇过的尼克诺拉杯。用樱桃串装饰。

洛杉矶鸡尾酒

这个配方来自1930年左右的好莱坞的你好俱乐部。

2盎司（60毫升）占边黑标超级陈酿波本威士忌
½盎司（15毫升）马天尼罗西甜味美思
1盎司（30毫升）单糖浆
1个中等大小的乳化鸡蛋
¾盎司（22.5毫升）新鲜柠檬汁
现磨肉豆蔻，用于装饰

在摇酒壶中加入冰块和所有原料（装饰物除外），充分摇匀，确保鸡蛋完全乳化。然后将其滤入冰镇过的波特酒杯，并将磨碎的肉豆蔻撒在表面作为装饰。

长岛冰茶（LONG ISLAND ICED TEA）

这款大受年轻人喜爱的鸡尾酒据说是罗伯特·C.巴特（Robert C. Butt）发明的。只要调制得当，这款饮料就很好喝，而且不会让人酩酊大醉。调制的关键是加入配方中的所有烈酒，但不能加得太多。在我列举的这个配方中，酒精的总含量只有2½盎司（75毫升）。长岛冰茶之所以味道均衡、可口，在很大程度上要归功于其中的新鲜柠檬汁和单糖浆。除了长岛冰茶，还有一些其他地区的版本可供选择。

伦敦冰茶（LONDON ICED TEA）

¾盎司（22.5毫升）富兹金酒

¾盎司（22.5毫升）美雅士铂金白朗姆酒

½盎司（15毫升）帝萨诺（Disaronno）原味意大利苦杏酒

½盎司（15毫升）单糖浆

¾盎司（22.5毫升）新鲜柠檬汁

3～4盎司（90～120毫升）可口可乐（见本页"说明"）

1块柠檬角，用于装饰

在摇酒壶中加入冰块和所有原料（可口可乐和柠檬角除外），摇匀后将其滤入装了¾杯容量冰块的冰茶杯或柯林斯杯。然后倒入可口可乐并搅拌。用柠檬角装饰。

说明：购买包装为绿色小瓶子的可口可乐，它是用蔗糖和甜叶菊而非玉米糖浆作为甜味剂的。

长岛冰茶

½盎司（15毫升）蓝鲨伏特加

½盎司（15毫升）富兹金酒

½盎司（15毫升）百加得超级朗姆酒

½盎司（15毫升）快活特级金色特其拉

½盎司（15毫升）玛丽莎1号柑橘味利口酒

¾盎司（22.5毫升）新鲜柠檬汁

½盎司（15毫升）单糖浆

3～4盎司（90～120毫升）可口可乐（见本页"说明"）

1块柠檬角，用于装饰

在摇酒壶中加入冰块和所有原料（可口可乐和柠檬角除外），摇匀后将其滤入装了¾杯容量冰块的冰茶杯或柯林斯杯。然后倒入可口可乐并搅拌。用柠檬角装饰。

林奇堡柠檬水（LYNCHBURG LEMONADE）

这是我发明的威士忌柠檬水饮料。

2盎司（60毫升）杰克丹尼（Jack Daniel）威士忌

¾盎司（22.5毫升）约瑟夫·卡特龙橙皮利口酒

¾盎司（22.5毫升）新鲜柠檬汁

1½盎司（45升）七喜汽水

1½盎司（45升）苏打水

1块柠檬角，用于装饰

在摇酒壶中加入冰块和前3种原料，摇匀后将其滤入装满了冰块的高杯。然后倒入七喜汽水和苏打水。用柠檬角装饰。

麦迪逊大道（MADISON AVENUE）鸡尾酒

这款鸡尾酒是在禁酒令颁布的前几年由艾迪·韦尔克（Eddie Woelke）在威林（Weylin）酒店酒吧发明的。实施禁酒令后，韦尔克去了古巴哈瓦那的塞维利亚（Sevilla）酒店，在那里他发明了一款古巴经典鸡尾酒——总统。

1½盎司（45毫升）百加得超级朗姆酒

¾盎司（22.5毫升）君度

½盎司（15毫升）新鲜青柠汁

1大滴比特储斯橙子苦精

3片薄荷叶

1枝新鲜薄荷枝，用于装饰

1片薄青柠圆片，用于装饰

在摇酒壶中加入冰块和所有原料（装饰物除外），仔细摇匀后将其滤入装满了冰块的洛克杯。用薄荷枝和青柠圆片装饰。

红色大厅螺丝锥（MAHOGANY HALL GIMLET）*

这款也是我为荷美游轮上的画廊酒吧设计的。

1½盎司（45毫升）必富达金酒

½盎司（15毫升）新鲜青柠汁

½盎司（15毫升）新鲜西柚汁

½盎司（15毫升）三重糖浆

2大滴戴尔·德格罗夫多香果芳香苦精

1片薄青柠圆片，用于装饰

在摇酒壶中加入冰块和所有原料（装饰物除外），仔细摇匀后将其滤入冰镇过的鸡尾酒酒杯。用青柠圆片装饰。

迈泰

2盎司（60毫升）阿普尔顿庄园特选调和型牙买加朗姆酒

¾盎司（22.5毫升）约瑟夫·卡特龙橙皮利口酒

¾盎司（22.5毫升）新鲜青柠汁

½盎司（15毫升）杏仁糖浆

¾盎司（22.5毫升）柠檬哈妥151超烈朗姆酒

2枝新鲜薄荷枝，用于装饰

在摇酒壶中加入冰块和所有原料（装饰物除外），摇匀后将其滤入装满了冰块的迈泰杯或双层古典杯。用薄荷枝装饰。

马里布湾的微风（MALIBU BAY BREEZE）

1½盎司（45毫升）马里布椰子朗姆酒

3盎司（90毫升）菠萝汁

2盎司（60毫升）蔓越莓汁

1块青柠角，用于装饰

将前3种原料倒入加了冰块的高杯，用青柠角装饰。

迈泰的命名

1944年，维克托·贝热龙在他位于加利福尼亚州埃默里维尔的著名酒吧——商人维克（Trader Vic）发明了迈泰，用到了他手头陈酿了16年的牙买加朗姆酒。维克托常说这是他调制过的最好的饮料之一。第一次调好迈泰后，他把它端给了来自塔希提岛的朋友：哈姆（Ham）和卡丽·吉尔德（Carrie Guild）。尝过酒后，卡丽举起酒杯说了句"Mai tai roa ae"，她说的是塔希提岛语，意思是"世界上最好的"或者"最棒的"。"那这款酒就叫迈泰吧。"维克托·贝热龙说。

曼哈顿

曼哈顿是典型的黑麦鸡尾酒，但在明尼苏达州和威斯康星州例外，那里的人更喜欢用白兰地调制曼哈顿。手工鸡尾酒界再次重视黑麦曼哈顿，而我也因此有了用武之地。我和特德·布鲁（Ted Breaux）一起推出了一种以多香果味为基础的芳香型苦精，特德是一流的苦精生产商。我想通过曼哈顿推广我们的苦精，但又不想做得太明显，于是举办了一场曼哈顿品酒会，分别用5种不同的芳香型苦精调制曼哈顿鸡尾酒，让朋友们品尝，其中就用到了我们的苦精。你也可以尝试举办一场曼哈顿派对，和朋友一起品尝各种风味的曼哈顿鸡尾酒。

经典曼哈顿（CLASSIC MANHATTAN）

2盎司（60毫升）瑞顿房100纯黑麦威士忌
1盎司（30毫升）意大利甜味美思
2大滴安高天娜苦精
1颗波尔多樱桃，用于装饰

将所有原料（装饰物除外）放入加了冰的调酒杯，搅拌。将酒液滤入冰镇过的鸡尾酒酒杯，用樱桃装饰。

曼哈顿派对（A MANHATTAN PARTY）

先按照下面的配方调制不含苦精的曼哈顿，然后分别尝试添加下面列出的4种用于调味的苦精并品尝。结果将十分有意思：只需要改变少量的苦精，你就可以喝到不同风味的曼哈顿，从甜的到最干的都有。

2份布莱特黑麦威士忌
¾份杜凌甜味美思或马天尼罗西甜味美思
½份杜凌干味美思或洛里帕缇干味美思

在一个大罐里混合所有的原料。加冰搅拌，直到将曼哈顿稀释到合适的程度，然后过滤掉冰。将曼哈顿分装到酒杯里，每杯装半人份［1½盎司（45毫升）］的量，然后分别加入4种苦精，品尝。这些半人份的曼哈顿不要加冰，也不要加装饰物。

变化：若要调制干型曼哈顿，使用干味美思，并用柠檬皮装饰。用白兰地调制的曼哈顿就是哈佛鸡尾酒，用苹果白兰地调制的曼哈顿就是明星鸡尾酒。

用于调味的苦精：安高天娜芳香苦精，比特储斯鲍嘉苦精，戴尔·德格罗夫多香果芳香苦精，费氏兄弟威士忌桶陈酿苦精。

苹果曼哈顿（APPLE MANHATTAN）+

这个苹果和曼哈顿的美妙组合来自调酒大师戴维·马斯登（David Marsden）。20世纪90年代，他在纽约一家名为"人上人"（First on First）的高档小酒吧工作。百人城苹果利口酒是这款曼哈顿的关键原料，无可取代。

2盎司（60毫升）美格肯塔基（Maker's Mark）波本威士忌

1盎司（30毫升）百人城苹果利口酒

1大滴戴尔·德格罗夫多香果芳香苦精

1片薄澳大利亚青苹果片，用于装饰

将波本威士忌、利口酒和苦精放入加了冰的调酒杯，搅拌。将酒液滤入冰镇过的鸡尾酒酒杯，用苹果片装饰。

东方曼哈顿（EASTERN MANHATTAN）*

这款曼哈顿是我为华尔道夫-阿斯特酒店里的稻屋（Inagiku）日式餐厅设计的。如今，华尔道夫酒店的所有人已变更，那家日式餐厅也成了过去。

3大滴（½茶匙）大吟酿清酒

2½盎司（75毫升）三得利（Suntory）季调和威士忌

½盎司（15毫升）马天尼罗西甜味美思

½盎司（15毫升）洛里帕缇干味美思

1片橙子皮"硬币"，用于装饰

在鸡尾酒酒杯中装满碎冰，然后把冰倒掉。将清酒倒入杯中，摇晃杯中的酒，然后倒掉。将剩余的原料（装饰物除外）倒入加了冰的鸡尾酒调酒杯，搅拌至冰凉。将酒液滤入准备好的鸡尾酒酒杯。用橙子皮"硬币"装饰。

红色曼哈顿（RED MANHATTAN）*

这当然不是地道的曼哈顿，因为它的基酒是伏特加。我只是想用其他烈酒替代威士忌和苦精，创造一个新版本。

2½盎司（75毫升）绝对黑加仑味伏特加

¾盎司（22.5毫升）圣拉斐尔加香型红葡萄酒

2大滴比特储斯橙子苦精

1片橙子皮"硬币"，用于装饰

将伏特加、红葡萄酒和苦精放入加了冰的鸡尾酒调酒杯，搅拌至冰凉。将酒液滤入冰镇过的鸡尾酒酒杯。挤压橙子皮"硬币"，将橙子精油滴到鸡尾酒表面，然后将橙子皮"硬币"丢进酒杯。

反转曼哈顿（REVERSE MANHATTAN）

我为雅克·佩潘基金会（Jacques Pépin Foundation）的一场筹款活动设计了这款"完美"的反转曼哈顿，我是按照基金会的特殊要求设计的。事实上，曼哈顿有真实的历史来源。曼哈顿的配方首次出现在拜伦（O. H. Byron）在曼哈顿出版的《现代调酒师指南》（*Modern Barbartender Guide*, 1884年），在书中列出的头两种曼哈顿配方中，味美思与威士忌的量都是2∶1的配比。

1盎司（30毫升）杜凌甜味美思

1盎司（30毫升）杜凌干味美思

1盎司（30毫升）布莱特波本威士忌

1大滴戴尔·德格罗夫多香果芳香苦精

1片橙子皮"硬币"，用于装饰

1颗波尔多樱桃，用于装饰

将味美思、波本威士忌和苦精放入加了冰的鸡尾酒调酒杯，搅拌至冰凉。将酒液滤入冰镇过的鸡尾酒酒杯。用橙子皮"硬币"和樱桃装饰。

马拉加托（MARAGATO）

这是古巴哈瓦那著名的佛罗里达酒吧的早期配方。

1盎司（30毫升）哈瓦那俱乐部3年朗姆酒
½盎司（15毫升）甜味美思
½盎司（15毫升）干味美思
¾盎司（22.5毫升）新鲜橙汁
½盎司（15毫升）新鲜青柠汁
1大滴路萨朵黑樱桃利口酒
1片燃烧用橙子皮"硬币"，用于装饰

在摇酒壶中加入冰块和所有原料（装饰物除外），仔细摇匀后将其滤入冰镇过的鸡尾酒酒杯。用燃烧用橙子皮"硬币"装饰（这是我个人的装饰喜好）。

海上鸡尾酒（MARITIMER COCKTAIL）+

乔恩·斯莫伦斯基（Jon Smolensky）是一位来自温哥华的一流调酒师，他后来做起了分销生意，销售他最喜欢的鸡尾酒原料，其中有些是专为鸡尾酒爱好者准备的长尾市场烈酒——目前是这样。但随着市场的日益扩大，少数发烧友喜欢的产品未来可能会成为大众喜爱的产品。我的苦精就是通过他在加拿大销售的。

2盎司（60毫升）帕萨姿英国海军朗姆酒
½盎司（15毫升）希零樱桃利口酒
¼盎司（7.5毫升）雨水马德拉酒（我推荐布罗德本特马德拉酒，但是还有很多其他优质的马德拉酒）
¼盎司（7.5毫升）比特曼·伊韦·阿梅尔（Bittermens Hiver Amer）肉桂利口酒，或者4大滴费氏兄弟威士忌桶陈酿苦精
2大滴戴尔·德格罗夫多香果芳香苦精
2条柠檬皮

将所有原料（柠檬皮除外）加冰搅拌，然后滤入冰镇过的鸡尾酒酒杯。挤压一条柠檬皮，将果皮中的精油挤到杯中，然后丢弃。用另一条柠檬皮装饰。

马克·吐温鸡尾酒

他在1874年于伦敦写给妻子的一封信中描述过这种鸡尾酒。

1½盎司（45毫升）苏格兰威士忌
¾盎司（22.5毫升）新鲜柠檬汁
¾盎司（22.5毫升）单糖浆
2大滴安高天娜苦精

在摇酒壶中加入冰块和所有原料，摇匀后将其滤入冰镇过的鸡尾酒酒杯。

玛丽·璧克馥

这款鸡尾酒是禁酒令期间由古巴国家饭店（Hotel Nacional de Cuba）发明的，是为了迎接一位著名的客人——好莱坞女演员玛丽·璧克馥。她和第二任丈夫道格拉斯·范朋克都是联美公司的创始人。

2盎司（60毫升）白朗姆酒
1½盎司（45毫升）菠萝汁
少许自制石榴糖浆或在商店购买的石榴糖浆
¾盎司（22.5毫升）路萨朵黑樱桃利口酒
1颗波尔多樱桃，用于装饰

在摇酒壶中加入冰块和所有原料（装饰物除外），摇匀后将其滤入冰镇过的尼克诺拉杯。用樱桃装饰。

玛格丽特

1块青柠角，用于制作盐边

粗盐，用于制作盐边

1½盎司（45毫升）特索罗（El Tesoro）白色特其拉

1盎司（30毫升）君度

¾盎司（22.5毫升）新鲜青柠汁

少许龙舌兰糖浆（见第157页"说明"，可选）

在古典杯或鸡尾酒酒杯的边沿蘸半圈青柠汁和粗盐，制作盐边。如果用的是鸡尾酒酒杯，制作好盐边后放入冰箱冰镇。

在摇酒壶中加及冰块和所有剩余的原料，摇匀后滤入加了冰块的古典杯或冰镇过的鸡尾酒酒杯。

凯迪拉克（CADILLAC）玛格丽特

1块青柠角，用于制作盐边

粗盐，用于制作盐边

1½盎司（45毫升）特索罗陈年特其拉

1盎司（30毫升）柑曼怡

¾盎司（22.5毫升）新鲜青柠汁

在古典杯或鸡尾酒酒杯的边沿蘸半圈青柠汁和粗盐，制作盐边。如果使用的是鸡尾酒酒杯，制作好盐边后放入冰箱冰镇。

在摇酒壶中加入冰块和所有剩余的原料，摇匀后滤入加了冰块的古典杯或冰镇过的鸡尾酒酒杯。

说明：如果调制的是加了冰块的版本，需要额外加入甜味剂（龙舌兰糖浆），因为碎冰会额外稀释酒液。

冰冻（FROZEN）玛格丽特

1块青柠角，用于制作盐边

犹太盐或海盐，用于制作盐边

2盎司（60毫升）快活传统特其拉

1盎司（30毫升）玛丽莎1号柑橘味利口酒

1盎司（30毫升）新鲜青柠汁

1½盎司（45毫升）龙舌兰糖浆（见本页"说明"）

1量杯碎冰

另1块青柠角，用于装饰

在大号高脚杯的边沿蘸半圈青柠汁和盐，制作盐边。

将所有剩余的原料（装饰物除外）放入搅拌机，搅打后倒入准备好的高脚杯。用青柠角装饰。

烟熏（SMOKY）玛格丽特

1块青柠角，用于制作盐边

粗盐，用于制作盐边

2盎司（60毫升）特索罗白色特其拉

¾盎司（22.5毫升）龙舌兰糖浆（见本页"说明"）

¾盎司（22.5毫升）新鲜青柠汁

少许德尔玛盖基基卡帕梅斯卡尔酒

在古典杯或鸡尾酒酒杯的边沿蘸半圈青柠汁和粗盐，制作盐边。如果使用的是鸡尾酒酒杯，制作好盐边后放入冰箱冰镇。

在摇酒壶中加入特其拉、龙舌兰糖浆和青柠汁，再加入冰块，摇匀后将其滤入加了冰块的古典杯或冰镇过的鸡尾酒酒杯。最后倒入梅斯卡尔酒，使其漂浮在饮料表面。

"难以下咽的"玛格丽特

我的导师乔·鲍姆喜欢的饮料有很多，比如玛格丽特、威士忌酸酒、血腥玛丽、皮斯科酸酒，以及他的必点饮料——加冰的格兰威特威士忌。乔会连续3次点同样的鸡尾酒，直到他尝到满意的。这并不是一件易事，当然，对乔来说没有什么是容易的。当他不喜欢某种酒时，他不会给出具体理由：酒就是有问题，需要调整。而我的工作就是改进它。

在我担任奥萝拉餐厅首席调酒师的第一周，乔带着餐厅主厨热拉尔·庞戈到吧台来喝玛格丽特。奥萝拉餐厅是乔和热拉尔共同创办的法国美食概念餐厅，而热拉尔是最年轻的二星米其林厨师。喝了一口我调制的玛格丽特后，热拉尔告诉我他刚刚赢得了巴黎的玛格丽特大赛，我调制的玛格丽特难喝得像狗屎。

在喝了几杯难以下咽的玛格丽特之后，他们终于回去工作了，我也终于松了一口气。那天晚上晚些时候，乔在他公寓的玄关滑倒了，撞破了头。等他来上班时，他的头上绑着绷带。我什么也没说，因为我知道，我的玛格丽特赢得了他的认可——他头上缝的十几针就是证明。

马天尼的演变

　　像所有的皇室一样，马天尼鸡尾酒也有它的血统。在杰里·托马斯的《调酒手册及美食家的伴侣》（1862年）中，由杜松子酒、橙皮利口酒、少量苦艾酒、阿拉伯树胶糖浆和苦精混合调制而成的一种饮料被称为高级金酒鸡尾酒。在高级金酒鸡尾酒开始流行的时候，味美思还没有在美国普及，但你可以看到马天尼的构成在演变：以金酒为基酒，橙皮利口酒、阿拉伯树胶糖浆和苦精等原料也经过了调整，并且被盛在鸡尾酒酒杯里。

高级金酒鸡尾酒

　　2盎司（60毫升）老达夫单麦芽杜松子酒

　　1大滴皮埃尔·费朗橙皮利口酒

　　少许莫林阿拉伯树胶糖浆（必要时使用）
或单糖浆

　　2大滴比特储斯鲍嘉苦精

　　1块柠檬角

　　1片柠檬皮"硬币"，用于装饰

　　在摇酒壶中加入1/3容量的碎冰，再加入杜松子酒、橙皮利口酒、糖浆和苦精，仔细摇匀。用柠檬角涂抹花式碟形杯的边沿，然后滤入调好的鸡尾酒。挤压柠檬皮"硬币"，将柠檬精油滴到鸡尾酒表面，然后将柠檬皮"硬币"丢进酒杯。

高级金酒鸡尾酒

马丁内斯（MARTINEZ）鸡尾酒

1盎司（30毫升）赎金老汤姆金酒

2盎司（60毫升）马天尼罗西甜味美思

2大滴路萨朵黑樱桃利口酒

少许莫林阿拉伯树胶糖浆或单糖浆

1大滴比特储斯鲍嘉苦精

1片柠檬皮"硬币"，用于装饰

在摇酒壶中加入冰块和所有原料（装饰物除外），摇匀后将其滤入大号鸡尾酒酒杯。挤压柠檬皮"硬币"，将柠檬精油滴到鸡尾酒表面，然后将柠檬皮"硬币"丢进酒杯。

味美思

1851年，第一批法国洛里帕缇干味美思运抵新奥尔良，不久之后又抵达旧金山，但在美国其他地区，这种酒仍然鲜为人知。它被当作葡萄酒饮用，直到19世纪90年代才被用于调制鸡尾酒。

意大利味美思直到19世纪70年代才被广泛使用，原本作为鸡尾酒甜味剂和调味品的橙皮利口酒和黑樱桃利口酒逐渐减少使用，最终被味美思取代。用味美思调制的鸡尾酒经常添加冰块和柠檬皮，看起来不太吸引人，但其中两种最终成为最具代表性的鸡尾酒——曼哈顿和马天尼。意大利味美思成为众人的焦点源于《现代调酒师指南》（1884年）这本书，在书中，它被列入两款曼哈顿的配方中。在这本书的曼哈顿配方下面有一条说明："若要调制马丁内斯鸡尾酒，就用金酒代替威士忌。"所以，先有曼哈顿，然后才有马天尼。

马天尼鸡尾酒1888

这是哈里·约翰逊1888年出版的《调酒师手册》中的马天尼配方，他保留了高级金酒鸡尾酒中的橙皮利口酒、阿拉伯胶糖浆和苦精，并加入了与金酒等量的味美思。这里所说的金酒是老汤姆金酒，而不是干金酒。我们只能假设约翰逊用的是意大利甜味美思，因为他在书的前面只简单地列出了味美思。

在一个大号酒吧杯中装满冰块。

1盎司（30毫升）赎金老汤姆金酒（见本页"说明"）

1盎司（30毫升）甜味美思

少许阿拉伯树胶糖浆（不要用太多；我推荐莫林阿拉伯树胶糖浆）

2大滴或3大滴比特储斯鲍嘉苦精

1大滴皮埃尔·费朗橙皮利口酒或苦艾酒（可选）

1颗波尔多樱桃或1颗中等大小的去核西班牙橄榄（约翰逊提供了这两种选择）用于装饰

1片柠檬皮"硬币"

将所有原料（装饰物除外）放入调酒杯，加冰块，用勺子搅拌均匀。将酒液滤入鸡尾酒酒杯。用樱桃或橄榄装饰，并在酒杯上方挤出柠檬皮"硬币"中的精油。

说明：赎金老汤姆金酒的淡色来自在法国葡萄酒桶里的短时间陈化。赎金老汤姆金酒中有6种非常经典的植物香料，但它真正的特色来源于它的基酒，即受威士忌的启发，用玉米、大麦麦芽和少量未发芽的大麦混酿而成。赎金老汤姆金酒可以说是酿酒师兼酒厂老板泰德·赛斯泰特（Tad Seestedt）与酒类作家兼生活达人戴维·旺德里奇合力创造的佳品。赎金老汤姆金酒不甜，所以使用它的老配方中通常都有点儿甜味剂。

干马天尼（1905年）

马天尼·迪阿尔马·迪塔贾（Martini di Arma di
Taggia）是纽约当时最大的酒吧的首席调酒师，该酒
吧位于约翰·贾科布·阿斯特（John Jacob Astor）的
尼克博克酒店中。据说，迪塔贾是干马天尼的创造
者。1912年，他第一次用普利茅斯金酒、洛里帕缇干
味美思和橙子苦精调制马天尼（是不是第一次没有确
凿证据）。查尔斯·马奥尼是"霍夫曼之家"酒吧的
首席调酒师，也是《霍夫曼调酒师指南》（1905年）
的作者。他列举了3种鸡尾酒，第一种是以他自己的
名字命名的，另外两种我们认为是以常客的名字命名
的。马奥尼鸡尾酒（Mahoney Cocktail）由等量的尼
科尔森（Nicholson）伦敦干金酒和法国味美思调制而
成，还加入了少量的橙子苦精。第二种叫J. P. C.鸡尾
酒，由等量的尼科尔森伦敦干金酒和法国味美思调制
而成，但是没有添加苦精；这种鸡尾酒非常现代，从

本质上说是一种干马天尼。这两种饮料都装在鸡尾酒
酒杯里，但都是摇和而成的，不是搅拌而成的。詹姆
斯·邦德得一分！第三种叫纳丁（Nutting）鸡尾酒，
它是用2：1比例的普利茅斯金酒和法国味美思调制
的，还加入了少量橙子苦精……它和J. P. C.鸡尾酒一
样用到了干金酒和干味美思，但是干金酒成了主角。

尼克诺拉马天尼（前禁酒令时代）

在旅行禁酒令期间，金酒的味道非常糟糕，以至
于人们把所有能想到的东西都加到酒里来掩盖它的味
道。马天尼的受欢迎程度由此下降了。禁酒令解除之
后，尼克·查尔斯和诺拉·查尔斯（电影《瘦子》的主
人公）以及富兰克林·罗斯福（Franklin Roosevelt）总
统把马天尼重新带回人们的视线。美国的禁酒力度越来
越小，马天尼则越来越干：我把这个版本命名为尼克诺
拉马天尼，用了3份金酒和1份味美思，不加橙子苦精。
这一比例在20世纪三四十年代一直十分盛行。

**1½盎司（45毫升）必富达金酒（对这款马天尼来说，
或许应该用哥顿金酒或钻石金酒）**
½盎司（15毫升）洛里帕缇原味干味美思
去核曼赞尼拉鸡尾酒橄榄，用于装饰

在调酒杯中加满冰块，加入金酒和味美思，搅拌
均匀。滤入冰镇过的……毫无疑问，当然是尼克诺拉
杯。用橄榄装饰。

超干脏（EXTRA-DRY & DIRTY）马天尼

富兰克林·罗斯福总统是第一个推广这种奇怪饮料的人。很多人每天从腌橄榄的罐子里取橄榄和卤水（Brine）时没有用干净的勺子，导致卤水变得非常臭。我想没有多少调酒师会喝使用了这些原料的脏马天尼。但自从手工调酒运动开始以来，市场上出现了几个品牌的橄榄卤水，为这种现在很受欢迎的马天尼变种提供原料。

1大滴洛里帕缇原味干味美思或超干味美思
2½盎司（75毫升）金酒或伏特加
¼盎司（7.5毫升）橄榄卤水
去核曼赞尼拉鸡尾酒橄榄（不含多香果），用于装饰

将所有原料（装饰物除外）放入调酒杯，加冰搅拌，然后滤入冰镇过的鸡尾酒酒杯。最后用橄榄装饰。

超干（EXTRA-DRY）马天尼（冷战时期）

第二次世界大战后，金酒仍然是马天尼中的主角，而味美思的添加量开始急剧减少。到了肯尼迪（Kennedy）总统执政的20世纪60年代，冷战让人的神经越来越紧张，马天尼也变得越来越浓烈，甚至达到了12份金酒配1份味美思的程度。

3滴洛里帕缇原味干味美思或超干味美思
3盎司（90毫升）金酒
去核曼赞尼拉鸡尾酒橄榄（不含多香果），用于装饰

将味美思和金酒倒入调酒杯，加冰块搅拌。如果用大冰块，搅拌50次；如果用小冰块，搅拌30次。将酒液滤入冰镇过的鸡尾酒酒杯，用橄榄装饰。

超超干（Extra-Extra Dry）马天尼：剧作家马克·康奈利的第一回合

1971年3月8日，在被政府禁赛3年后，拳王穆罕默德·阿里（Muhammad Ali）出战他复出后的第一次"世纪之战"——与乔·弗雷泽（Joe Frazier）在麦迪逊广场花园争夺重量级世界冠军。我工作的广告公司订到了华尔道夫酒店的几间房间，准备供员工在房间观看闭路电视的直播。我争取到了一个名额，代价是给其他人调酒——我谎称当过调酒师。比赛快结束时，每个人都认为阿里在分数上轻松领先。可是，弗雷泽在最后一回合击倒阿里，获得了胜利。赛后，弗雷泽被送去了医院，因为阿里将他打得面目全非。和我一起观赛的著名广告人乔治·洛伊斯（George Lois）在酒店房间里评论说："在我的家乡布朗克斯，去医院的那个是输家！"81岁的剧作家、阿冈琴圆桌会议的创始人之一——马克·康奈利（Marc Connelly）也在房间观赛。他在比赛结束后来到吧台，点了一杯干马天尼。我拿起一瓶味美思，开始调制被我称为"爱尔兰马天尼"的饮料。突然，马克抓住我的手腕，将那瓶味美思用力地放回吧台，然后面露痛苦表情的说："你只要紧紧握住味美思的瓶子，看着酒杯，轻声念出'味美思'这个词就行了。"

伏特加天尼：银子弹

　　1967年，约翰·马丁成功地将他的皇冠伏特加推到了大众面前，伏特加实际上已经超越了金酒，成为调制马天尼的首选烈酒。至于味美思？拿一瓶打开的味美思，对着房间另一头的电扇，让酒香飘出来就行了。

　　下面的饮料其实已经算不上马天尼，而是鸡尾酒了，但应读者的强烈要求，我依然把它们列在这里。要知道，在20世纪90年代，几乎所有酒吧都有马天尼酒单，"马天尼"这个词会和很多修饰词搭配，因为酒吧试图缓解那些喜欢喝经典马天尼的人的愤怒，而"苹果"是当时最受欢迎的修饰词。

翻转（UPSIDE-DOWN）马天尼

只有在医生许可的情况下才能喝这款马天尼。

2盎司（60毫升）洛里帕缇原味干味美思
1盎司（30毫升）必富达金酒
1片柠檬皮"硬币"，用于装饰

　　在调酒杯中加满冰块，再加入味美思和金酒搅拌均匀。将酒液滤入冰镇过的鸡尾酒酒杯，用柠檬皮"硬币"装饰。

酸苹果（SOUR APPLE）马天尼*

（我的版本）

　　这是我在报业大亨鲁伯特·默多克（Rupert Murdoch）70岁生日派对上专门为歌手娜塔莉·科尔（Natalie Cole）和她的经纪人调制的。这个工作是临时委派给我的，但它给了我惊喜，娜塔莉就是这个惊喜。鲁伯特喜欢她的歌，而她喜欢我的酸苹果马天尼。我把配方给了她的经纪人，她也很喜欢这款饮料。

1½盎司（45毫升）柠檬味绝对伏特加
½盎司（15毫升）迪凯堡（Dekuyper）酸苹果
½盎司（15毫升）君度
¾盎司（22.5毫升）新鲜柠檬汁
1片薄澳大利亚青苹果片，用于装饰

　　在摇酒壶中加入冰块和所有原料（装饰物除外），仔细摇匀后将其滤入冰镇过的鸡尾酒酒杯。用青苹果片装饰。

我的第一份酒吧临时工作

　　回首过往，如果说有哪件事决定了我的未来，那就是在查理·欧承办的一场派对上，我自愿顶替了没有赶到的调酒师。那是在纽约市长官邸——瑰西园举办的派对。一般的调酒师都不想做这种吃力不讨好又拿不到小费的工作，但我撒谎说我当过调酒师，于是我得到了这份临时工作。好像只过了几秒钟，我就到了吧台后面。市长阿倍·比姆（Abe Beame）邀请了报业大亨鲁伯特·默多克。比姆政府的所有高层官员和其他一些纽约名流参加了这场派对。而我，站在舞台中央，如同非自愿的观众一样看着他们交际。

　　这里的吧台是临时搭建的，酒类库存不多，而且我从来没有调制过任何花哨的饮料，但我在吧台后面感觉很好。我不知道穆罕默德·阿里第一次爬进拳台时有什么样的感受，也不知道路易斯·阿姆斯特朗（Louis Armstrong）第一次拿起短号时有什么样的感受，但对我来说，我知道自己站在一个非常熟悉和自在的地方。我如同回家了一般。

法式马天尼

这款饮料是点燃马天尼鸡尾酒的燎原之火的火花之一。我们把它放在普拉夫达酒吧的酒单上，一直没撤下来。

2盎司（60毫升）蓝鲨伏特加
¾盎司（22.5毫升）香博利口酒（Chambord）
1½盎司（45毫升）菠萝汁

在摇酒壶中加入冰块和所有原料，摇匀后将其滤入冰镇过的鸡尾酒酒杯。无须装饰。

第二次机会（SECOND CHANCE）马天尼*

这款马天尼是"007"系列电影《皇家赌场》（Casino Royale）中著名的维斯珀（Vesper）马天尼的变体。维斯珀马天尼是以邦女郎维斯珀·林德（Vesper Lynd）的名字命名的。有了这个配方，再配以搅拌法而不是摇和法，詹姆斯·邦德或许有机会喝到地道马天尼的第二次机会。这也可能是他寻到爱情的第二次机会。

1½盎司（45毫升）亨德里克金酒
1½盎司（45毫升）雷克（Reyka）伏特加
½盎司（15毫升）马天尼特藏琥珀味美思
4大滴戴尔·德格罗夫多香果芳香苦精
现切英国黄瓜薄圆片，用于装饰

将所有原料（装饰物除外）放入调酒杯或马天尼杯，加满冰块，搅拌。将酒液滤入冰镇过的大号鸡尾酒酒杯，用黄瓜薄圆片装饰。

烟熏马天尼2号（SMOKY MARTINI #2）*

亨德里克奥比姆金酒是亨德里克金酒的第一个变体。传统的亨德里克金酒以杜松子的香气为基调，为了吸引新客户，奥比姆金酒将杜松子的味道置于后调，突出了花和黄瓜的味道及香气。同时，为了吸引喜欢苦味的人，奥比姆金酒中还添加了两种经典的苦味剂——奎宁和苦艾，并加入了莲花精华。这样一来，奥比姆金酒便成了马天尼鸡尾酒的核心。而我决定让它成为这款马天尼变体的核心。

2盎司（60毫升）亨德里克奥比姆金酒
1盎司（30毫升）雷克伏特加
1盎司（30毫升）马天尼特藏琥珀味美思
1茶匙金猴（Monkey Shoulder）混合麦芽威士忌
4大滴戴尔·德格罗夫多香果芳香苦精

将所有原料放入调酒杯，加冰，搅拌至冰凉。将酒液滤入冰镇过的鸡尾酒酒杯。

瓦伦西亚风格马天尼

这是贝尔艾尔酒店的前任老板约翰·德朗每晚在酒店酒吧里喝的马天尼。

½盎司（15毫升）拉艾娜菲诺雪莉酒
2½盎司（75毫升）孟买蓝宝石干金酒（白色标签）
2片燃烧用橙子皮"硬币"

将菲诺雪莉酒倒入鸡尾酒酒杯，旋转酒杯，使酒液覆盖酒杯内壁，然后将多余的雪莉酒倒入加了冰的调酒杯。将金酒倒入调酒杯，搅拌至冰凉。在之前的鸡尾酒酒杯上方点燃1片橙子皮"硬币"，并把它扔到酒杯中，进一步增加酒杯中的香气，然后取出丢掉。把调酒杯中变得冰凉的酒液滤入准备好的鸡尾酒酒杯，用剩余的1片橙子皮"硬币"装饰。

第二次机会马天尼

麦克尤恩（MCEWAN）鸡尾酒[+]

这是由旧金山著名的手工调酒师雅克·伯泽伊登霍特（Jacques Bezuidenhout）发明的鸡尾酒。

2盎司（60毫升）欧肯特轩（Auchentoshan）三桶单一麦芽苏格兰威士忌

½盎司（15毫升）新鲜柠檬汁

¼盎司（7.5毫升）威廉姆梨子白兰地

½盎司（15毫升）香料单糖浆

1茶匙乳化蛋白

2大滴戴尔·德格罗夫多香果芳香苦精

现磨肉豆蔻，用于装饰

在摇酒壶中加入冰块和所有原料（装饰物除外），仔细摇匀后将其滤入加了冰块的古典杯。撒上现磨肉豆蔻作为装饰。

忧郁宝贝（MELONCHOLY BABY）[*]

作为调酒师，我最难忘的经历之一是在彩虹屋为一位刚刚结束恋情、情绪异常低落的女士调制了一杯特殊的饮料。最后，我将柠檬皮点燃，让它成为当晚的最佳饮料。

1½盎司（45毫升）绝对柠檬味伏特加

¾盎司（22.5毫升）新鲜柠檬汁

2盎司（60毫升）单糖浆

½杯切碎的哈密瓜

2盎司（60毫升）舒特家族无醇莫斯卡托（Moscato）白葡萄酒

2滴盐水

1片柠檬皮"硬币"，用于装饰

将所有原料（装饰物除外）放入搅拌机，再加入碎冰，搅打均匀后倒入长脚大玻璃杯。用柠檬皮"硬币"装饰。

风流寡妇（MERRY WIDOW）

这个配方改编自哈里·克拉多克的《萨伏伊鸡尾酒书》（1930年）中的配方。

1大滴贾德新奥尔良上等苦艾酒

2盎司（60毫升）添加利伦敦干金酒

½盎司（15毫升）洛里帕缇原味干味美思

1大滴安高天娜苦精

1大滴法国廊酒

1片燃烧用柠檬皮"硬币"，用于装饰

用苦艾酒给冰镇过的鸡尾酒酒杯洗杯，然后酒杯放在一旁备用。将其余原料（装饰物除外）放入调酒杯，加入冰块，搅拌均匀。将酒液滤入准备好的鸡尾酒酒杯，用柠檬皮"硬币"装饰。

大都市（METROPOLITAN）[+]

它由迈克·休伊特（Mike Hewett）于20世纪80年代末在纽约马里昂（Marion）酒吧创作。

1½盎司（45毫升）黑加仑味绝对伏特加

1½盎司（45毫升）蔓越莓汁

½盎司（15毫升）玫瑰腌制青柠汁

¾茶匙新鲜青柠汁

1片薄青柠圆片，用于装饰

在摇酒壶中加入冰块和所有原料（装饰物除外），摇匀后将其滤入冰镇过的鸡尾酒酒杯。用薄青柠圆片装饰。

含羞草（MIMOSA）

这款饮料也被称为巴克菲兹。巴克菲兹的配方是4盎司（120毫升）香槟加2盎司（60毫升）橙汁。巴黎里兹酒吧的弗兰克·迈耶有一个很棒的替代版本，叫瓦伦西亚（Valencia），它里面有橙汁、杏子利口酒和香槟，最后加上一点儿君度作为浮酒就更令人满意了。

3盎司（90毫升）新鲜橙汁

3盎司（90毫升）香槟

将橙汁倒入香槟杯，再倒入香槟，倒满为止。

迈阿密海岸汽酒（MIAMI BEACH SPRITZ）+

"西西里岛的卡斯特尔韦特拉诺（Castelvetrano）橄榄是完美的装饰，它让我感受到了海水和海岸阳光。"

——菲尔·哈尔彭（Phil Halpern）

迈阿密海岸汽酒是以意大利经典的阿佩罗汽酒为基础调制的，阿佩罗汽酒是一款神奇的低度开胃酒。

3盎司（90毫升）科内利亚诺－瓦尔多比亚德内（Conegliano Valdobbiadene）DOCG级干普洛赛克

2盎司（60毫升）苏打水

1½盎司（45毫升）阿佩罗

½盎司（15毫升）吉发得或孔比耶西柚利口酒

西柚皮"硬币"

3颗西西里岛的卡斯特尔韦特拉诺橄榄，用于装饰（无可替代）

1片橙子片，用于装饰

在高杯中加入冰块，再加入前4种原料，搅拌。挤压西柚皮"硬币"，将其中的精油挤到杯中，然后丢弃西柚皮硬币。用橄榄和橙子片装饰。

墨西哥啤酒鸡尾酒（MICHELADA）

½盎司（15毫升）新鲜青柠汁

1大滴塔巴斯科辣椒酱

1大滴酱油

1大滴伍斯特郡酱

少许现磨黑胡椒

½盎司（15毫升）美极（Maggi）酱油

2盎司（60毫升）番茄汁

1罐［12盎司（360毫升）］啤酒［我喜欢墨西哥的波西米亚（Bohemia）啤酒］

将除啤酒以外的所有原料放入啤酒杯。加入¾杯容量冰块，再倒入啤酒，倒满为止。

千禧年鸡尾酒（MILLENNIUM COCKTAIL）*

我受人之托用拿破仑千禧年干邑设计一款鸡尾酒，于是在东印度鸡尾酒的基础上即兴调制出了这款千禧年鸡尾酒。

1½盎司（45毫升）拿破仑千禧年干邑

1盎司（30毫升）菠萝汁

1盎司（30毫升）约瑟夫·卡特龙橙皮利口酒

1大滴安高天娜苦精

1片燃烧用橙子皮"硬币"，用于装饰

现磨肉豆蔻粉，用于装饰

在摇酒壶中加入冰块和所有原料（装饰物除外），用力摇和，直至形成诱人的菠萝汁泡沫，然后将其滤入冰镇过的鸡尾酒酒杯。用橙子皮硬币装饰，最后撒上肉豆蔻粉。

百万美元鸡尾酒（MILLION-DOLLAR COCKTAIL）

这款鸡尾酒最初是由新加坡莱佛士（Raffles）酒店的华裔调酒师严崇文（Ngiam Tong Boon）于1910年左右创造的。乔治·凯霍（George Kaiho）的配方把石榴汁换成了希零樱桃利口酒，我喜欢这个创意，不过配方中没有味美思这一点我不喜欢。

2盎司（60毫升）普利茅斯金酒

½盎司（15毫升）甜味美思

½盎司（15毫升）菠萝汁

½盎司（15毫升）乳化蛋白

1茶匙希零樱桃利口酒

在摇酒壶中加入冰块和所有原料，摇匀后将其滤入鸡尾酒酒杯。

莫吉托（MOJITO）

古巴哈瓦那的5分钱酒馆（La Bodeguita）虽然在薄荷味莫吉托的普及上有不少功劳，但关于莫吉托的起源，还存在不少争议。有人认为，第一杯莫吉托是哈瓦那佛罗里达酒吧的康斯坦丁诺·里巴莱格瓦·贝尔特调制的。也可能是古巴的小酒馆（调酒师们）模仿美国的茱莉普调制的。总之，莫吉托的起源疑云重重。冰和苏打水对现代莫吉托至关重要。19世纪50年代，第一批冰块从新英格兰运抵古巴。在哈瓦那闷热的夜晚，冰块一定深刻地影响了当地饮料的发展。

5片新鲜薄荷叶

¾盎司（22.5毫升）单糖浆

¾盎司（22.5毫升）新鲜青柠汁

1½盎司（45毫升）哈瓦那俱乐部3年朗姆酒或你最喜欢的白朗姆酒

2大滴安高天娜苦精（可选）

1盎司（30毫升）苏打水

2枝嫩薄荷枝

将薄荷叶、单糖浆和青柠汁放在波士顿摇酒壶的玻璃调酒听中，用捣碎棒把薄荷叶捣碎。加入白朗姆酒和苦精（如果需要），再加冰块，充分摇匀。把混合物滤入装满了碎冰的高杯，倒入苏打水，用薄荷枝装饰。

猴腺（MONKEY GLAND）

哈里·麦切尔霍恩在《混合鸡尾酒的ABC》（ABC of Mixing Cocktail，1930年）中把这款鸡尾酒的发明归功于自己，并声称这是他根据谢尔盖·沃罗诺夫（Serge Voronoff）博士的"永葆青春"实验命名的。我们没有理由怀疑他。

少许贾德1901上等苦艾酒

2盎司（60毫升）必富达金酒

1盎司（30毫升）新鲜橙汁

少许自制石榴糖浆或在商店购买的石榴糖浆

1片燃烧用橙子皮"硬币"，用于装饰

将苦艾酒倒入鸡尾酒调酒壶，然后加入剩余的原料（装饰物除外）。加入冰块，摇匀，然后将其滤入尼克诺拉杯。用橙子皮"硬币"装饰。

莫斯科骡子

这是为数不多的有详细文献记录的鸡尾酒之一。第二次世界大战后，约翰·马丁用这款鸡尾酒来推广他公司的新产品皇冠伏特加。他和公鸡与公牛（Cock'n Bull）酒吧的老板杰克·摩根（Jack Morgan）以及俄罗斯移民索菲·别列津斯基（Sophie Berezinski）一起推销这种鸡尾酒。索菲的父亲是莫斯科铜业公司的老板。公鸡与公牛酒吧靠近洛杉矶比弗利山庄的许多豪宅，因此吸引了一大批电影爱好者。马丁和摩根想出了用皇冠伏特加搭配姜汁啤酒（一种奇怪的英国汽水，杰克·摩根一直难以将其推销出去）调制鸡尾酒的办法，并用索菲的父亲试图在美国销售的铜制马克杯来装这种鸡尾酒。最终，用铜马克杯做容器的莫斯科骡子火了起来，并且受到了电影明星的欢迎。摩根把明星的名字刻在铜马克杯上并挂在吧台上方，只供明星个人使用。直到1978年，那时我经常下班后去公鸡与公牛酒吧喝酒，那些杯子还挂在吧台上方。

1½盎司（45毫升）皇冠伏特加

4～5盎司（120～150毫升）奥德丽姜汁啤酒或在商店购买的姜汁啤酒

1块青柠角，用于装饰

在玻璃杯中加入冰块，再加入伏特加和姜汁啤酒，搅拌。用青柠角装饰。

泥和血（MUD AND BLOOD）＊（无酒精版）

这是我为《纽约》杂志1996年举办的鸡尾酒挑战赛发明的另一款饮料。挑战赛的规则是从几位客人最不喜欢的饮料中挑选出一种作为挑战的题目。我挑到的是

哈格雷夫葡萄园的亚历克斯·哈格雷夫不喜欢的一种加胡萝卜汁的无酒精饮料。这款饮料若是添加2盎司（60毫升）辣椒伏特加，喝起来就很不错了。

2盎司（60毫升）胡萝卜汁

2盎司（60毫升）牛肉高汤

2盎司（60毫升）新鲜橙汁

1大滴塔巴斯科辣椒酱

1大滴伍斯特郡酱

在摇酒壶中加入冰块和所有原料，摇匀后将其滤入一个玻璃杯。

泥石流（MUD SLIDE）

罗德·斯图尔特（Rod Stewart）偶尔会带一群人来彩虹屋喝酒，但他们从不遵守彩虹屋的着装要求。他们第一次来的时候，由彩虹屋的经理俾斯麦·欧文（Bismark Irving）带着他们穿过餐厅，走楼梯去了旧观景台。在我们经营彩虹屋的时候，旧观景台已经不对外开放了。我为他们准备了大罐的泥石流鸡尾酒，他们喜欢在那里无拘无束地想怎么喝就怎么喝。你可以想象一下当时的场面。

1盎司（30毫升）蓝鲨伏特加

1盎司（30毫升）甘露咖啡利口酒

1盎司（30毫升）百利甜酒

1盎司（30毫升）重奶油

在摇酒壶中加入冰块和所有原料，摇匀后将其滤入加了冰块的洛克杯。

变化：泥石流也可以变化成为冰冻饮料。在大号高脚杯中装 ¾ 杯容量冰块，加入上述所有原料，搅拌均匀。用意大利苦杏酒代替伏特加的话，你就得到了一杯高潮（Orgasm）。在高潮中再加入伏特加，它就变成了尖叫的高潮。

麝香（MUSK WE）*

这款饮料是为罗丝玛丽·克鲁尼（Rosemary Clooney）的乐队成员调制的。一天晚上，罗丝玛丽在酒吧前台打电话给我，叮嘱我在第一场和第二场演出的间隙不要给她的乐队成员提供酒精饮料。萨克斯管演奏者斯科特·汉密尔顿（Scott Hamilton）默许了，但短号演奏者沃伦·瓦什（Warren Vache）不同意，直到斯科特提醒他罗丝玛丽准备邀请乐队为她的下一张专辑演奏，他才点头同意。

½杯冰镇、切碎的哈密瓜

¼杯冰镇、切碎的甜瓜

3盎司（90毫升）舒特家族无醇白仙粉黛半甜红葡萄酒（Sutter Home Fre Alcohol-Removed White Zinfandel）

2盎司（60毫升）单糖浆

½盎司（15毫升）新鲜柠檬汁

½盎司（15毫升）新鲜青柠汁

½量杯碎冰

将所有原料放入搅拌机，搅打至顺滑。将混合物盛在特制玻璃杯或大号高脚杯中。

拿破仑之恋（NAPOLEON'S COMPLEX）+

这款鸡尾酒是由苦艾酒制造商、贾德利口酒的老板特德·布鲁和调酒师埃文·鲍德温（Evan Baldwin）发明的。特德也是我的合伙人，我们一起做苦精的生意。他的酒厂还酿造一系列意大利苦杏酒。

1盎司（30毫升）意大利苦杏酒

½盎司（15毫升）贾德1901上等苦艾酒

½盎司（15毫升）新鲜柠檬汁

1大滴单糖浆

2~3大滴戴尔·德格罗夫多香果芳香苦精

在摇酒壶中加入冰块和所有原料，摇匀后将其滤入冰镇过的碟形杯。

戴尔·德格罗夫多香果芳香苦精

在纽约彩虹屋工作初期，我发现了乌雷叔侄酿酒厂生产的一款多香果利口酒，如获至宝。我喜欢它浓烈的多香果香味。我把它当作苦精撒到饮料里，它会丰富饮料的味道层次。但是不久后，它从市场上消失了。我去询问经销商，他告诉我这款利口酒退出美国市场了，因为只有彩虹屋和另一家位于洛杉矶的酒吧在购买这款酒。多年后的2009年，特德·布鲁和我决定，是时候酿造一款我一直以来最喜欢的多香果味浓缩苦精了。戴尔·德格罗夫多香果芳香苦精是用精选的全天然植物和高纯度酒精手工制作的。我不仅在许多款鸡尾酒中使用它，还在制作许多食物时大量使用它，比如用于秋葵汤、烤蛤蜊、洛克菲勒牡蛎和红薯。

内格罗尼（NEGRONI）

内格罗尼诞生于20世纪20年代，当时，意大利佛罗伦萨的卡索尼（Casoni）咖啡馆的顾客卡米洛·内格罗尼（Camillo Negroni）伯爵要求吧台服务员在他的高杯美国佬中添加金酒。苦涩的余味对美国人的味蕾来说是一个挑战，因此欧洲调酒师会突出金酒和味美思的味道而减弱金巴利的味道。不过，时代变了。随着烹饪革命的发展，浓郁、苦涩和烟熏口味赢得了大众的喜爱，如今，内格罗尼是街头酒吧中最火的鸡尾酒之一。

1盎司（30毫升）金巴利

1盎司（30毫升）马天尼罗西甜味美思

1盎司（30毫升）富兹金酒

半片橙子圆片，用于装饰

在古典杯中加满冰块，再加入所有原料（装饰物除外），搅拌。用橙子圆片装饰。

纳格力特（NEGRITA）

这款鸡尾酒的英文名"Negrita"在西班牙语中的意思是"又小又黑的东西"。下面的配方是一杯子弹酒的分量。

½盎司（15毫升）皮斯科

½盎司（15毫升）咖啡利口酒

½盎司（15毫升）冷的浓缩咖啡

将所有原料倒入调酒杯，加一块大冰块，搅拌至冰凉。将酒液滤入烈酒杯。

新阿姆斯特丹号菲兹（NIEUW AMSTERDAM FIZZ）*

这款饮料的灵感来自果香味浓郁的老达夫杜松子酒。

¾盎司（22.5毫升）老达夫杜松子酒

¼盎司（7.5毫升）单糖浆

½盎司（15毫升）新鲜柠檬汁

1盎司（30毫升）菠萝汁

少许纳帕谷"完美果泥"芒果果泥

1大滴戴尔·德格罗夫多香果芳香苦精

2盎司（60毫升）香槟

1片新鲜薄荷叶，用于装饰

将杜松子酒、单糖浆、果汁、芒果果泥和苦精放入鸡尾酒调酒壶，再加入冰块，仔细摇匀。将酒液滤入冰镇过的鸡尾酒酒杯，再倒入香槟，用一片薄荷叶装饰。

瓦哈卡老式鸡尾酒（OAXACA OLD-FASHIONED）

这是菲尔·沃德发明的一款具有开创性的饮品，他曾在"死亡公社"和佩古俱乐部工作过，这两家纽约的酒吧是手工鸡尾酒运动的代表。

2片橙子皮"硬币"

1茶匙龙舌兰花蜜

2大滴安高天娜苦精

2盎司（60毫升）特索罗微酿特其拉

½盎司（15毫升）德尔玛盖维达梅斯卡尔酒或你喜爱的梅斯卡尔酒

将1片橙子皮"硬币"、龙舌兰花蜜和苦精放在古典杯中，用捣碎棒把橙子皮"硬币"捣碎，使其中的精油释放出来。加入特其拉和一大块冰块，搅拌均匀后倒入梅斯卡尔酒。在酒杯上方点燃另一片橙子皮"硬币"，然后扔掉。

马蹄莲东移（O'CALLA MOVES EAST）+

这个配方来自德尔·佩德罗（Del Pedro），他是布鲁克林华盛顿街图克（Tooker）巷酒吧的合伙人，这家酒吧就在布鲁克林博物馆附近。下面的一些原料需要你花一些时间去寻找，但借助互联网，你或许不需要花太多时间就能全部找到。最终你会发现，一切都是值得的。

1盎司（30毫升）米兰利口酒

1盎司（30毫升）日本柚子利口酒

2茶匙三得利六金酒

4茶匙布鲁姆·玛丽伦（Blume Marillen）杏子白兰地

2颗冷冻的干杏穿在酒签上，用于装饰

将所有原料（装饰物除外）放入调酒杯，加冰搅拌，然后将其滤入碟形杯。用穿在酒签上的干杏装饰。

法式老式鸡尾酒（OLD-FASHIONED, FRENCH）+

这是经典的老式鸡尾酒的变体之一，是皮特·福尔克马尔（Pete Volkmar）在他的美食厨房餐厅（Gourmet Galley Catering）发明的。这家餐厅位于美国康涅狄格州的北斯托宁顿市。皮特参加了加里·里根的乡村鸡尾酒会，这场酒会改变了他的生活。

¼盎司（7.5毫升）绿查尔特勒酒

2大滴里根橙味苦精6号

2大滴戴尔·德格罗夫多香果芳香苦精

2片大的橙子皮"硬币"

2盎司（60毫升）酩帝诗（Michter's）肯塔基纯黑麦威士忌

将1片橙子皮"硬币"、绿查尔特勒酒和2种苦精放在古典杯中，用捣碎棒轻轻把橙子皮"硬币"捣碎，加入威士忌和冰块，搅拌均匀，用剩余的橙子皮"硬币"装饰。

老式鸡尾酒

　　老式鸡尾酒最早诞生于美国肯塔基州的彭德尼斯（Pendennis）俱乐部。老式鸡尾酒的爱好者分为两大对立阵营：喜欢加捣碎的水果的和喜欢不加水果的。我属于前一阵营，而且，老式鸡尾酒在我们家是节假日的必备饮品。但是，在我的职业生涯中始终有一些顽固的顾客，如果我在他们的老式鸡尾酒里加水果，他们就会朝我扔杯子。两大阵营都对各自喜爱的老式鸡尾酒满怀激情。你如果要制作经典的老式鸡尾酒，可以在方糖里加一点儿水（或苏打水）和苦精，然后把方糖捣碎，最后加入威士忌和冰块。你如果要制作加水果的版本，就按下面的配方调制。

1茶匙白砂糖或1块方糖

2大滴安高天娜苦精

1片橙子，切成两半

2颗波尔多樱桃

少许水或苏打水

2盎司（60毫升）威凤凰101波本威士忌

　　将糖、苦精、半片橙子、1颗樱桃和水放在古典杯中，用捣碎棒把橙子捣碎，然后捞出残渣。加入波本威士忌和冰块，搅拌。用剩下的橙子片和樱桃装饰。

　　变化：你还可以制作另一个版本的老式鸡尾酒。在古典杯中放1片橙子皮"硬币"、1块方糖、苦精和少许水，捣碎橙子皮"硬币"并捞出残渣。加入冰块和波本威士忌，搅拌。用另1片橙子皮"硬币"装饰。

旧情人（OLD FLAME）*

[又名"时髦的南希"（FANCY NANCY）]

    旧情人是内格罗尼的变体之一。我为《手工鸡尾酒》（第一版）的巡回售书活动举办了一场鸡尾酒晚宴，并用内格罗尼搭配开胃小吃。内格罗尼苦苦的余味让作家和摄影师们对它失去了热情。我拿走了他们的酒杯，迅速调整了配方，加入了带甜味的君度和一些橙汁。摄影师南希非常喜欢我调的新饮料。为了表示对她的敬重，我把这杯饮料重新命名为"时髦的南希"。之后，我凭借这款饮料在2001年马天尼罗西公司举办的鸡尾酒大奖赛中获得一等奖，当时我称它为"旧情人"。

1盎司（30毫升）孟买蓝宝石干金酒（白色标签）
½盎司（15毫升）马天尼罗西甜味美思
½盎司（15毫升）金巴利
½盎司（15毫升）君度
1盎司（30毫升）新鲜橙汁
1片燃烧用橙子皮"硬币"，用于装饰

    在摇酒壶中加入冰块和所有原料（装饰物除外），摇至酒液变得冰凉。然后将其滤入冰镇过的鸡尾酒杯，用橙子皮"硬币"装饰。

橙花（ORANGE BLOSSOM）

《混合饮料的艺术》（*The Fine Art of Mixing Drinks*）一书的作者戴维·A.恩布里（David A. Embury）提供了自己的橙花鸡尾酒配方：2份金酒、1份橙汁、半份糖浆。现代人喜欢清淡的饮料，所以我改了配方，用君度代替了单糖浆，这样在提供甜味的同时还增添了一点儿别的味道。

1½盎司（45毫升）金酒

1½盎司（45毫升）新鲜橙汁

½盎司（15毫升）君度

1片燃烧用橙子皮"硬币"，用于装饰

在摇酒壶中加入冰块和所有原料（装饰物除外），摇匀后将其滤入冰镇过的鸡尾酒酒杯。用橙子皮"硬币"装饰。

牡蛎子弹酒（OYSTER SHOOTER）*

3杯量

这款鸡尾酒是我1999年在黑鸟酒吧发明的，纯粹出于个人的喜好。黑鸟是我经营的一家短命的酒吧，包含酒吧和餐厅，仅仅营业了11个月。当时，我几乎每天的午餐都会点一杯牡蛎子弹酒。

3个牡蛎，最好是个头小的

1½盎司（45毫升）胡椒味伏特加或柠檬味伏特加

3盎司（90毫升）牡蛎番茄子弹酒混合物

3个牡蛎壳

3块柠檬角

3颗带茎的大刺山柑

在3个烈酒杯中分别放1个牡蛎，再分别加入½盎司（15毫升）伏特加和1盎司（30毫升）牡蛎番茄子弹酒混合物。将烈酒杯放在铺满碎冰的酒盘中，在每个烈酒杯旁边分别放1个牡蛎壳、1块柠檬角和1颗大刺山柑作为装饰。喝这种子弹酒的步骤是先吮吸柠檬角，再一口喝光子弹酒，最后吃一口刺山柑。

牡蛎番茄子弹酒混合物

制作大约1夸脱（1.14升）或足够做30杯子弹酒的分量

2片凤梨鼠尾草

26盎司（780毫升）番茄汁

2盎司（60毫升）意大利香醋

2盎司（60毫升）新鲜柠檬汁

¼茶匙现磨黑胡椒

¼茶匙盐

2茶匙塔巴斯科辣椒酱

1汤匙现磨辣根

将凤梨鼠尾草放在罐子里，轻轻碾碎，然后加入剩余的原料。搅拌均匀，盖好罐子，放在冰箱里冷藏几小时。过滤后，按上述配方调制子弹酒。

天堂鸡尾酒（PARADISE COCKTAIL）

多年来，这款鸡尾酒的配方一直被印在玛丽莎杏子味利口酒酒瓶的背面。我只对它做了微调。

2盎司（60毫升）杜松子酒

¾盎司（22.5毫升）玛丽莎杏子味利口酒

¾盎司（22.5毫升）新鲜橙汁

2大滴比特储斯橙子苦精

1片燃烧用橙子皮"硬币"，用于装饰

在摇酒壶中加入冰块和所有原料（装饰物除外），摇匀后将其滤入冰镇过的鸡尾酒酒杯。用橙子皮"硬币"装饰。

止痛药（PAINKILLER）

　　我和我的儿子曾经在一艘小型游轮上为一位对冲基金经理服务，为他的50岁生日派对调制鸡尾酒。这是一份不错的临时工作，在鸡尾酒会以外的时间，我们也能享受客人的待遇，真的。这艘游轮不大，可以驶入英属维尔京群岛约思特范代克（Jost Van Dyke）岛的浅港。游轮停在了离海岸约15英尺（4.57米）的地方，以免搁浅。我们不得不下船，蹚水上岸。岛上有一家湿美元（Soggy Dollar）酒吧，在那里我喝到了人生中的第一杯止痛药鸡尾酒（我一共喝过4次）。和其他人一样，我们的钱也因为蹚水而被弄湿了，调酒师兼酒吧主人让我们把钱晾在酒吧后面的晾衣绳上。这或许就是这家酒吧得名的由来。

2盎司（60毫升）帕萨姿朗姆酒
1盎司（30毫升）椰子奶油（我推荐可可·洛佩斯牌）
2盎司（60毫升）新鲜或不加糖的菠萝汁
1盎司（30毫升）新鲜橙汁
现磨肉豆蔻，用于装饰

　　在摇酒壶中加入冰块和所有原料（装饰物除外），仔细摇匀后将其滤入加了冰块的高杯。撒上现磨肉豆蔻作为装饰。

　　变化：可以在这个配方的基础上调制戴尔的桑德克（Sundeck）辣酱特调，做法是在摇和前加入 2 大滴戴尔·德格罗夫多香果芳香苦精。

西柚（PARADISI）+

这款饮料是由迈阿密甜美自由（Sweet Liberty）酒吧的莱奥·德格罗夫（Leo DeGroff）和泰勒·基茨曼（Tyler Kitzman）发明的。

1盎司（30毫升）珍藏金标特其拉

1盎司（30毫升）金巴利

1盎司（30毫升）新鲜青柠汁

1盎司（30毫升）龙舌兰糖浆

2½盎司（75毫升）施蒂格·拉德勒（Stiegl Radler）或雪芙豪夫（Schofferhofer）

1片燃烧用橙子皮"硬币"，用于装饰

半片西柚圆片，用于装饰

在摇酒壶中加入冰块和前4种原料，用力摇匀。将其滤入加了冰块的皮尔森杯，再倒入西柚啤酒。在酒杯上方点燃橙子皮"硬币"，然后将其丢掉。用西柚片装饰。

巴黎（PARIS）+

这款鸡尾酒是巴黎里兹酒店海明威酒吧著名的调酒师科林·菲尔德（Colin Field）发明的。如果你去海明威酒吧，不要忘了品尝科林调制的富有传奇色彩的血腥玛丽。就是在这里，科林在弗兰克·迈耶原创的巴黎人（Parisian）鸡尾酒的基础上创造了这款鸡尾酒。

1盎司（30毫升）普利茅斯金酒

1盎司（30毫升）杜凌干味美思（当然是用法国产的）

1盎司（30毫升）玛丽莎波尔多黑醋栗利口酒

1片燃烧用柠檬皮"硬币"，用于装饰

在摇酒壶中加冰块和所有原料（装饰物除外），仔细摇匀后将其滤入冰镇过的鸡尾酒酒杯。用柠檬皮"硬币"装饰。

佩古鸡尾酒

在大英帝国仍旧强盛的时期，佩古俱乐部发明了这款鸡尾酒。

2盎司（60毫升）金酒

¾盎司（22.5毫升）新鲜青柠汁

¾盎司（22.5毫升）约瑟夫·卡特龙橙皮利口酒

2大滴安高天娜苦精

1片青柠皮，用于装饰

在摇酒壶中加入冰块和所有原料（装饰物除外），摇匀后将其滤入冰镇的鸡尾酒酒杯。用青柠皮装饰。

盘尼西林+

澳大利亚调酒师山姆·罗斯成功创造了一款罕见的、以麦芽苏格兰威士忌为基酒的鸡尾酒。这种鸡尾酒正迅速成为当代的经典鸡尾酒。这并不奇怪，因为山姆曾经是萨沙·彼得拉斯克开在纽约的牛奶与蜂蜜酒吧的调酒师。

2小片新鲜生姜

¾盎司（22.5毫升）蜂蜜糖浆

1½盎司（45毫升）帝王混合型苏格兰威士忌

¾盎司（22.5毫升）新鲜柠檬汁

¼盎司（7.5毫升）拉弗格艾莱（Laphroaig Islay）单一麦芽苏格兰威士忌

1片糖渍生姜，用于装饰

将新鲜生姜和蜂蜜糖浆放在波士顿摇酒壶的玻璃调酒听中，用捣碎棒把生姜捣碎。加入混合型苏格兰威士忌和柠檬汁，再加满冰块，摇至混合物变得冰凉。把混合物仔细滤入装了¾杯容量冰块的双层古典杯，再缓慢倒入单一麦芽苏格兰威士忌，使其漂浮在表面。用糖渍生姜装饰。

朝圣者（PILGRIM）鸡尾酒*

这是我在彩虹屋专门为感恩节准备的饮料。

¾盎司（22.5毫升）美雅士黑朗姆酒

¾盎司（22.5毫升）班克斯岛7年陈酿调和金朗姆酒

¾盎司（22.5毫升）约瑟夫·卡特龙橙皮利口酒

2盎司（60毫升）新鲜橙汁

½盎司（15毫升）新鲜青柠汁

¼盎司（7.5毫升）比特储斯多香果味利口酒

1大滴戴尔·德格罗夫多香果芳香苦精

在摇酒壶中加入冰块和所有原料，摇匀后将其滤入冰镇过并装了冰块的大号鸡尾酒酒杯。

皮姆酒（PIMM'S CUP）

传统的做法是用皮姆酒搭配英国柠檬水——柠檬青柠味苏打水，但我更喜欢用新鲜柠檬水和苏打水。

1½盎司（45毫升）飘仙一号甜酒

3盎司（90毫升）新鲜柠檬水

1½盎司（45毫升）苏打水或七喜汽水

1片英国黄瓜，用于装饰

1片澳大利亚青苹果片，用于装饰

将所有原料（装饰物除外）放入装满了冰块的高杯，搅拌均匀。用黄瓜片和青苹果片装饰。

变化：若要调制皇家皮姆（Pimm's Royale），用香槟代替苏打水即可。

意大利皮姆酒（PIMM'S ITALIANO）*

1片英国黄瓜圆片

½盎司（15毫升）西娜尔

1½盎司（45毫升）飘仙一号甜酒

4盎司（120毫升）芬味树汤力水

1条长矛形英国黄瓜，用于装饰

1块柠檬角，用于装饰

将黄瓜圆片和西娜尔放在高杯中，用捣碎棒将黄瓜捣碎。加入冰块，再加入飘仙一号甜酒和汤力水，搅拌均匀。最后用黄瓜条和柠檬角装饰。

椰林飘香（PIÑA COLADA）

20世纪50年代，波多黎各的唐·拉蒙·洛佩斯-伊里萨里（Don Ramón López-Irizarry）发明了一种用椰子制成的均质奶油。这种奶油被命名为可可·洛佩斯椰子奶油，它至今仍用于制作热带菜肴和甜点。1957年，波多黎各加勒比希尔顿酒店的调酒师拉蒙·马雷罗（Ramón Marrero）将椰子奶油和朗姆酒、菠萝汁、冰块等混合在一起，制成了这款著名的鸡尾酒。调制它的诀窍是同时使用淡朗姆酒和黑朗姆酒，再加少许苦精和重奶油。

1½盎司（45毫升）阿普尔顿庄园白朗姆酒

1盎司（30毫升）美雅士黑朗姆酒或高斯林黑封百慕大黑朗姆酒

2盎司（60毫升）可可·洛佩斯椰子奶油

1盎司（30毫升）重奶油

4盎司（120毫升）菠萝汁

1大滴安高天娜苦精

1量杯碎冰

1片菠萝叶，用于装饰

1块菠萝角，用于装饰

将所有原料（装饰物除外）放入搅拌机，搅打15秒。然后将混合物倒入一个类似于长脚大玻璃杯的特制玻璃杯。用菠萝叶和菠萝角装饰。

菠萝冠军（PINEAPPLE CHAMPAGNE）鸡尾酒*

6~8人份

改编自20世纪30年代好莱坞的大使馆俱乐部的配方。

1量杯新鲜、成熟的菠萝块

1量杯新鲜、成熟的去核樱桃

12盎司（360毫升）黑樱桃利口酒

2盎司（60毫升）新鲜柠檬汁

1瓶（750毫升）香槟

6~8片燃烧用柠檬皮"硬币"，用于装饰

将菠萝块和樱桃放在一个中等大小的碗里，碾碎。加入黑樱桃利口酒和柠檬汁，浸泡2小时后放入冰箱冷藏一整夜。第二天，过滤混合物，保留液体，丢掉水果残渣。在6~8个冰镇过的鸡尾酒酒杯中分别加2盎司（60毫升）过滤出的液体，再将香槟倒入每个酒杯，最后分别用柠檬皮"硬币"装饰。

粉红金酒（PINK GIN）

1978年，我在贝尔艾尔酒店用橙味苦精调配这个老配方。用完2瓶橙味苦精后，我去找供货商想再购买几瓶，结果他告诉我这个牌子的苦精早已停产，20多年都没有卖过了。于是，我改用安高天娜苦精。如今，市面上有很多橙味苦精可供选择，我推荐里根橙味苦精6号、比特储斯橙子苦精、纽约佩古俱乐部的奥德丽混合橙味苦精。

起初这款饮料是不加冰的，但如今已经没多少人喜欢喝常温的金酒了。

2盎司（60毫升）金酒

1大滴奥德丽混合橙味苦精（见本页"说明1"）

1大滴安高天娜苦精

1条柠檬皮，用于装饰

将所有原料（装饰物除外）放入加了冰块的古典杯，搅拌。用柠檬皮装饰。

说明1：将半份里根橙味苦精6号与半份费氏兄弟橙味苦精混合在一起后所制作出的混合橙味苦精。

粉红佳人（PINK LADY）

1½盎司（45毫升）金酒

¼盎司（7.5毫升）自制石榴糖浆或在商店购买的石榴糖浆

¾盎司（22.5毫升）单糖浆

1盎司（30毫升）重奶油

在摇酒壶中加入冰块和所有原料，摇匀后将其滤入一个小号鸡尾酒酒杯。

粉红松鼠（PINK SQUIRREL）

果仁乳酒（Crème de Noyaux）是一种杏仁味利口酒。

¾盎司（22.5毫升）果仁乳酒

¾盎司（22.5毫升）光阴似箭可可利口酒

1½盎司（45毫升）重奶油

一小撮磨碎的可可豆，用于装饰

在摇酒壶中加入冰块和所有原料（装饰物除外），摇匀后将其滤入一个小号鸡尾酒酒杯。撒上磨碎的可可豆作为装饰。

老式皮斯科（PISCO OLD-FASHIONED）*

这是我为2019年秘鲁贸易委员会的公路旅行准备的经典皮斯科的改编版本。

1大滴比特储斯鲍嘉苦精

1片橙子皮"硬币"

1大滴巴罗加强型姜味利口酒（见本页"说明2"）

½盎司（15毫升）红糖糖浆或德默拉拉糖浆

2盎司（60毫升）意大利莫斯托·维德（Mosto Verde）1615皮斯科

少许安乔·雷耶斯（Ancho Reyes）辣椒利口酒

1片燃烧用橙子皮"硬币"，用于装饰

将苦精、1片橙子皮"硬币"、巴罗利口酒和糖浆放入古典杯中，用捣碎棒捣碎橙子皮"硬币"。加入皮斯科、辣椒利口酒和冰块，搅拌至酒液变得冰凉。在酒杯上方点燃橙子皮"硬币"，并把它扔到酒杯中。

说明2：这款巴罗利口酒是用秘鲁生姜酿造的，产地在美国纽约布鲁克林。

粉红金汤力（PINK GIN AND TONIC）*

这是我对经典金汤力进行改编后的版本。

2片鼠尾草叶
1½盎司（45毫升）富兹金酒
2大滴北秀德苦精
5盎司（150毫升）芬味树汤力水
2块青柠角，用于装饰

将鼠尾草叶放入一个高杯，加入金酒和苦精，轻轻捣碎鼠尾草叶后再将其取出。往杯中加¾杯容量的冰块，倒入汤力水，搅拌均匀，最后用2块青柠角装饰。

蓝莓皮斯科酸酒（PISCO SOUR, BLUEBERRY）*

1½盎司（45毫升）巴索尔普里梅罗酷斑妲皮斯科
1½盎司（45毫升）蓝莓甜酒
½盎司（15毫升）新鲜青柠汁
¾盎司（22.5毫升）乳化蛋白
安高天娜苦精

在摇酒壶中加入冰块和所有原料（苦精除外），充分摇匀，确保蛋白完全乳化。然后将其滤入一个小号鸡尾酒酒杯，最后在泡沫上滴几滴苦精。

皮斯科潘趣（PISCO PUNCH）

111盎司（3.33升）或少于1加仑（3.79升）

邓肯·尼科尔（Duncan Nicol）是银行交易沙龙的最后一位老板，于1926年去世，富有传奇色彩的皮斯科潘趣的配方也随着他的逝去成为永远的秘密。以下是我探索出的配方。

1份戴尔的柠檬橙子甜酒

1瓶（750毫升）巴索尔意大利莫斯托·维德皮斯科或你喜欢的纯皮斯科酒

10盎司（300毫升）山地文雨水马德拉酒

15盎司（450毫升）不加糖的菠萝汁（如果是鲜榨的就更好了）

1升矿泉水

新鲜柠檬汁（可选）

单糖浆（可选）

1大滴戴尔·德格罗夫多香果芳香苦精

现磨肉豆蔻，用于装饰

有了柠檬橙子甜酒，调制这款皮斯科潘趣就很容易了。准备一个潘趣酒碗或其他大号容器，其容量应大于1加仑（3.79升）。将甜酒、皮斯科酒、雨水马德拉酒、菠萝汁和矿泉水倒入容器，搅拌均匀。尝一尝，感受甜味和酸味是否合适，可依据自己的口味添加更多的柠檬汁或单糖浆，直到潘趣酒的味道达到最佳。用装了冰块的中号高脚杯或白葡萄酒酒杯盛这款皮斯科潘趣，最后洒1大滴苦精并撒上现磨肉豆蔻。

皮斯科酸酒

皮斯科是一种葡萄白兰地，在秘鲁和智利有超过400年的酿造历史，当时的秘鲁和智利还是西班牙殖民地。

2盎司（60毫升）巴索尔普里梅罗酷斑妲皮斯科

¾盎司（22.5毫升）新鲜青柠汁

¾盎司（22.5毫升）单糖浆

¾盎司（22.5毫升）乳化蛋白

安高天娜苦精

在摇酒壶中加入冰块和所有原料（苦精除外），充分摇匀，确保蛋白完全乳化；然后将其滤入一个小号鸡尾酒酒杯；最后在泡沫上滴几滴苦精，并用鸡尾酒签搅拌一下。

种植者潘趣*

这个配方改编自彩虹种植园。

1盎司（30毫升）美雅士黑朗姆酒

1盎司（30毫升）富佳娜（Flor de Caña）4年白朗姆酒

½盎司（15毫升）约瑟夫·卡特龙橙皮利口酒

2盎司（60毫升）新鲜橙汁

2盎司（60毫升）菠萝汁

½盎司（15毫升）单糖浆

¼盎司（7.5毫升）新鲜青柠汁

1大滴自制石榴糖浆或在商店购买的石榴糖浆

1大滴戴尔·德格罗夫多香果芳香苦精

1片橙子片，用于装饰

1颗波尔多樱桃，用于装饰

在摇酒壶中加入冰块和所有原料（装饰物除外），摇匀后将其滤入装了¾杯容量冰块的柯林斯杯。用橙子片和樱桃装饰。

使饮料分层

在这里，我要介绍自己使用了很多年的分层饮料制作方法，这种方法只需要一只稳定的手、一个彩虹酒酒杯和一把酒吧茶匙。完美的彩虹酒酒杯很难找到，因为这种饮料已经过时很久，但它至少应该满足看起来有点儿像高利口杯、顶部是平直的2个要求。在倒入第一层原料后，将勺子插入酒杯，尽量往里伸，使勺背朝上。调整勺子的角度，使它非常靠近酒杯的内壁。接着，依次将每一种酒液顺着勺背倒进酒杯，这样酒液会顺着酒杯的内壁流下去，浮在前一层酒液的上面。白兰地或奶油是不可或缺的原料，因为白兰地的酒精含量很高，而奶油的密度很小，会漂浮在大多数烈酒之上。

彩虹酒

在杰里·托马斯的《调酒手册及美食家的伴侣》（1862年）中有一章叫《花式鸡尾酒》，它以3个彩虹酒配方开头。第1个配方来自19世纪初新奥尔良一位名叫约瑟夫·桑蒂娜的酒馆老板，托马斯认为他的白兰地库斯塔开创了一个全新的鸡尾酒类别。桑蒂娜的彩虹酒是用干邑白兰地、黑樱桃利口酒、橙皮利口酒调制的。不过，托马斯的调制说明是"搅拌均匀"，这和我一直以为的分层饮料的调制方法完全不一样。

¼盎司（7.5毫升）自制石榴糖浆或在商店购买的石榴糖浆
¼盎司（7.5毫升）可可利口酒
¼盎司（7.5毫升）路萨朵黑樱桃利口酒
¼盎司（7.5毫升）约瑟夫·卡特龙橙皮利口酒
¼盎司（7.5毫升）玛丽莎32号薄荷利口酒
½盎司（15毫升）马爹利VSOP干邑

按照各种原料被列出的顺序，首先倒入石榴糖浆，然后沿着倾斜靠在彩虹酒酒杯内壁的茶匙勺背依次小心地倒入每一种酒液，每一层酒液都应该漂浮在前一层酒液上面（具体做法见第183页）。

普利克内斯（PREAKNESS）鸡尾酒

这是我在詹姆斯·玛雅比（James Mayabb）1962年出版的《从麦迪逊大道到马来亚的国际特色鸡尾酒》（ International Cocktail Specialties from Madison Avenue to Malaya ）中找到的配方。普利克内斯锦标赛是美国三冠赛的第二场比赛，这款好喝的威士忌鸡尾酒是这一赛事的专供饮料，多年来一直很受欢迎，现在是时候隆重推出它了。不过，普利克内斯锦标赛将发生巨大的变化。有传言说，专门为三冠赛服务的皮姆利科赛马场将于2020年后关闭，普利克内斯锦标赛将换到一个未知的赛马场举行。

2盎司（60毫升）天使的嫉妒黑麦威士忌
1盎司（30毫升）马天尼罗西甜味美思
¼盎司（7.5毫升）法国廊酒
1大滴戴尔·德格罗夫多香果芳香苦精

1片橙子皮"硬币"，用于装饰

将所有原料（装饰物除外）加冰搅拌，然后滤入一个冰镇过的鸡尾酒酒杯。用橙子皮"硬币"装饰。

长老会（PRESBYTERIAN）

这是我妈妈最喜欢的饮料。有关这款饮料名字的由来，目前还没有一个令人满意的解释，但它似乎已经和这款饮料捆绑在一起100多年了。我的朋友戴维·旺德里奇发现，这款饮料与苏格兰威士忌也捆绑在一起100多年时间了。他尝试调制用苏格兰威士忌做基酒的版本，但我不是一个狂热的烈酒爱好者，所以我没有品尝戴维的版本。不过，等我哪天想喝烈酒了，我会尝尝。

2盎司（60毫升）天使的嫉妒波本威士忌
2盎司（60毫升）苏打水
2盎司（60毫升）芬味树姜汁汽水
1片柠檬皮"硬币"，用于装饰

将所有原料（装饰物除外）放入一个装满了冰块的高杯，搅拌。用柠檬皮"硬币"装饰。

威望（PRESTIGE）鸡尾酒*

我在《调酒的细节》（第一版）的发布会上提供了这款鸡尾酒，以及由我的好朋友杰里·班克斯（Jerri Banks）、艾伯特·特鲁默（Albert Trummer）、朱莉·赖纳、杰夫·贝克尔（Jeff Becker）、戴维·马斯登、奥德丽·桑德斯、安格斯·温切斯特（Angus Winchester）和乔治·德尔加多（George Delgado）调制的其他7款鸡尾酒。

1盎司（30毫升）百加得奥乔珍藏朗姆酒
¼盎司（7.5毫升）马天尼罗西干味美思
¾盎司（22.5毫升）约翰·D.泰勒天鹅绒法勒南
¼盎司（7.5毫升）新鲜青柠汁
1盎司（30毫升）菠萝汁
1块菠萝角，用于装饰
1片薄青柠圆片，用于装饰

在摇酒壶中加入冰块和所有原料（装饰物除外），摇匀后将其滤入一个双层古典杯。用菠萝角和青柠圆片装饰。

变态杀手（PSYCHO KILLER）+

"这款鸡尾酒的灵感来自浪子鸡尾酒，但它没有用黑麦威士忌做基酒，而是用了知更鸟12年爱尔兰威士忌。它是我们2014—2015年度酒单中的一款鸡尾酒。该酒单在2015年'鸡尾酒传奇大会'中获得了'世界最佳鸡尾酒酒单'的称号。

"知更鸟威士忌带有干果、香蕉和烘焙香料的味道，口感丰富，辅以可可利口酒和香蕉利口酒，最后用苦艾酒将所有原料结合在一起，使甜味和果味对比分明。"

——吉利恩·沃斯，"死兔子"酒吧首席调酒师

"变态杀手"名称的由来对我来说仍然是个谜，但我认为它与"死兔子"酒吧名称中的"兔子"有关。

2盎司（60毫升）知更鸟12年爱尔兰威士忌

¾盎司（22.5毫升）金巴利

½盎司（15毫升）吉发得白可可利口酒

½盎司（15毫升）吉发得香蕉利口酒

2大滴苦艾酒

将所有原料加冰搅拌，然后滤入一个尼克诺拉杯。

皇家潘趣（PUNCH ROYALE）

[约3.5夸脱（3.98升）]

这是戴维·旺德里奇改编版的皇家潘趣酒，一份的量多于3升。

1升尊美醇爱尔兰威士忌

½瓶（1瓶750毫升）利科克（Leacock）雨水马德拉酒

1盎司（30毫升）戴尔·德格罗夫多香果芳香苦精

戴尔的柠檬橙子甜酒

1升矿泉水

现磨肉豆蔻，用于装饰

将威士忌、马德拉酒、苦精和甜酒倒入一个潘趣酒碗，加入矿泉水，搅拌均匀。在上桌前加入冰板或大冰块，使酒液变得冰凉。最后，盛在装了冰块的高脚杯里，撒上现磨肉豆蔻即可。

彩虹潘趣（无酒精版）*

3盎司（90毫升）新鲜橙汁

½盎司（15毫升）新鲜青柠汁

3盎司（90毫升）菠萝汁

1盎司（30毫升）单糖浆

¼盎司（7.5毫升）自制石榴糖浆或在商店购买的石榴糖浆

2大滴安高天娜苦精

1盎司（30毫升）苏打水

1颗波尔多樱桃，用于装饰

1片橙子片，用于装饰

在摇酒壶中加入冰块和所有原料（苏打水和装饰物除外），摇匀后将其滤入装满了冰块的冰茶杯。倒入苏打水，用樱桃和橙子片装饰。

彩虹酸酒*

皮诺酒是一种混成葡萄酒，由未发酵的葡萄汁和白兰地（如干邑白兰地）混合而成。有关皮诺酒的由来，据传一位干邑生产商在酒窖里混合两种干邑白兰地时出了差错，其中一种是未发酵的葡萄汁。他觉得自己毁掉了一批上好的干邑白兰地，于是这桶酒被弃置在酒窖里。几年后，他的酒窖经理在检查酒桶时尝了这桶酒，发现它以一种有趣的方式熟成了。皮诺酒由此诞生。

1½盎司（45毫升）皮诺酒

½盎司（15毫升）玛丽莎杏子味利口酒

1盎司（30毫升）新鲜柠檬汁

½盎司（15毫升）单糖浆（可选）

1颗波尔多樱桃，用于装饰

1片橙子片，用于装饰

在摇酒壶中加入冰块和所有原料（装饰物除外），摇匀后将其滤入装了冰块的古典杯。用樱桃和橙子片装饰。

红啤酒（RED BEER）

这是一款非常受欢迎的乡村啤酒饮料，卡茨基尔镇的人尤其喜爱。它的味道非常好，适合与花生、卤鸡蛋搭配。

2盎司（60毫升）冰镇过的番茄汁
1瓶[12盎司（360毫升）]云岭（Yuengling）啤酒

把番茄汁倒入一杯啤酒中，与卤鸡蛋一起上桌。

红狮（RED LION）

用柑曼怡调制这款饮料的历史可以追溯到20世纪30年代。在1933年的鸡尾酒大赛上，比尔·布斯比首次用干金酒调制红狮鸡尾酒，并将其盛在有糖边的酒杯中，他凭借这款酒获得了大赛冠军。

1盎司（30毫升）柑曼怡
1盎司（30毫升）干金酒
½盎司（15毫升）新鲜橙汁
½盎司（15毫升）新鲜柠檬汁
1片燃烧用橙子皮"硬币"，用于装饰

在摇酒壶中加入冰块和所有原料（装饰物除外），仔细摇匀后将其滤入冰镇过的鸡尾酒酒杯。用橙子皮"硬币"装饰。

雷鬼乐（REGGAE）*

我曾为科林·考伊工作过一段时间，为他设计的活动调制鸡尾酒，这款雷鬼乐鸡尾酒就是为墨西哥卡波圣卢卡斯的一场婚礼调制的。

1½盎司（45毫升）凯珊朗姆酒
½盎司（15毫升）皮埃尔·费朗橙皮利口酒
1½盎司（45毫升）菠萝汁
2大滴安高天娜苦精
现磨肉豆蔻，用于装饰

在摇酒壶中加入冰块和所有原料（装饰物除外），摇匀后将其滤入冰镇过的鸡尾酒酒杯。用现磨肉豆蔻装饰。

力加番茄（RICARD TOMATE）

力加茴香酒在法国很受欢迎，这个配方听起来很古怪，但却出乎意料地适合饮用。在调制的最后加冰块是很重要的，这样可以防止饮料表面形成膜或水垢般的凝结物。力加茴香酒和苦艾酒这类烈酒是用新鲜植物精油制成的，这些精油会与酒精分子结合在一起。随着酒精度降低，它们之间的连接会断裂。如果酒精度缓慢降低，精油会慢慢从酒精中分离，酒液就会变得混浊；如果把大量冰水和冰块倒进这样的烈酒，精油会快速与酒精分子分离并且聚集在一起，在饮料表面形成水垢般的浮渣。

2盎司（60毫升）力加茴香酒
¼盎司（7.5毫升）自制石榴糖浆或在商店购买的石榴糖浆
4盎司（120毫升）常温水

将力加茴香酒和石榴糖浆倒入高杯，然后缓慢加入常温水，最后加入冰块。

雷鬼乐

利克鸡尾酒

利克（Rickey）鸡尾酒是传统的干型酒精饮料，但是添加了糖浆或糖的也不奇怪，毕竟我们是在调制鸡尾酒，不是在制表，所以我们可以随意点儿。据说，利克鸡尾酒得名于19世纪晚期华盛顿的政治说客乔·利克（Joe Rickey）上校。乔经常喝威士忌，但这并不能说明他不会在威士忌里放青柠。事实上，没有证据表明他与这款饮料有什么关系，只是人们很容易将他和这款与他同名的饮料联系在一起。德里克·布朗（Derek Brown）是华盛顿特区的酒吧老板兼作家，他在《烈酒、糖、水、苦精：鸡尾酒如何征服世界》（*Spirits, Sugar, Water, Bitters: How the Cocktail Conquered the World*）一书中讲述了这个曲折的故事。在乔治·J.卡普勒的《现代美国饮品》中，用白兰地、加拿大威士忌和金酒做基酒的早期利克鸡尾酒配方与我们现在的配方完全相同。

金酒利克

1½盎司（45毫升）金酒或你喜欢的基酒

½盎司（15毫升）新鲜青柠汁

4盎司（120毫升）苏打水

1块青柠角，用于装饰

将所有原料（装饰物除外）倒入一个高杯，加冰搅拌。用青柠角装饰。

青柠利克（LIME RICKEY）（无酒精版）*

这款无酒精饮料在彩虹屋的长廊酒吧很受男士欢迎。

¾盎司（22.5毫升）新鲜青柠汁

¾盎司（22.5毫升）单糖浆

4大滴安高天娜苦精

苏打水

1块青柠角，用于装饰

将所有原料（苏打水和装饰物除外）倒入一个高杯，再倒入苏打水，加冰搅拌。挤压青柠角，将青柠汁挤到鸡尾酒中，然后将青柠角丢进酒杯。

青柠利克

白色里约（RIO BLANCO）*

这款鸡尾酒改编自我自己版本的玛格丽特，是我为在圣安东尼奥鸡尾酒大会上向儿童慈善事业捐款1万美元的里约公司老板调制的。后来，这款鸡尾酒出现在博安南（Bohanan）牛排馆的酒单上，现在它可能还列在那里的酒单上。

2盎司（60毫升）据点白（Forteleza）特其拉

¾盎司（22.5毫升）法国苏玳（Sauternes，无可取代）葡萄酒

½盎司（15毫升）新鲜柠檬汁

2大滴戴尔·德格罗夫多香果芳香苦精

2片非常薄的墨西哥辣椒（去掉果肉和籽）

在鸡尾酒摇酒壶中加入特其拉、苏玳葡萄酒、柠檬汁、苦精和一片墨西哥辣椒，仔细摇匀后将其滤入碟形杯，然后将剩下的一片墨西哥辣椒轻轻滑到碟形杯中。

里兹鸡尾酒*

谨以这款鸡尾酒向巴黎和马德里的里兹鸡尾酒致敬。

1盎司（30毫升）拿破仑VSOP干邑

½盎司（15毫升）君度

¼盎司（7.5毫升）路萨朵黑樱桃利口酒

¼盎司（7.5毫升）新鲜柠檬汁

2盎司（60毫升）香槟

1片燃烧用橙子皮"硬币"，用于装饰

在鸡尾酒摇酒壶中加入冰块和前4种原料，摇匀，然后将其滤入鸡尾酒酒杯，再倒满香槟。最后用燃烧用橙子皮"硬币"装饰。

烤菠萝（ROASTED PINEAPPLE）鸡尾酒*

15人份

这是根据20世纪30年代位于好莱坞的大使馆俱乐部的配方改编的。如果你想调制比较干的版本，可以用菲诺雪莉酒。

½个菠萝，去皮，切成块，烤（见本页"说明"）

1瓶（750毫升）干白葡萄酒（选没有橡木味的）

10盎司（300毫升）半干型雪莉酒，最好是干型雪莉酒

3盎司（90毫升）佩德罗-希梅内斯雪莉酒

8盎司（240毫升）菠萝汁

2盎司（60毫升）新鲜柠檬汁

15片薄薄的菠萝角，用于装饰

将烤过的菠萝块碾碎，放在白葡萄酒中室温浸泡2小时。加入剩下的原料（装饰物除外），盖上盖子冷藏一夜后滤出液体。每一份鸡尾酒需要3~4盎司（90~120毫升）酒液，调制时将其倒入鸡尾酒摇酒壶加冰摇匀，然后滤入一个冰镇过的鸡尾酒酒杯，用一片薄菠萝角装饰。

说明：要想快速获得烤菠萝块，可以使用厨房喷枪，或者提前用烤箱烘烤。

罗伯·罗伊

比尔·格莱姆斯（Bill Grimes）在他的精彩著作《直饮还是加冰》（Straight Up or On the Rocks，2002年）中揭示了这款以苏格兰威士忌为基酒的曼哈顿的名称由来——名为《罗伯·罗伊》的百老汇歌剧。哈里·克拉多克在《萨伏伊鸡尾酒书》（1930年）中要求用等量的苏格兰威士忌、甜味美思和干味美思来调制这款鸡尾酒（这对现在的人来说有点儿甜）。这款鸡尾酒也被称为"亲密关系鸡尾酒"（Affinity Cocktail），与甜味美思和干味美思搭配"完美"。我觉得北秀德苦精和苏格兰威士忌搭配非常棒。

2盎司（60毫升）苏格兰威士忌

1盎司（30毫升）意大利甜味美思

1大滴北秀德苦精

1片柠檬皮"硬币"，用于装饰

将所有原料（装饰物除外）放入调酒杯，加冰搅拌，然后滤入冰镇过的鸡尾酒酒杯。挤压柠檬皮"硬币"，将柠檬精油滴到鸡尾酒表面，然后将柠檬皮"硬币"丢进酒杯。

变化：用1大滴橙味苦精和1大滴君度代替北秀德苦精，就可以调制出绿荆棘（Green Briar）。

日落（ROSARITA SUNRISE）*

2盎司（60毫升）唐·胡里奥珍藏白色特其拉

½盎司（15毫升）新鲜青柠汁

2盎司（60毫升）新鲜橙汁

¾盎司（22.5毫升）特伦内尔（Trenel）黑加仑利口酒

1个橙子的皮，切成细长的螺旋状，用于装饰

将前3种原料放入高杯，加冰搅拌。将黑加仑利口酒缓慢地从酒杯中央倒入，用螺旋状橙子皮装饰。

罗塞塔（ROSETTA）+

拉斯维加斯的传奇人物托尼·阿布-加尼姆和我在一次鸡尾酒探访之旅中偶然走进了格林威治村的大叔酒吧（Daddy-O's bar），调酒师托尼·德博克（Tony Debok）给我们调制了这款罗塞塔，并且说这是专门为我们研发的。我敢打赌，他对所有的游客都是这么说的。

1½盎司（45毫升）苏连红柑橘伏特加

½盎司（15毫升）君度

¾盎司（22.5毫升）金巴利

1盎司（30毫升）新鲜橙汁

1片燃烧用橙子皮"硬币"，用于装饰

在摇酒壶中加入冰块和所有原料（装饰物除外），仔细摇匀后将其滤入冰镇过的鸡尾酒酒杯。用燃烧用橙子皮"硬币"装饰。

皇家夏威夷

这款鸡尾酒在很长一段时间里是火奴鲁鲁（Honolulu）富有传奇色彩的皇家夏威夷酒店最受欢迎的饮料。如今，这家酒店被盒子形的丑陋摩天大楼包围，毫无吸引力可言。更可悲的是，这款20世纪50年代的招牌鸡尾酒已经从皇家夏威夷酒店消失了。

1½盎司（45毫升）金酒

½盎司（15毫升）新鲜柠檬汁

1盎司（30毫升）菠萝汁

¾盎司（22.5毫升）橙汁

在摇酒壶中加入冰块和所有原料，摇匀后将其滤入一个小号鸡尾酒酒杯。

皇家浪漫（ROYAL ROMANCE）

我在W. J.塔林的《皇家咖啡馆鸡尾酒手册》里找到了这个配方。这款鸡尾酒的发明者约翰·佩罗西诺（John Perosino）在1934年的大英帝国鸡尾酒比赛中凭借它赢得了冠军。

1½盎司（45毫升）飞行美式金酒

½盎司（15毫升）柑曼怡

1盎司（30毫升）加糖的西番莲汁或西番莲露

2大滴自制石榴糖浆或在商店购买的石榴糖浆

1片燃烧用橙子皮"硬币"，用于装饰

在摇酒壶中加冰块和所有原料（装饰物除外），摇匀后将其滤入冰镇过的鸡尾酒酒杯。用燃烧用橙子皮"硬币"装饰。

酒贩（RUM RUNNER）

我不明白一个真正的酒贩子怎么有时间或有意愿调制这么复杂的鸡尾酒。

1块青柠角

1块菠萝角，去皮

1盎司（30毫升）凯珊白朗姆酒

1盎司（30毫升）阿普尔顿庄园珍藏调和型牙买加朗姆酒

2盎司（60毫升）菠萝汁

½盎司（15毫升）新鲜青柠汁

1盎司（30毫升）单糖浆

¾盎司（22.5毫升）乳化蛋白

1大滴北秀德苦精

1大滴安高天娜苦精

1片薄青柠圆片，用于装饰

1颗波尔多樱桃，用于装饰

1块菠萝角和1片菠萝叶，用于装饰

将青柠角和去皮菠萝角放在波士顿摇酒壶的玻璃调酒听中，用捣碎棒轻轻碾碎。加入剩余的原料（装饰物除外），再加冰块，充分摇匀。将混合物滤入加了冰块的高柯林斯杯，在饮料顶部用青柠圆片、樱桃、菠萝角和菠萝叶装饰。

½盎司（15毫升）希零樱桃利口酒

1片燃烧用柠檬皮"硬币"，用于装饰

在摇酒壶中加入冰块和所有原料（装饰物除外），摇匀后将其滤入冰镇过的尼克诺拉杯。用燃烧用柠檬皮"硬币"装饰。

皇家鸡尾酒

皇家同花顺（ROYAL FLUSH）*

这个配方出自《德格罗夫合集》（*DeGroff Collection*，1993年），一本由安高天娜和百加得公司制作的小册子。

2盎司（60毫升）百加得特级珍藏朗姆酒

1盎司（30毫升）杏仁糖浆

½盎司（15毫升）新鲜青柠汁

2盎司（60毫升）菠萝汁

2大滴安高天娜苦精

1朵可食用兰花（见第197页"说明"），用于装饰

在摇酒壶中加入冰块和所有原料（装饰物除外），摇匀后将其滤入加了冰的双层古典杯。用兰花装饰。

俄罗斯之春潘趣（RUSSIAN SPRING PUNCH）+

这款鸡尾酒由20世纪80年代的伦敦传奇调酒师迪克·布拉德塞尔创造。

1盎司（30毫升）苏连红伏特加

¾盎司（22.5毫升）新鲜柠檬汁

½盎司（15毫升）覆盆子利口酒

¼盎司（7.5毫升）特伦内尔黑加仑利口酒

¼盎司（7.5毫升）莫林覆盆子糖浆

¼盎司（7.5毫升）单糖浆

3盎司（90毫升）香槟

7颗覆盆子，用于装饰

将前6种原料放入加了碎冰的大号柯林斯杯，搅拌均匀后倒入香槟，加入覆盆子。在杯中放入一根长吸管即可上桌。

锈钉子

20世纪50年代，锈钉子出现在东55街70号的小小俱乐部；60年代，它在21俱乐部走向极盛。特德·索西耶在《干杯》（1951年）中把它列在小小俱乐部酒单的第2位。

2盎司（60毫升）苏格兰威士忌

¾盎司（22.5毫升）杜林标酒

在一个洛克杯中装冰块，倒入苏格兰威士忌。然后将杜林标酒缓缓倒入洛克杯，使其漂浮在表面。如果你想感受地道的风味，就用你的食指搅拌。

黑麦俱乐部迷雾（RYE CLUB MIST）*

我为弗里茨·梅塔格（Fritz Maytag）的老波特罗黑麦芽威士忌设计了这款鸡尾酒。我之所以将这款鸡尾酒设计成"迷雾"（将酒液倒在刨冰上），是因为老波特罗黑麦芽威士忌这样的桶装强化型威士忌需要稀释。

2盎司（60毫升）老波特罗单桶黑麦芽威士忌

1盎司（30毫升）皮埃尔·费朗橙皮利口酒

2大滴戴尔·德格罗夫多香果芳香苦精

1片燃烧用橙子皮"硬币"，用于装饰

在摇酒壶中加入冰块和所有原料（装饰物除外），摇匀后将其滤入装了刨冰的洛克杯。用燃烧用橙子皮"硬币"装饰。

改装版咸狗（SALTY DOG RETOOLED）*

1块青柠角，用于制作盐边

海盐，用于制作盐边

1½盎司（45毫升）绝对伏特加

¾盎司（22.5毫升）圣哲曼接骨木花利口酒

4盎司（120毫升）新鲜西柚汁

¼盎司（7.5毫升）新鲜青柠汁

2大滴戴尔·德格罗夫多香果芳香苦精

1枝新鲜罗勒枝，用于装饰

在高杯的边沿蘸半圈青柠角和海盐，制作盐边。在杯中加入冰块，再倒入其他原料（装饰物除外）搅拌均匀。用新鲜罗勒枝装饰。

桑格利亚汽酒（SANGRIA）

6人份

3片橙子圆片，再准备一些用于装饰

3片柠檬圆片，再准备一些用于装饰

1瓶（750毫升）西班牙干红葡萄酒或你喜欢的干红葡萄酒，冰镇保存

3盎司（90毫升）玛丽莎橙皮利口酒

2盎司（60毫升）新鲜柠檬汁

2盎司（60毫升）单糖浆

3盎司（90毫升）白葡萄汁

3盎司（90毫升）新鲜橙汁

3盎司（90毫升）苏打水

7~8颗绿葡萄（见本页"说明"），用于装饰

把3片橙子圆片和3片柠檬圆片放在大玻璃罐中，用长木勺或捣碎器轻轻按压水果，挤压出果汁和果皮中的精油。把水果留在玻璃罐中，加入剩下的原料（装饰物除外）并搅拌均匀。将剩余的橙子圆片和柠檬圆片切成方便放入酒杯的半片大小，用加了冰块的葡萄酒酒杯盛饮料，用橙子、柠檬和绿葡萄装饰。

说明：你也可以添加自己喜欢的其他时令水果作为装饰。

咸狗

1块柠檬角或青柠角，用于制作盐边

犹太盐或海盐，用于制作盐边

1½盎司（45毫升）蓝鲨伏特加

1½盎司（45毫升）伏特加

4盎司（120毫升）新鲜西柚汁

在高杯的边沿蘸半圈柠檬角（或青柠角）和盐，制作盐边。在杯中加满冰块，再倒入其他原料，搅拌均匀即可上桌。

撒旦的胡须（SATAN'S WHISKERS）

这个配方改编自1930年左右位于好莱坞的大使馆俱乐部的一个配方，是布朗克斯鸡尾酒的超奢侈版本，就像好莱坞的其他东西一样——只要更贵就一定更好。

1盎司（30毫升）富兹金酒

½盎司（15毫升）马天尼罗西甜味美思

½盎司（15毫升）洛里帕缇原味干苦艾酒

½盎司（15毫升）柑曼怡

1盎司（30毫升）新鲜橙汁

1大滴安高天娜苦精

1大滴里根橙味苦精6号

1片燃烧用橙子皮"硬币"，用于装饰

在摇酒壶中加入冰块和所有原料（装饰物除外），摇匀后将其滤入冰镇过的鸡尾酒酒杯。用燃烧用橙子皮"硬币"装饰。

萨泽拉克（SAZERAC）

人们普遍认为萨泽拉克鸡尾酒是用安东尼·佩绍（Antoine Peychaud）发明的苦精调制的。佩绍1841年在新奥尔良开了一家药店，他经常在药店结束营业后在那里招待朋友，将他用芳香植物调配的苦精酒在干邑白兰地里，借此机会推销他的苦精。那时，在新奥尔良畅销多年的干邑是由萨泽拉克父子酒厂生产的，因此有些人认为这是萨泽拉克鸡尾酒得名的来由，但是没有文献支持这一观点。

历史学家、作家戴维·旺德里奇为了找到萨泽拉克鸡尾酒的来源，再次投入到对史料的搜寻。他发现，萨泽拉克鸡尾酒直到1898年才见于出版物，而且即使在那时其配方中也没有苦艾酒。约翰·席勒（John Schiller）大约在1859年正式将他的咖啡馆改名为萨泽拉克咖啡馆，但这家咖啡馆与这款鸡尾酒没有任何关系。后来，托马斯·H.汉迪（Thomas H. Handy）接手这家咖啡馆并将其改为酒吧，但是他和萨泽拉克鸡尾酒也没有一点儿关系。你若是个坚持以事实为依据的人，可以去网上搜索旺德里奇在2015年7月发表的一篇文章。他在这篇文章中详细说明了萨泽拉克是什么、不是什么。我在彩虹屋工作时有我自己的萨泽拉克配方，看下面配方中我所用的干邑白兰地、波本威士忌、北秀德苦精和安高天娜苦精，你就知道我的萨泽拉克是什么样的了。

1小块方糖

2大滴北秀德苦精

2大滴安高天娜苦精

1盎司（30毫升）皮埃尔·费朗库琥珀干邑或你喜欢的优级干邑

1盎司（30毫升）威凤凰101黑麦威士忌

少许贾德上等苦艾酒

1片柠檬皮"硬币"

用碎冰冰镇一个洛克杯（即古典杯），放在一旁备用。在另一个洛克杯中加入方糖和2种苦精，用捣碎棒把方糖碾碎做成调味汁（加一点点水可能有助于方糖溶解）。然后，加入干邑、黑麦威士忌和2～3块方冰，搅拌至混合物冷却。把第一个洛克杯里的碎冰倒掉，倒入少许苦艾酒后摇晃酒杯，让酒液冲洗酒杯内壁。如果天花板够高，如果你够勇敢，你甚至可以把苦艾酒抛向空中，但一定要用杯子接住它！接着，将变得冰凉的混合物过滤到用苦艾酒冲洗过的洛克杯中，再将柠檬皮"硬币"中的精油挤在酒液表面，扔掉柠檬皮"硬币"并立即享用。但要注意，喝慢点儿！

斯科皮诺（SCORPINO）

这曾经是朱莉娅·罗伯茨（Julia Roberts）最喜欢的饮料（也许现在仍然是），她自己这么说过，我没有瞎编。

2盎司（60毫升）维波罗瓦（Wyborowa）伏特加

2盎司（60毫升）重奶油

1盎司（30毫升）君度

1大勺意大利柠檬味冰冻果子露

磨碎的柠檬皮，用于装饰

将伏特加、重奶油、君度和果子露放入搅拌机，用点动模式搅打。然后将混合物倒入大号鸡尾酒酒杯，在表面撒上磨碎的柠檬皮即可上桌。

天蝎座（SCORPION）

这是维克托·贝热龙（"商人维克"品牌创始人）的天蝎座鸡尾酒的一种变体。贝热龙建议用搅拌机制作这款饮料。

1½盎司（45毫升）阿普尔顿庄园特选调和型牙买加朗姆酒

¾盎司（22.5毫升）卡慕优质雷岛干邑

¾盎司（22.5毫升）新鲜柠檬汁

½盎司（15毫升）单糖浆

1盎司（30毫升）新鲜橙汁

½盎司（15毫升）杏仁糖浆

1量杯碎冰

½盎司（15毫升）史密斯和克罗斯牙买加朗姆酒

可食用兰花，用于装饰（见本页"说明"）

将前7种原料放入搅拌机，用点动模式搅打，然后将混合物倒入双层古典杯。将史密斯和克罗斯牙买加朗姆酒缓慢倒入古典杯，使其漂浮在表面。最后用兰花装饰，使花茎斜靠在杯沿上即可。

说明：兰花和其他可食用的花可以从网上购买。

你如果不习惯用搅拌机制作饮料，可以将前 7 种原料与碎冰一起摇和均匀，然后滤入加了冰块的双层古典杯。最后将史密斯和克罗斯牙买加朗姆酒缓慢倒入古典杯，使其漂浮在表面。

螺丝起子

这是第二次世界大战后约翰·马丁用来推广皇冠伏特加的饮料之一。据说，这个名称因来自得克萨斯州、俄克拉荷马州和加利福尼亚州的石油工人用螺丝起子搅动伏特加和橙汁而来。或许，这个说法是马丁编造的，毕竟他是一个鼎鼎有名的营销天才。

1½盎司（45毫升）蓝鲨伏特加

5盎司（150毫升）新鲜橙汁

½片橙子圆片，用于装饰

在高杯中加冰块，再加入伏特加和橙汁，最后用橙子片装饰。

海风（SEA BREEZE）

这款海风是优鲜沛公司在20世纪60年代发明的，目的是用日益流行的伏特加来推广他们的蔓越莓汁。公司甚至参与了一款名为"热带岛屿"（Tropico）的新品烈酒的推广，这款酒是由哥萨克（Don Cossack）伏特加和蔓越莓汁混合而成的。西格拉姆烈酒公司试图利用海风的人气来推广其陈年金酒——古瓶金酒，但是他们失败了。金酒已经过时了，伏特加则取而代之。

1½盎司（45毫升）蓝鲨伏特加

3盎司（90毫升）新鲜西柚汁

3盎司（90毫升）蔓越莓汁

1块青柠角，用于装饰

将伏特加倒入冰镇过的高杯，倒入西柚汁，再倒入蔓越莓汁，搅拌均匀。用青柠角装饰。

变化：若要调制海湾微风（Bay Breeze），就用菠萝汁代替西柚汁。若要调制马德拉斯（Madras），就用橙汁代替西柚汁。若要调制海岸微风（Shore Breeze），就用朗姆酒代替伏特加。

落日（SETTING SUN）*

这款精选餐后酒来自《德格罗夫合集》（1993年）——安高天娜苦精和百加得公司制作的小册子。这款鸡尾酒就如同成年人的橙汁。

2盎司（60毫升）百加得奥乔珍藏朗姆酒

1盎司（30毫升）重奶油

1盎司（30毫升）新鲜橙汁

½盎司（15毫升）君度

2大滴安高天娜苦精

磨碎的橙子皮，用于装饰

少许肉桂粉，用于装饰

在摇酒壶中加入冰块和所有原料（装饰物除外），仔细摇匀后将其滤入大号碟形杯。用磨碎的橙子皮和肉桂粉装饰。

塞维利亚（SEVILLA）*

我为达拉斯的耶罗波安餐厅的鸡尾酒晚宴设计了这款塞维利亚鸡尾酒，用它配洋葱切达干酪浓汤。

3盎司（90毫升）苏连红柑橘伏特加

¾盎司（22.5毫升）卢士涛东印度索雷拉雪莉酒

1片燃烧用橙子皮"硬币"，用于装饰

将伏特加和雪莉酒倒入加了冰的调酒杯，搅拌至冰凉。将酒液滤入冰镇过的鸡尾酒酒杯，用燃烧用橙子皮"硬币"装饰。

激情海岸

1½盎司（45毫升）蓝鲨伏特加

½盎司（15毫升）迪凯堡水蜜桃利口酒

¼盎司（7.5毫升）香博利口酒

2盎司（60毫升）蔓越莓汁

1盎司（30毫升）新鲜橙汁

1盎司（30毫升）新鲜西柚汁

1颗波尔多樱桃，用于装饰

1片柠檬圆片，用于装饰

1片橙子圆片，用于装饰

在摇酒壶中加入所有原料（装饰物除外），摇匀后将其滤入冰镇过的高杯。把樱桃放在2片水果片之间，用它们包裹住樱桃，再用酒签把3种水果穿起来。把处理好的装饰物放在酒杯中。

香迪格夫/香迪（SHANDYGAFF OR SHANDY）

现代的香迪格夫用的是等量的淡啤酒和柠檬水（柠檬水在英国指的是有气泡的柠檬-青柠苏打水）。下面是狄更斯（Dickens）时代的香迪格夫老配方。

½品脱（284毫升）麦芽啤酒

½品脱（284毫升）奥德丽姜汁啤酒或在商店购买的姜汁啤酒

1½盎司（45毫升）玛丽莎橙皮利口酒

½盎司（15毫升）新鲜柠檬汁

1片柠檬皮"硬币"，用于装饰

将所有原料（装饰物除外）放入马克杯，用柠檬皮"硬币"装饰。

边车

1978年，我在贝尔艾尔酒店的酒吧工作。一天下午，我刚调好一杯边车，一位年长的绅士看着我说："孩子，你知道真正的边车是什么样的吗？"我以为我知道，直到我听完他说的配方。在酒吧工作了4年之后，我决定开始收集合适的鸡尾酒配方。

1块柠檬角，用于制作糖边

糖，用于制作糖边

1½盎司（45毫升）干邑白兰地

1盎司（30毫升）君度

¾盎司（22.5毫升）新鲜柠檬汁

1片燃烧用橙子皮"硬币"，用于装饰

在鸡尾酒碟形杯的边沿蘸柠檬角和糖，制作糖边。在摇酒壶中加入冰块和剩余的所有原料（装饰物除外），摇匀后将其滤入准备好的碟形杯，用燃烧用橙子皮"硬币"装饰。

冷静（SIMMER DOWN）+

这是获奖调酒师杰森·考辛斯（Jason Cousins）的原创配方。

1½盎司（45毫升）路易老爷（Louis Royer Force）53° VSOP干邑

1盎司（30毫升）核桃利口酒

1½盎司（45毫升）意式浓缩咖啡利口酒

2大滴戴尔·德格罗夫多香果芳香苦精

1片燃烧用橙子皮"硬币"，用于装饰

将所有原料（装饰物除外）放入加了冰的调酒杯，搅拌均匀后滤入冰镇过的尼克诺拉杯。用燃烧用橙子皮"硬币"装饰。

新加坡司令（SINGAPORE SLING）

1915年左右，新加坡莱佛士酒店长廊酒吧的调酒师严崇文创造了这款鸡尾酒，而且它的配方在不同的书中都略有不同。1990年，波尔多葡萄酒专家罗宾·凯利·奥康纳（Robin Kelley O'Conno）从莱佛士给我发来一封电报，称："这是我品尝过的最好的新加坡司令。"显然，历经各种改造的经典新加坡司令又回来了。

1½盎司（45毫升）富兹金酒

½盎司（15毫升）希零樱桃利口酒

¼盎司（7.5毫升）君度

¼盎司（7.5毫升）法国廊酒

2盎司（60毫升）菠萝汁

½盎司（15毫升）新鲜青柠汁

1大滴安高天娜苦精

2盎司（60毫升）苏打水

1片橙子，用于装饰

1颗波尔多樱桃，用于装饰

在摇酒壶中加入冰块和所有原料（苏打水和装饰物除外），摇匀后将其滤入高杯，加入苏打水。用橙子片和樱桃装饰。

黑刺李金菲兹（SLOE GIN FIZZ）

1盎司（30毫升）普利茅斯黑刺李金酒

1盎司（30毫升）普利茅斯金酒

¾盎司（22.5毫升）新鲜柠檬汁

¾盎司（22.5毫升）单糖浆

3盎司苏打水或气泡矿泉水

1片橙子，用于装饰

1颗波尔多樱桃，用于装饰

在摇酒壶中加入前4种原料，摇匀后将其滤入装满冰块的高杯，倒入苏打水并搅拌。用橙子片和樱桃装饰。

吉姆的苏格兰威士忌和苏打水

一本关于鸡尾酒的书如果没有提到苏格兰威士忌和苏打水，那将是不可想象的。从汽水出现的那一天起，爱喝威士忌的人就开始用它来代替水稀释威士忌。甚至还有一首歌以这种饮料命名！不过，这段文字的标题用到"苏格兰威士忌和苏打水"几个字有更重要的原因：我想给大家讲一讲广告人、耐力鸡尾酒大赛冠军——吉姆·卡拉威（Jim Callaway）的故事。当他被诊断患了癌症时，他的生意伙伴罗恩·霍兰德（Ron Holland）是这么评价他的："一个真正不怕死的人。"

1987年，吉姆做了一次大手术，医生从他的大脑中摘除了一个肿瘤。手术一周后他就和我们一起来到查理·欧的酒吧。他戴着帽子，面前放着一个古典杯，里面装的是双份苏格兰威士忌，此外，还有一杯健怡可乐。吉姆反复叮嘱我们，如果他的妻子走进来，谁先发现谁就拿起他的苏格兰威士忌喝一大口，然后放在自己面前。

谈话继续进行着，我们也全方位掩护他，但不知怎的，一眨眼的工夫他的妻子就出现了，站在吉姆身后，而他正举着他的苏格兰威士忌要送到嘴边。我们都绝望地坐在那里，想知道他将如何为自己解围。看到我们眼中的恐慌，吉姆把威士忌一饮而尽，呛了一口并叫道："这不是我点的健怡可乐！"

史密斯和卡恩斯

这款鸡尾酒在1952年首次问世时，它的正式名称是史密斯和柯伦（Smith and Curran），是蓝色外套酒廊（Blue Blazer Lounge）的调酒师戈伯特·多伯（Gerbert Doebber）以2名顾客——温德尔·史密斯（Wendell Smith）和詹姆斯·柯伦（James Curran）的名字命名的。之所以有了现在这个名称，可能是后来人们根据这个名称的发音拼写酒名结果拼错了。

2盎司（60毫升）甘露咖啡利口酒
3盎司（90毫升）全脂牛奶
2盎司（60毫升）苏打水

把甘露咖啡利口酒和牛奶倒入冰镇过的高杯，再倒入苏打水。

变化：要想调制科罗拉多斗牛犬，用可口可乐代替苏打水即可。

走私者小径（SMUGGLER'S NOTCH）+

"现在得给这款鸡尾酒命名。我在笔记本上胡乱记下想到的点子，直到我想出'走私者小径'这个名字。这款鸡尾酒的大多数原料（真正的烈酒）在禁酒令施行期间都是不合法的，必须通过走私才能到达美国。现在正是酒吧的繁忙时段，我顺便尝试了我的总经理戴维·罗索夫新调的酒。

"'太好了。你调出了一杯老式朗姆酒，我打赌你能想到一个好名字……我真的嫉妒你。不过，你能搞定5号桌吗？他们不喝酒让我感到紧张。'"

——埃里克·阿尔佩林（Eric Alperin），洛杉矶粉饰（The Varnish）酒吧合伙人

少许保乐力加苦艾酒（Pernod Absinthe）
1块红糖，或者1汤匙红糖糖浆或德默拉拉糖浆
2大滴比特储斯橙子苦精
少许水
2盎司（60毫升）百加得奥乔珍藏朗姆酒（或哈瓦那俱乐部7年朗姆酒）
1大块［2英寸×2英寸（5.08厘米×5.08厘米）］冰块
1片橙子皮"硬币"，用于装饰

> ### 鸡尾酒里的鸡蛋
>
> 用到鸡蛋、蛋白或蛋黄的鸡尾酒通常很难调制。现在的鸡蛋比过去的大。传统配方通常要求使用整个鸡蛋或蛋白，现在如果还依照传统配方调制，往往会调出比例失调的鸡尾酒。解决方法是用打蛋器把整个鸡蛋或蛋白打散，使它们乳化，这样它们就可以像其他原料一样便于测量。为了方便使用，我经常把它们装在塑料挤压瓶里。若配方要求使用整个鸡蛋或蛋白，我分配给一杯鸡尾酒的乳化鸡蛋或蛋白通常不超过3/4盎司（22.5毫升）。所有蛋类原料都必须一直冷藏。

用少许苦艾酒给古典杯洗杯，然后倒掉苦艾酒。在杯子里加橙子苦精和少许水，再加入红糖并用捣碎棒捣碎（若使用糖浆则改为搅拌）。加入朗姆酒和冰块并搅拌，最后用橙子皮"硬币"装饰。

南部海滩（SOUTH BEACH）*

1992年，我为现已倒闭的帕丁顿饮料公司设计了这款鸡尾酒，以向人们展示金巴利鸡尾酒。它没有那么苦，更适合美国人的口味。美国人似乎直到现在才终于学会欣赏开胃酒的苦味。下面的配方在当时是了解金巴利苦味酒的入门级配方。今天，内格罗尼已席卷全美。

3/4盎司（22.5毫升）金巴利
3/4盎司（22.5毫升）帝萨诺原味意大利苦杏酒
2盎司（60毫升）新鲜橙汁
1片燃烧用橙子皮"硬币"，用于装饰

在摇酒壶中加入冰块和所有原料（装饰物除外），摇匀后将其滤入冰镇过的鸡尾酒酒杯。用燃烧用橙子皮"硬币"装饰。

酸酒

　　酸酒最早出现在杰里·托马斯的《调酒手册及美食家的伴侣》（1862年）一书中。酸酒饮料是评判调酒师是否专业的标准，也是业余调酒师的最大挑战，调配它的最大难点在于平衡酸味原料的分量，尤其是新鲜柠檬汁和青柠汁的分量。所有的酸甜味鸡尾酒——柯林斯、菲兹、玛格丽特都可以使用下面的基础配方。用这个配方调制的饮料适合90%的人饮用。在19世纪，酸酒类饮料包含菲克斯（Fix），这类饮料与酸酒所用的原料相同，但比例略有不同，并以新鲜的时令水果装饰。

基础酸酒配方

1½~2盎司（45~60毫升）基础利口酒

¾盎司（22.5毫升）酸味原料（柠檬汁或青柠汁，或两者等量混合）

¾盎司（22.5毫升）甜味原料，通常是单糖浆

　　甜度可以变化。对这个配方来说，由等量体积的糖和水制成的单糖浆就很合适。但如果使用的利口酒是酒精度为40%、比单糖浆干得多的君度，那么单糖浆的用量就应该增加到1盎司（30毫升）。使用其他甜味原料代替单糖浆时，都需要通过品尝来确定其用量是否合适。

　　请使用优质冰块，至少是1英寸（2.54厘米）见方的固体冰块。用力摇和所有原料，慢慢地摇10下，使酒液得到适当的稀释。如果使用的是碎冰，就用力摇和5下，这样不仅可以冷却酒液，还可以避免酒液被过度稀释。

　　与酸酒相关的另一个问题是蛋白。加入蛋白制造泡沫的做法在手工鸡尾酒运动中非常流行，有些人喜欢，但有些人不喜欢蛋白的味道。在使用鸡蛋调酒之前，一定要征得客人的同意。不要过度使用蛋白。在鸡尾酒中，不多于¾盎司（22.5毫升）的蛋白就足够了。为了正确测量蛋白用量，用打蛋器将蛋白打散，然后装在塑料挤压瓶中，这样使用起来更方便。蛋类原料一定要冷藏保存（有关在鸡尾酒中使用鸡蛋的更多信息，参见第200页）。

南区（SOUTHSIDE）

这是著名的21俱乐部多年来的招牌鸡尾酒，是一种专门为爱喝金汤力的人准备的薄荷茱莉普。

2枝新鲜薄荷枝

¾盎司（22.5毫升）新鲜青柠汁

¾盎司（22.5毫升）单糖浆

2盎司（60毫升）必富达24金酒

1½盎司（45毫升）苏打水

将1枝薄荷枝、青柠汁和单糖浆放在波士顿摇酒壶的玻璃调酒听中，用捣碎棒把薄荷枝轻轻捣碎。加入金酒和冰块，充分摇匀。将混合物倒入加了碎冰的高脚杯，倒入苏打水，搅拌至高脚杯外壁出现冷凝的水珠。用剩下的薄荷枝装饰。

火辣修道院鸡尾酒（SPICY ABBEY COCKTAIL）*

这个配方的灵感来自经典的修道院鸡尾酒（见第68页）。

1½盎司（45毫升）唐·胡里奥珍藏金标特其拉

½盎司（15毫升）利莱桃红利口酒

½盎司（15毫升）新鲜橙汁

¾盎司（22.5毫升）新鲜柠檬汁

¾盎司（22.5毫升）龙舌兰花蜜

1茶匙红辣椒果冻

1大滴安高天娜苦精

1片橙子皮"硬币"，用于装饰

在摇酒壶中加入冰块和所有原料（装饰物除外），仔细摇匀，然后将其仔细滤入加了冰块的双层古典杯。用橙子皮"硬币"装饰。

圣布鲁诺（ST. BRUNO）+

这是位于美国科罗拉多州阿斯彭山上的吉米（Jimmy）酒吧的特色饮料，这家酒吧是美国最著名的龙舌兰酒酒吧。

> ### 葡萄酒汽酒
>
> 在葡萄酒酒杯中加入⅔容量的白葡萄酒，再倒入苏打水。大多数饮酒者喜欢在汽酒里加冰，如果不加冰，所有的原料都要经过冷藏。最后用柠檬皮装饰。波士顿人对经典葡萄酒饮料有自己的要求：将红葡萄酒与七喜汽水倒在加了冰块的高脚杯中，再用柠檬皮装饰。他们称这种餐酒为"葡萄酒冷却器"（Wine Cooler）。

1片橙子

1枝新鲜薄荷枝

1大滴北秀德苦精

2盎司（60毫升）特索罗白金标特其拉

½盎司（15毫升）超级陈酿绿查尔特勒酒

1片橙子皮"硬币"，用于装饰

将橙子片、薄荷枝和苦精放入调酒杯，用捣碎棒轻轻捣碎橙子片和薄荷枝。加入特其拉和绿查尔特勒酒，加冰搅拌。将混合物仔细滤入尼克诺拉杯，挤压橙子皮"硬币"以将橙子精油滴到鸡尾酒表面，然后将橙子皮"硬币"丢进酒杯。

高跟鞋（STILETTO）

1盎司（30毫升）帝萨诺原味意大利苦杏酒

½盎司（15毫升）香蕉利口酒（我推荐玛丽莎12号香蕉利口酒）

1盎司（30毫升）新鲜橙汁

1盎司（30毫升）菠萝汁

1片燃烧用橙子皮"硬币"，用于装饰

在摇酒壶中加入冰块和所有原料（装饰物除外），仔细摇匀后将其滤入冰镇过的碟形杯。用燃烧用橙子皮"硬币"装饰。

史丁格

这款经典的纽约睡前酒的历史可以追溯到1900年。现在，一些人会用薄荷枝装饰史丁格，但在过去，这种饮料是成年人用来在一顿丰盛的大餐后净化味蕾的餐后薄荷水，所以它不是配着食物饮用的，也没有装饰物。史丁格在20世纪中叶也很受欢迎，因为它含有等量的白兰地和白薄荷利口酒。不过，为了迎合现在美国人的口味，史丁格变得更干了。

2盎司（60毫升）马爹利VSOP干邑
1盎司（30毫升）玛丽莎33号白薄荷利口酒

在摇酒壶中加入冰块和所有原料，用力摇匀后将其滤入装满碎冰的古典杯。

石围墙（STONE FENCE）

这个配方改编自查理·保罗《美国鸡尾酒和其他冰镇饮料》（1902年）中的配方。

2盎司（60毫升）美格肯塔基波本威士忌
5盎司（150毫升）新鲜苹果汁
½盎司（15毫升）新鲜柠檬汁
3大滴单糖浆
4大滴戴尔·德格罗夫多香果芳香苦精
1片澳大利亚青苹果片，用于装饰

将所有原料（装饰物除外）放入高杯加冰搅拌，用青苹果片装饰。

石头酸酒（STONE SOUR）

我不知道是谁最先想出了这个名字，但我怀疑它来自加利福尼亚州，因为石头酸酒也被称为加州酸酒。石头酸酒只需要添加一点点新鲜的橙汁。

1½盎司（45毫升）布莱特波本威士忌
¾盎司（22.5毫升）新鲜柠檬汁
¾盎司（22.5毫升）单糖浆
1盎司（30毫升）新鲜橙汁
1片橙子，用于装饰
1颗波尔多樱桃，用于装饰

在摇酒壶中加入冰块和所有原料（装饰物除外），摇匀后将其滤入加了冰块的洛克杯。用橙子片和樱桃装饰。

巨石阵潘趣（STONEHENGE PUNCH）

这个配方改编自康涅狄格州里奇菲尔德的巨石阵客栈（The Stonehenge Inn）的原创配方。

1盎司（30毫升）四玫瑰波本威士忌
1盎司（30毫升）凯珊陈年朗姆酒
½盎司（15毫升）新鲜柠檬汁
½盎司（15毫升）单糖浆
1大滴戴尔·德格罗夫多香果芳香苦精
1颗波尔多樱桃，用于装饰
1块菠萝角，用于装饰
半片橙子圆片，用于装饰

在摇酒壶中加入冰块和所有原料（装饰物除外），用力摇匀后将其滤入装满碎冰的古典杯。用波尔多樱桃、菠萝角和橙子圆片装饰。

斯托克俱乐部（STORK CLUB）鸡尾酒

多年来，这款鸡尾酒一直都在彩虹屋餐厅的酒单上，但它的发明者是纳撒尼尔·库克（Nathaniel Cook）。他的名字听起来像独立战争时期的英雄，但他其实是富有传奇色彩的斯托克俱乐部的首席调酒师。

1½盎司（45毫升）富兹金酒
½盎司（15毫升）约瑟夫·卡特龙橙皮利口酒
¼盎司（7.5毫升）新鲜青柠汁
1盎司（30毫升）新鲜橙汁
1大滴安高天娜苦精
1片燃烧用橙子皮"硬币"，用于装饰

在摇酒壶中加入冰块和所有原料（装饰物除外），摇匀后将其滤入冰镇过的鸡尾酒酒杯。用燃烧用橙子皮"硬币"装饰。

古怪酒酿（STRANGE BREW）+

这款不同寻常的混合饮料是由纽约一家早期手工鸡尾酒酒吧——死亡公社的调酒师托马斯·沃夫（Thomas Waugh）发明的，他将啤酒花IPA啤酒、金酒和菠萝汁混合在一起。它的味道还不错，不要被它的名字吓到了。

2盎司（60毫升）添加利10号金酒

¾盎司（22.5毫升）约翰·D.泰勒天鹅绒法勒南

1盎司（30毫升）无糖菠萝汁

½盎司（15毫升）新鲜柠檬汁

3盎司（90毫升）啤酒花IPA啤酒（我推荐绿光牌的）

1枝新鲜薄荷枝，用于装饰

在摇酒壶中加入冰块和前4种原料，摇匀后滤入未加冰的皮尔森杯。往杯中缓慢倒入啤酒，用薄荷枝装饰。

冰冻草莓大吉利（STRAWBERRY DAIQUIRI, FROZEN）

调制新鲜水果版本的冰冻大吉利的准备工作十分有意思，尤其是当你可以买到时令水果时。这个配方用的是新鲜草莓。注意，冰冻饮料比摇和的饮料需要更多甜味剂，因为冰块会进一步稀释甜味剂。

2盎司（60毫升）巴拿马甘蔗朗姆酒

½盎司（15毫升）路萨朵黑樱桃利口酒

4~6颗中等大小的草莓，去蒂并切碎

2盎司（60毫升）单糖浆

1盎司（30毫升）新鲜青柠汁

1杯碎冰

1颗完整的新鲜草莓，用于装饰

将所有原料（装饰物除外）放入长脚大玻璃杯，搅拌均匀。在装饰草莓的底部切一刀，然后将草莓插在杯子边沿作为装饰。

草莓天堂（STRAWBERRY NIRVANA）*

¼块去皮的新鲜生姜

¼盎司（7.5毫升）约翰·D.泰勒天鹅绒法勒南（见本页"说明"）

1½盎司（45毫升）普利茅斯金酒

1盎司（30毫升）草莓荔枝混合果泥（见本页"说明"）

¼盎司（7.5毫升）新鲜柠檬汁

1颗完整的新鲜草莓，用于装饰

将生姜放在波士顿摇酒壶中，用捣碎棒捣碎。加入剩余的原料（装饰物除外），再加入冰块，充分摇匀。把混合物仔细滤入冰镇过的碟形杯，生姜残渣务必滤除干净。最后用草莓装饰。

说明：约翰·D.泰勒天鹅绒法勒南可以在网上买到。至于混合果泥，我推荐纳帕谷完美果泥的速冻产品。

痛苦混蛋（SUFFERING BASTARD）

这实际上是一种加了橙汁的迈泰鸡尾酒。

1½盎司（45毫升）萨凯帕世纪甄选朗姆酒

¾盎司（22.5毫升）皮埃尔·费朗干橙皮利口酒

½盎司（15毫升）杏仁糖浆

¾盎司（22.5毫升）新鲜青柠汁

1½盎司（45毫升）新鲜橙汁

½盎司（15毫升）史密斯和克罗斯牙买加朗姆酒

1片青柠，用于装饰

1片橙子，用于装饰

在摇酒壶中加入冰块和前5种原料，摇匀后将混合物滤入装满了冰块的双层古典杯，再倒入史密斯和克罗斯牙买加朗姆酒，使其漂浮在饮料表面。用青柠片和橙子片装饰。

既成事实（SURE THING）*

这款鸡尾酒是特德·索西耶《干杯》（1951年）中的鸡尾酒流浪汉（Sundowner）和虎百合（Tiger Lilly）的混合体。

1½盎司（45毫升）凯珊禧年朗姆酒

½盎司（15毫升）马爹利VSOP干邑

½盎司（15毫升）皮埃尔·费朗干橙皮利口酒

½盎司（15毫升）约翰·D.泰勒天鹅绒法勒南

½盎司（15毫升）新鲜青柠汁

½盎司（15毫升）新鲜血橙汁

1大滴安高天娜苦精

1片青柠，用于装饰

1片血橙，用于装饰

在摇酒壶中加入冰块和所有原料（装饰物除外），摇匀后将其滤入装满了冰块的双层古典杯。用青柠片和血橙片装饰。

碎冰鸡尾酒

　　碎冰鸡尾酒的英文名称"Swizzle"来源于牙买加调酒棒。这是一种非常细的调酒棒，大约30厘米长，末端像树根一样有很多分支，只不过它的是被剪短了的分支。这种调酒棒虽然看起来像一根可以轻易折成两半的小树枝，但它实际上非常结实。使用这种调酒棒的方法是，将它放在装了饮料的高杯中，双手手掌夹住柄快速搓动，它的末端就会像电动搅拌器一样搅拌饮料。

朗姆碎冰鸡尾酒

　　1½盎司（45毫升）凯珊禧年朗姆酒

　　¼盎司（7.5毫升）约翰·D.泰勒天鹅绒法勒南（见本页"说明"）

　　½盎司（15毫升）新鲜青柠汁

　　½盎司（15毫升）单糖浆

　　1大滴戴尔·德格罗夫多香果芳香苦精

　　1块青柠角，用于装饰

　　将所有原料（装饰物除外）放入装了碎冰的高杯。将牙买加调酒棒的柄夹在双手手掌之间，快速旋转以混合饮料。取出调酒棒，用青柠角装饰。

　　说明：约翰·D.泰勒天鹅绒法勒南可以在网上买到。

泰勒制造（TAYLOR MADE）*

　　2盎司（60毫升）泰勒上校小批量保税（Colonel E.H. Taylor Small Batch Bonded）波本威士忌

　　¼盎司（7.5毫升）约翰·D.泰勒天鹅绒法勒南（见本页"说明"）

　　¾盎司（22.5毫升）新鲜西柚汁

　　¼盎司（7.5毫升）蜂蜜糖浆

　　1大滴比特储斯西柚苦精

　　半片西柚圆片，用于装饰

　　在摇酒壶中加入冰块和所有原料（装饰物除外），摇匀后将其滤入加了冰的双层古典杯。用半片西柚圆片装饰。

泰勒制造

龙舌兰日出（TEQUILA SUNRISE）

最早（20世纪40年代）的龙舌兰日出是先加苏打水后倒入黑加仑利口酒的龙舌兰柯林斯酒。这个配方最初出现在比尔·凯利的《流动的酒保》中。

1½盎司（45毫升）米拉格罗（Milagro）银色特其拉

4~5盎司（120~150毫升）新鲜橙汁

¾盎司（22.5毫升）自制石榴糖浆或在商店购买的石榴糖浆，或者黑加仑利口酒

将一个高杯放入冰箱冰镇，冰镇好后加入特其拉，再倒入新鲜橙汁，最后将石榴糖浆或黑加仑利口酒倒在酒杯中。

爱情的魔力

1936年，戴夫·蔡森（Dave Chasen）和他沉默寡言的合伙人、上过《纽约客》杂志的名人哈罗德·罗斯（Harold Ross）在比弗利山开了一家名为"蔡森"的酒吧。它最初只是一家默默无闻的小酒馆，但很快就变成名人流连忘返的地方，总统、国王甚至"鼠帮"（Rat Pack）乐队成员都是那儿的常客。有一次，歌手迪恩·马丁（Dean Martin）来到酒吧，他让资深调酒师佩佩·鲁伊斯（Pepe Ruiz）为他专门设计一款鸡尾酒。马丁再次到访的时候，佩佩拿出一个脐橙，把皮切成大块。他往一个冰镇过的鸡尾酒酒杯里倒了一点儿拉艾娜菲诺雪莉酒，洗杯后又倒掉。接下来，他点燃了一根火柴伸到酒杯中，并挤压橙子皮使橙子精油射向燃烧的火柴，于是酒杯内壁沾染了橙子精油的芳香。接着，他将伏特加放入摇酒壶中加冰块摇匀，再过滤到鸡尾酒酒杯里，最后用另一片橙子皮装饰。他称这款酒为"爱情之火"。弗兰克·辛纳屈（Frank Sinatra）看到这款鸡尾酒后非常兴奋，他让佩佩"给内场洒洒水"，意思是要给在场的每位客人买一杯饮料，在那里自然是请每位客人尝尝这款新酒。我猜佩佩在看到服务员搬出一箱脐橙时是有点儿后悔的——怎么设计了这么复杂的一款鸡尾酒呢。

黄金杏仁（TOASTED ALMOND）

往其中加入伏特加，就调制出了烤杏仁。

¾盎司（22.5毫升）萨龙诺原味意大利苦杏酒

¾盎司（22.5毫升）甘露咖啡利口酒

2盎司（60毫升）重奶油

在摇酒壶中加入冰块和所有原料，摇匀后将其滤入小号鸡尾酒酒杯。

汤姆和杰瑞（TOM AND JERRY）

20世纪90年代，节假日期间的纽约酒吧的吧台上都有这款鸡尾酒。

蛋糕的原料

12颗新鲜的大号鸡蛋，分离蛋黄和蛋白

6杯糖

1½茶匙肉桂粉

½茶匙丁香粉

½茶匙多香果粉

2盎司（60毫升）陈酿朗姆酒

1茶匙塔塔奶油（可选）

鸡尾酒的原料

2汤匙蛋糊

1½盎司（45毫升）白兰地

½盎司（15毫升）陈酿朗姆酒

3~4盎司（90~120毫升）沸水或热牛奶

现磨肉豆蔻粉，用于装饰

制作蛋糊：先在一个大碗里把蛋黄搅打均匀。继续搅打的同时逐次加糖、香料和朗姆酒，直到混合物变稠、变白。在另一个碗中搅打蛋白直至变硬，然后将其放入蛋黄混合物中，翻拌成面糊状。如果需要的话，加入1茶匙塔塔奶油，防止糖沉淀。

制作鸡尾酒：将蛋糊放在马克杯中，加入白兰地、朗姆酒和沸水（或热牛奶），然后搅拌均匀。撒上肉豆蔻粉就可以上桌了。

托蒂

塞缪尔·斯特恩斯（Samuel Stearns）在《美国草药》（*The American Herbal*，1801年）一书中提供了托蒂（Toddy）的配方：水、朗姆酒（或白兰地）、糖和肉豆蔻。它被认为是一种有益健康的饮料，在夏天特别受欢迎。

在《调酒手册及美食家的伴侣》（1862年）一书中，杰里·托马斯将托蒂和司令这两类鸡尾酒放在了一起，指出它们之间唯一的区别就是司令上撒了一点儿肉豆蔻粉。托马斯为托蒂和司令都设计了热饮和冷饮的调制方法，所用原料只有烈酒、糖和水（苹果托蒂除外，它还用到了烤苹果）。到了19世纪90年代，柠檬汁和柠檬皮被添加到托蒂中，它的原料逐渐演变成为柠檬蜂蜜水、热水（或茶）、1茶匙威士忌。各个地方的贤妻良母把它当作治疗感冒的"药水"。

苹果托蒂

杰里·托马斯的《调酒手册及美食家的伴侣》记载的早期苹果托蒂具有殖民地风格，类似于18世纪小旅馆里的饮料。

½个烤苹果

1汤匙精制白糖

2盎司（60毫升）苹果白兰地（莱尔德苹果白兰地）

4盎司（120毫升）沸水

整颗肉豆蔻，用于磨碎

将烤苹果、糖和苹果白兰地放入玻璃酒杯或大号马克杯中，往杯子里倒⅔容量的沸水，在杯子上方磨肉豆蔻，使少许肉豆蔻粉洒在饮料上。

说明：如果不确定玻璃酒杯是否耐受极热和极冷的温度转变，加入沸水之前先在玻璃酒杯中放一把银汤匙。

热托蒂

½盎司（15毫升）白兰地、朗姆酒或苏格兰威士忌

1茶匙蜂蜜

½盎司（15毫升）新鲜柠檬汁

4盎司（120毫升）沸水或茶

将前3种原料放入马克杯并混合均匀，再倒满沸水或茶。

汤姆·柯林斯（TOM COLLINS）

这款酒出自19世纪50年代圣路易斯的种植园（Planter）酒店。像杰里·托马斯和哈里·约翰逊这样的调酒师都对四处云游充满了热情，如今的手工鸡尾酒从业人员也是如此。种植园酒店很乐意收留这些著名调酒师，并且经常这样做。杰里·托马斯和哈里·约翰逊确实都在这里工作过一段时间。

1½盎司（45毫升）金酒
¾盎司（22.5毫升）新鲜柠檬汁
¾盎司（22.5毫升）单糖浆
3~4盎司（90~120毫升）苏打水
1片橙子片，用于装饰
1颗波尔多樱桃，用于装饰

在摇酒壶中加入冰块和前3种原料，摇匀后滤入柯林斯杯，杯中再倒入苏打水并搅拌。最后用橙子片和樱桃装饰。

朋友之间（TRE AMICI）+

乔治·德尔加多是"世界之窗"餐厅的首席调酒师。2001年9月10日，我在餐厅主持了一场特其拉和特其拉鸡尾酒的品鉴活动，活动是在可以俯瞰酒吧主场地的"天空盒子"酒廊里举行的。活动结束后，我和乔治留下来喝酒、吃晚餐，然后在凌晨1:30左右离开餐厅，当时离第一架飞机撞上双子塔的南塔还有大约7小时。悲剧发生的那天早上乔治没有上班，但我们的许多朋友都在那里。

1盎司（30毫升）阿玛罗·蒙特内罗
1盎司（30毫升）潘脱蜜开胃酒
1盎司（30毫升）马天尼特藏红宝石味美思
4大滴费氏兄弟橙味苦精
1块橙子角
1片橙子皮"硬币"，用于装饰

在摇酒壶中加入冰块和前5种原料，摇匀后滤入装了冰块的古典杯。用橙子皮"硬币"装饰。

特立尼达酸酒（TRINIDAD SOUR）+

这款酸酒是朱塞佩·冈萨雷斯（Giuseppe González）发明的。任何见过朱塞佩的人都知道循规蹈矩和他毫无关联。下面的配方用了整整1盎司（30毫升）安高天娜苦精，其他调酒师通常只使用几大滴。朱塞佩认为安高天娜苦精的正确用量就是1盎司（30毫升）。他是对的。在19世纪的一则安高天娜苦精的广告中，一位清秀、富有的年轻女子啜饮着一小杯安高天娜苦精，这证明朱塞佩的选择是符合历史事实的。

½盎司（15毫升）酒精度50%的黑麦威士忌（见本页"说明"）
1盎司（30毫升）安高天娜苦精
1盎司（30毫升）杏仁糖浆
¾盎司（22.5毫升）新鲜柠檬汁
1条柠檬皮卷，用于装饰

在摇酒壶中加入冰块和所有原料（装饰物除外），摇匀后将其滤入尼克诺拉杯。用柠檬皮卷装饰。

说明：由于这款鸡尾酒的烈酒用量只有½盎司（15毫升），所以选择酒精度50%的黑麦威士忌很重要。低度的黑麦威士忌不足以为这款饮料提供足够的酒精度。

热带痒（TROPICAL ITCH）

哈里·易（Harry Yee）是夏威夷瓦胡岛的传奇调酒师，他发明了这款鸡尾酒和许多其他夏威夷热带鸡尾酒，如蓝色夏威夷。哈里为热带鸡尾酒创造了许多新鲜的东西，包括那些美丽的紫色旺达兰花。

1盎司（30毫升）威凤凰101波本威士忌
1盎司（30毫升）柠檬哈妥1804原产朗姆酒
½盎司（15毫升）约瑟夫·卡特龙橙皮利口酒
6盎司（180毫升）加糖西番莲汁
1大滴安高天娜苦精
¼盎司（7.5毫升）柠檬哈妥151超烈朗姆酒
中国独有的挠挠乐，用于装饰（是的，就是木制的"不求人"，哈里是使用它的第一人）

在摇酒壶中混合波本威士忌、朗姆酒、橙皮利口酒、果汁和苦精，加冰后摇匀。将混合物过滤到冰镇过的飓风杯中，再将超烈朗姆酒缓缓倒入酒杯，使其漂浮在表面。插入挠痒神器（没开玩笑，哈里·易靠这款饮料垄断了美国的挠挠乐市场！）。

燕尾服（TUXEDO）

《调酒艺术》（1936年）是巴黎里茨酒吧的传奇调酒师弗兰克·迈耶的鸡尾酒类个人出版物，书中转引了20世纪与21世纪之交的干马天尼鸡尾酒配方。这个配方最早出现在查尔斯·马奥尼的《霍夫曼调酒师指南》（1905年）中。弗兰克·迈耶的书还引用了马奥尼的其他许多受欢迎的配方。我很意外地发现了原因。弗兰克·迈耶曾在纽约的"霍夫曼之家"酒吧拜伟大的查尔斯·S.马奥尼为师（戴维·旺德里奇在他的历史研究中发现了这个线索）。19世纪的鸡尾酒业从业者似乎和今天的手工鸡尾酒业从业者一样喜欢四处云游。我不知道弗兰克·迈耶在霍夫曼之家酒吧待了多久，但他肯定待到禁酒令颁布之后。1921年，他开始在巴黎的里茨酒吧工作。

2盎司（60毫升）普利茅斯金酒
1盎司（30毫升）洛里帕缇原味干味美思
2大滴路萨朵黑樱桃利口酒
2大滴玛丽布里扎德茴香酒

将所有原料放入调酒杯，杯中加入冰块，搅拌均匀后将酒液过滤到冰镇过的鸡尾酒酒杯中。

20世纪

2盎司（60毫升）富兹金酒
¼盎司（7.5毫升）光阴似箭可可利口酒
½盎司（15毫升）利莱白利口酒
¼盎司（7.5毫升）新鲜柠檬汁

在摇酒壶中加入冰块和所有原料，摇匀后将其滤入一个冰镇过的鸡尾酒酒杯。

东区209号鸡尾酒（209 EAST COCKTAIL）*

如果你愿意，可以在玻璃杯边沿沾一层超细白砂糖和草莓粉的混合物作为糖边。制作草莓粉的方法是用香料研磨机或研钵配合杵把冻干草莓磨碎。

1½盎司（45毫升）马蹄铁（Herradura）珍藏金标特其拉
¾盎司（22.5毫升）君度
½盎司（15毫升）玛丽莎22号草莓味利口酒
1盎司（30毫升）新鲜青柠汁

在摇酒壶中加入冰块和所有原料，摇匀后将其滤入冰镇过的鸡尾酒酒杯。

围困（UNDER SIEGE）+

这是西蒙·富兹发明的鸡尾酒，用以推广他的伦敦干金酒——富兹金酒。

2盎司（60毫升）富兹金酒
½盎司（15毫升）阿佩罗
¾盎司（22.5毫升）新鲜西柚汁
½盎司（15毫升）新鲜柠檬汁
¾盎司（22.5毫升）杏仁糖浆
1大滴北秀德苦精
1片西柚皮"硬币"，用于装饰

在摇酒壶中加入冰块和所有原料（苦精和装饰物除外），摇匀后将其滤入加了冰块的高杯，杯中加入苦精后用力搅拌均匀。用西柚皮"硬币"装饰。

香料盒

殖民时期的小酒馆里都有一个香料盒，里面放着由等量的肉豆蔻粉、肉桂粉、生姜粉和干燥的橙子皮碎混合而成的香料。每杯弗利普和托蒂都要使用1茶匙这样的混合香料。

直到天明

对像我这样的夜猫子来说，在工作之余与作息正常的人交际是一大难题。1995年的一个晚上，我和好朋友卡尔·布特伦（Carl Butrum）努力思考解决这个难题的办法。最后，我们想出的唯一解决办法是举办一场通宵派对，这样人们可以在晚上6点到第二天早上6点之间的任何时间参加派对。我们将这场派对命名为"直到天明"。

卡尔的妻子莎伦·布特伦（Sharen Butrum）对这场派对的要求是，准备一款粉红色的特调饮料（她的客厅就是粉红色的）。这个要求至少给我指定了方向。要想调制粉红色鸡尾酒，就需要使用新鲜草莓和草莓利口酒。于是，我创造出了东区209号鸡尾酒，这是以他们位于东区48街的住所命名的。没想到这款鸡尾酒非常受欢迎，以至于我把它列到了彩虹屋的鸡尾酒酒单上。"直到天明"派对也由此成了我们每年都要举办的活动。

富人区迷雾之城（UPTOWN HAIRY NAVEL）

这款鸡尾酒是迷雾之城的"表亲"。

1盎司（30毫升）蓝鲨伏特加
1盎司（30毫升）玛丽莎11号桃子味利口酒
4盎司（120毫升）新鲜橙汁
1片新鲜桃子片，用于装饰

将前3种原料放入加了冰块的高杯，搅拌均匀。用桃子片装饰。

瓦伦西亚11（VALENCIA 11）

这款饮料在20世纪30年代由好莱坞的罗斯福（Roosevelt）酒店供应。我敢肯定，是圣费尔南多谷圣莫尼卡山口广阔的柑橘林为这款充满柑橘芬芳的饮料提供了创作灵感。我在它的名称中加"11"是因为还有另一种叫瓦伦西亚的干马天尼鸡尾酒（见第164页"瓦伦西亚风格马天尼"），它们的区别是，后者用了菲诺雪莉酒而非味美思。

½盎司（15毫升）玛丽莎杏子味利口酒
1盎司（30毫升）新鲜橙汁
2大滴橙味味美思
香槟酒
1片燃烧用橙子皮"硬币"，用于装饰

在摇酒壶中加入冰块和前3种原料，摇匀后将酒液滤入冰镇过的香槟酒酒杯，杯中倒入香槟酒。用燃烧用橙子皮"硬币"装饰。

旺多姆（VENDOME）广场

这是好莱坞旺多姆俱乐部大约在20世纪30年代的招牌酒。

1盎司（30毫升）红杜宝内
1盎司（30毫升）必富达金酒
1盎司（30毫升）洛里帕缇原味干味美思
1条柠檬皮卷，用于装饰

在摇酒壶中加入冰块和所有原料（装饰物除外），摇匀后将其滤入冰镇过的鸡尾酒酒杯。用柠檬皮卷装饰。

味美思卡西（VERMOUTH CASSIS）

¾盎司（22.5毫升）特伦内尔黑加仑利口酒
3盎司（90毫升）洛里帕缇原味干味美思
1片柠檬皮"硬币"，用于装饰

在白葡萄酒酒杯中装¾杯容量的冰块，倒入黑加仑利口酒，再倒满味美思。用柠檬皮"硬币"装饰。

维珍皇家基尔（VIRGIN KIR ROYALE）*

¼盎司（7.5毫升）莫林覆盆子糖浆
5盎司（150毫升）舒特家族无醇干型香槟酒
1条柠檬皮卷，用于装饰
1颗新鲜的覆盆子，用于装饰

将覆盆子糖浆倒入香槟酒杯，再慢慢地倒满香槟酒。用柠檬皮卷和覆盆子装饰。

维珍皇家夏威夷（VIRGIN ROYAL HAWAIIAN）*
（无酒精版）

原版的皇家夏威夷（见第192页）是许多年前火奴鲁鲁的皇家夏威夷酒店的招牌饮料，它所用的基酒是金酒。

3盎司（90毫升）菠萝汁
½盎司（15毫升）杏仁糖浆
¾盎司（22.5毫升）新鲜柠檬汁
½盎司（15毫升）单糖浆

在摇酒壶中加入冰块和所有原料，摇匀后将其滤入伦敦码头杯。

伏特加史丁格（VODKA STINGER）
[又名白蜘蛛（THE WHITE SPIDER）]

1½盎司（45毫升）蓝鲨伏特加
¾盎司（22.5毫升）白薄荷利口酒
1枝新鲜薄荷枝，用于装饰

在摇酒壶中加入冰块、伏特加和白薄荷利口酒，摇匀后将其滤入装满碎冰的古典杯。用薄荷枝装饰。

华尔道夫（WALDORF）

在《在老华尔道夫酒吧的时光》（1931年）这本书中，艾伯特·史蒂文斯·克罗克特要求用等量的苦艾酒、甜味美思和威士忌调制华尔道夫鸡尾酒。在我的版本中，我已经对这些原料的比例做了全新的调整。

3大滴贾德新奥尔良上等苦艾酒
2盎司（60毫升）保税黑麦威士忌
¾盎司（22.5毫升）马天尼特藏红宝石味美思
2大滴安高天娜苦精
1片柠檬皮"硬币"，用于装饰

用苦艾酒给调酒杯洗杯：倒入苦艾酒，旋转调酒杯，使苦艾酒覆盖调酒杯内壁，然后把多余的苦艾酒倒掉。杯中加入黑麦威士忌、味美思、安高天娜苦精和冰块。搅拌均匀后将混合物滤入冰镇过的尼克诺拉杯。用柠檬皮"硬币"装饰。

第八区（WARD EIGHT）

这款鸡尾酒由波士顿洛克-奥伯（Locke-Ober）餐厅的汤姆·哈松（Tom Hussion）于1898年发明，是为了庆祝波士顿亨德里克俱乐部成员马丁·洛马西尼（Martin Lomasney）从第八区脱颖而出，当选州议会议员。但令人尴尬的是，洛马西尼最终成为推行禁酒令的政客，而他所在的选区却因这款鸡尾酒出名。

2盎司（60毫升）波本威士忌
½盎司（15毫升）单糖浆
¾盎司（22.5毫升）新鲜柠檬汁
½盎司（15毫升）自制石榴糖浆或在商店购买的石榴糖浆
1片橙子片，用于装饰
1颗波尔多樱桃，用于装饰

在摇酒壶中加入冰块和所有原料（装饰物除外），摇匀后将其滤入古典杯或特殊的酸酒杯。用橙子片和樱桃装饰。

西瓜潘趣（WATERMELON PUNCH）*

12人份

我在经营黑鸟酒吧的时候，会在8月的每一天都做大量这种潘趣酒。我会用西瓜皮做一个支架，用来放西瓜皮做的潘趣酒碗。支架的做法是，把西瓜上面1/3的部分切下来，挖空瓜瓤，然后瓜柄朝上放在案板上；围绕瓜柄切下顶端，切的时候刀要与瓜皮成45°角，切出一个直径20～25厘米的瓜皮圈。之后，把它放在一个大盘子中，再把挖空的西瓜皮酒碗放在上面。

1个大西瓜
6盎司（180毫升）玛丽莎1号柑橘味利口酒
8盎司（240毫升）百加得柠檬味朗姆预调酒
4盎司（120毫升）路萨朵黑樱桃利口酒
4盎司（120毫升）新鲜柠檬汁
1片柠檬圆片，用于装饰
切成片的草莓，用于装饰

把西瓜上面1/3的部分切下来，制作支架。把西瓜下面一部分的瓜瓤挖出来，要保留瓜瓤和瓜皮。小心不要挖破瓜皮，它要用来盛潘趣酒。

将瓜瓤放在大号滤勺或细网过滤器上按压，使西瓜汁流到一个大碗中。你需要45盎司（1 350毫升，5¾量杯）果汁。把剩下的原料（装饰物除外）加到大碗中，搅拌均匀。把大碗和西瓜皮酒碗都放到冰箱里冷藏。

上桌前，把冰镇好的潘趣酒倒在西瓜潘趣酒碗中，用勺子将潘趣酒舀到加了冰的高脚杯中，最后用柠檬圆片和草莓片装饰。

防水手表（WATERPROOF WATCH）+

这是纽约东六街阿莫里·阿马戈（Amory Amargo）酒吧的萨瑟·蒂格（Sother Teague）原创的鸡尾酒。

1½盎司（45毫升）亨德里克金酒
¾盎司（22.5毫升）阿玛罗·蒙特内罗
¾盎司（22.5毫升）阿佩罗
2大滴戴尔·德格罗夫多香果芳香苦精
2大滴安高天娜苦精
1片橙子皮"硬币"，用于装饰

将所有原料（装饰物除外）倒在装满了冰块的调酒杯中搅拌均匀，然后将其滤入加了冰块的洛克杯。挤压橙子皮"硬币"，将果皮中的精油挤到杯中，然后将它扔到杯中。

湿树皮（WET 'N' TAN）*

这是我在1995年为推广安高天娜苦精发明的鸡尾酒。

1½盎司（45毫升）金酒或伏特加
½盎司（15毫升）洛里帕缇原味干味美思
2大滴安高天娜苦精
1片柠檬皮"硬币"，用于装饰

将所有原料（装饰物除外）倒在加了冰块的古典杯中，搅拌均匀。挤压柠檬皮"硬币"，将果皮中的精油挤到杯中，然后将它扔到杯中。

威士忌和乔（WHISKEY AND JOE）*

这款鸡尾酒是我为荷美游轮上的威士忌酒吧发明的。

1½盎司（45毫升）罗盘享乐主义（Compass Box Hedonism）苏格兰威士忌

½盎司（15毫升）添万利咖啡利口酒

¼盎司（7.5毫升）光阴似箭可可利口酒

1盎司（30毫升）冷的意式浓缩咖啡

加糖可可粉，用于装饰

在摇酒壶中加入冰块和前4种原料，仔细摇匀；意式浓缩咖啡的油脂会浮在表面，形成漂亮的深褐色泡沫。将混合物滤入冰镇过的古典杯，在咖啡泡沫上撒上可可粉。

威士忌雏菊（WHISKEY DAISY）

这个配方改编自哈里·约翰逊《新增改良版调酒师手册》中的配方。吸引我的是配方下面的插图。在图中，玻璃酒杯底部的水果好像是被捣碎的。

2盎司（60毫升）威凤凰101黑麦威士忌

¾盎司（22.5毫升）新鲜柠檬汁或青柠汁

¾盎司（22.5毫升）单糖浆

½盎司（15毫升）黄查尔特勒酒

1颗波尔多樱桃，用于装饰

将所有原料（装饰物除外）倒在装了¾杯容量碎冰的双层古典杯中，搅拌均匀后用樱桃装饰。

蜜桃燃情威士忌（WHISKEY PEACH SMASH）*

这是我为博比·弗拉的美式酒吧（Bar American）发明的燃情威士忌（见第217页）的夏季特调版。

¾盎司（22.5毫升）单糖浆

½个柠檬，切成4等份

1个小桃子，切成4等份

3片新鲜薄荷叶

2盎司（60毫升）美格肯塔基波本威士忌

1枝新鲜薄荷枝，用于装饰

1片桃子片，用于装饰

将所有原料（波本威士忌和装饰物除外）放在波士顿摇酒壶的玻璃调酒听中，用捣碎棒把柠檬块、桃子块和薄荷叶捣碎。加入波本威士忌和冰块，充分摇匀。把混合物仔细滤入装满碎冰的洛克杯，用薄荷枝和桃子片装饰。

威士忌绒毛（WHISKEY PLUSH）

这是杰里·托马斯的《调酒师指南》中一款名叫"白色绒毛"（White Plush）的威士忌和牛奶混合饮料的变体。它是另一种蛋奶酒风格的成人饮料。

1盎司（30毫升）鲍尔斯爱尔兰威士忌

1盎司（30毫升）百利甜酒

½盎司（15毫升）单糖浆

2盎司（60毫升）牛奶或重奶油

1½盎司（45毫升）苏打水

在摇酒壶中加入冰块和所有原料（苏打水除外），仔细摇匀后将其滤入装了¾杯容量冰块的高杯。加入苏打水搅拌均匀。

白色蝙蝠（WHITE BAT）*

这款鸡尾酒是科罗拉多斗牛犬（见第108页）的变体。

1½盎司（45毫升）百加得朗姆酒

½盎司（15毫升）甘露咖啡利口酒

1½盎司（45毫升）牛奶或稀奶油

3盎司（90毫升）可口可乐

将所有原料倒入加了冰的高杯，搅拌后配上吸管即可上桌。

白色佳人（WHITE LADY）

这个配方来自哈里·克拉多克的《萨伏伊鸡尾酒书》（1930年）。

1½盎司（45毫升）必富达金酒

¾盎司（22.5毫升）新鲜柠檬汁

1盎司（30毫升）君度

½盎司（15毫升）乳化蛋白

在摇酒壶中加入冰块和所有原料，充分摇匀，确保蛋白完全乳化，然后将其滤入鸡尾酒酒杯。

黄鸟（YELLOW BIRD）*

这款好喝的鸡尾酒最近不怎么受关注。

2盎司（60毫升）凯珊禧年朗姆酒

¾盎司（22.5毫升）约瑟夫·卡特龙橙皮利口酒

½盎司（15毫升）加利安奴香草利口酒

¾盎司（22.5毫升）新鲜青柠汁

1条青柠皮卷，用于装饰

在摇酒壶中加入冰块和所有原料（装饰物除外），摇匀后将其滤入冰镇过的鸡尾酒酒杯。用青柠皮卷装饰。

柚子鸡尾酒（YUZU GIMLET）*

1½盎司（45毫升）孟买蓝宝石干金酒（白色标签）

½盎司（15毫升）新鲜青柠汁

¼盎司（7.5毫升）柚子汁

1盎司（30毫升）三重糖浆

1片薄薄的青柠圆片，用于装饰

1片紫苏叶，用于装饰

在摇酒壶中加入冰块和所有原料（装饰物除外），摇匀后将其滤入冰镇过的鸡尾酒酒杯。用青柠圆片和紫苏叶装饰。

僵尸

这款赫赫有名的鸡尾酒是由"唐沙滩"发明的，他原名欧内斯特·雷蒙德·博蒙特·甘特，是"沙滩流浪者"餐厅的老板（我明白他为什么改名为"唐沙滩"）。

1盎司（30毫升）克鲁赞陈酿朗姆酒

1½盎司（45毫升）阿普尔顿庄园珍藏调和型牙买加朗姆酒

1盎司（30毫升）柠檬哈妥151超烈朗姆酒

1盎司（30毫升）约瑟夫·卡特龙橙皮利口酒

½盎司（15毫升）约翰·D.泰勒天鹅绒法勒南

¾盎司（22.5毫升）新鲜青柠汁

½盎司（15毫升）唐氏（Don's Mix）混合香料（见本页"说明"）

¼盎司（7.5毫升）自制石榴糖浆或在商店购买的石榴糖浆

2大滴安高天娜苦精

1大滴苦艾酒

½量杯碎冰

1枝新鲜薄荷枝，用于装饰

将所有原料（装饰物除外）放入搅拌机搅拌7秒，将混合物倒入烟囱杯，用薄荷枝装饰。

说明：制作唐氏混合香料时，将1份肉桂糖放到2份白西柚汁中，搅拌以使糖溶解。

这是我在2005年为博比·弗拉的美式酒吧的开业菜单设计的威士忌思迈斯。

½个柠檬，切成4等份

2~3片新鲜薄荷叶

¾盎司（22.5毫升）单糖浆

2盎司（60毫升）美格肯塔基波本威士忌

1枝新鲜薄荷枝，用于装饰

1片柠檬圆片，用于装饰

将柠檬块、薄荷叶和单糖浆放在波士顿摇酒壶的玻璃调酒听中，用捣碎棒把柠檬块和薄荷叶捣碎。加入波本威士忌和冰块，充分摇匀。把混合物滤入一个装满碎冰的古典杯。用薄荷枝和柠檬圆片装饰。

基础配方

龙舌兰糖浆

将等体积的龙舌兰花蜜和水混合均匀。

奥德丽姜汁啤酒

1加仑（4.55升）

在调制奥德丽的"金酒骡子"时，我强烈推荐使用自制的新鲜姜汁啤酒。购买的姜汁啤酒太甜且姜味淡。

1加仑（4.55升）矿泉水

1磅（453.6克）新鲜生姜，去皮，切成小块

8盎司（240毫升）热水

½杯黄砂糖

2盎司（60毫升）新鲜青柠汁

将矿泉水倒入锅中，煮至沸腾。把生姜和热水一起放入食物料理机，搅打成糊状。将处理好的生姜混合物倒入沸水后关火。搅拌一下，盖上锅盖，静置1小时。

用粗棉布把混合物过滤到一个大碗里，然后用力挤压残渣，这样就获得了姜味浓郁、看起来浑浊的姜汁。在姜汁中加黄砂糖和青柠汁，搅拌以使黄砂糖溶解，这样姜汁啤酒就做好了。放凉后用瓶子装好，放在冰箱里冷藏可以保存2周。

小份奥德丽姜汁啤酒

1量杯

8盎司（240毫升）水

2汤匙磨碎的新鲜生姜

½茶匙新鲜青柠汁

1茶匙黄砂糖

用平底锅把水煮沸后，将平底锅从炉子上移开。锅中加入姜末和青柠汁，盖上锅盖，室温下静置1小时。加入黄砂糖并搅拌，然后用细网过滤器过滤。过滤时要挤压姜末，这样姜汁啤酒的姜味更浓郁。最后，装瓶并冷藏。

蓝莓甜酒

32盎司（960毫升）

6个非常新鲜的厚皮柠檬

1½量杯糖

2品脱（1.15升）蓝莓

12盎司（360毫升）矿泉水

12盎司（360毫升）新鲜柠檬汁

去掉柠檬皮（只去掉黄色的部分，保留白色的部分），然后用果肉榨汁。把果汁放在冰箱里备用。

在有盖子的敞口容器中将4汤匙糖、柠檬皮和蓝莓按以下方式依次放入：糖，¼的柠檬皮；糖，½品脱（284毫升）蓝莓。重复同样的操作，处理剩下的糖、柠檬皮和蓝莓。静置2小时，然后用捣碎棒把所有原料挤压一下，再静置至少1小时。当糖变成糖浆后，加入

矿泉水和之前做好的柠檬汁，搅拌使糖完全溶解。将液体滤出并装入密封容器，蓝莓甜酒就做好了。放入冰箱冷藏，直到使用时。你如果不立即使用蓝莓甜酒，可以添加几盎司皮斯科酒来延缓其发酵。

红糖糖浆或德默拉拉糖浆

1磅（453.6克）红糖或德默拉拉糖
1夸脱（1.14升）矿泉水

把糖和水放入平底锅，用小火慢慢加热，千万不要让混合物沸腾。糖溶解后将平底锅从火上移开。待糖浆冷却后放入冰箱冷藏保存，最多可以保存2周。

说明：要想糖浆更浓稠，可以将原料用量调整为2份糖对应1份矿泉水来制作。

肉桂糖浆

1夸脱（1.14升）

10根锡兰肉桂棒，碾碎
2杯德默拉拉糖
16盎司（480毫升）水

把所有原料放入平底锅，盖上锅盖后小火加热1小时。注意，加热过程中不要让混合物沸腾。关火后待混合物冷却后将其滤入瓶中，冷藏最多可以保存2周。

康科德葡萄糖浆

20盎司（600毫升）

1½量杯康科德葡萄，去柄
1/2量杯糖
4盎司（120毫升）水

将葡萄放入多功能食物搅拌机，先选择点动模式低速搅打几次，然后低速搅拌几秒，直到葡萄皮被切碎、葡萄果肉被粗略打碎。把葡萄果泥、糖和水放在一个小炖锅里，用小火煮15分钟，其间要不断搅拌。小火煮至沸腾后，最多煮3分钟就关火。从火上取下炖锅，用细网过滤器过滤混合物，同时轻轻挤压果泥，挤出所

有汁液。将得到的葡萄糖浆冷藏至完全冷却，最后装入密封容器。冷藏保存的话，最多可以保存2周。

戴尔的柠檬橙子甜酒

这样的1份甜酒可以通过添加1升瓶装烈酒来延缓发酵

4个硬实的厚皮新鲜柠檬
1盎司（30毫升）硬的新鲜脐橙
1量杯糖
8盎司（240毫升）新鲜柠檬汁
8盎司（240毫升）水

去掉所有水果的皮（保留白色部分），把果皮和糖放在一个有盖子的1升容量的容器里。用捣碎棒把混合物捣碎，使糖浸入果皮，然后盖上盖子用力摇匀。静置3小时。将去皮的柠檬和脐橙榨汁，果汁放在一旁备用。3小时后，检查果皮里的糖是否溶解、变得黏稠，然后倒入果汁。搅拌或摇晃，直到所有糖都溶解。滤出果皮中的液体，放入密闭容器中并冷藏，直至使用前取出。这样你就得到了果汁甜酒。再用清水"洗"一遍果皮：向剩下的果皮中加水，盖上盖子摇匀，果皮里剩余的果香和糖分将溶于水中。把水加到果汁甜酒中，然后将混合物放回冰箱冷藏直至使用。现在，你可以丢弃果皮，也可以将其脱水处理（可以放在烤盘里，放入大约120℃的烤箱烘烤一晚上；如果你有水果脱水机，也可以使用）。用香料研磨机或咖啡研磨机将干燥的果皮磨碎，并与砂糖混合。这种混合物带有迷人的水果甜香，适合做玻璃杯的糖边。

生姜糖浆

30盎司（900毫升）

1磅（453.6克）新鲜生姜，去皮切丝（顺着纹理切）
4个青柠，榨汁
4量杯德默拉拉糖
1夸脱（1.14升）水

把生姜丝、青柠汁、糖和水放入炖锅，小火加热但不要煮沸，直到糖溶解。过滤，冷却，装瓶。

自制石榴糖浆

28~30盎司（840~900毫升）

24盎司（720毫升）石榴汁

1杯白砂糖

在平底锅中混合原料，用小火加热以使白砂糖溶解。注意，不要煮沸。

蜂蜜糖浆

蜂蜜是调配饮料的好选择，但是它过于浓稠，不太方便使用。要想用它来调配饮料，比较实用的方法是把它变成稀一些的糖浆，就像单糖浆那样。做法是将一份蜂蜜和一份温水混合，搅拌至蜂蜜完全溶于水中。冷藏可以保存2周。

伊比利亚脂洗（IBÉRICO FAT-WASHED）波本威士忌

1升

100克[3¾盎司（112.5毫升）]伊比利亚火腿，炼出油脂

1升波本威士忌

在一个大的敞口容器中把油脂和波本威士忌混合均匀，盖上盖子，放入冰箱冷冻48小时。取出容器，此时脂肪会凝固于表面，下部是澄清的酒液。去除表面的脂肪并过滤掉残留的脂肪，将经过脂肪浸洗的波本威士忌重新装瓶。

青柠酸溶液

3.5盎司（105毫升）

用这个配方制作的青柠酸溶液与青柠汁的酸度完全相同，你用它可以调制出清澈的酸酒类饮料。

4克柠檬酸

2克苹果酸

94克过滤水或矿泉水

将柠檬酸和苹果酸溶解在过滤水或矿泉水中。可保存3周。

说明：柠檬酸和苹果酸都可以通过网络购买。

柠檬芒果甜酒

20盎司（600毫升）

4个硬实的厚皮新鲜柠檬

2个成熟的芒果

1量杯糖

8盎司（240毫升）新鲜柠檬汁

8盎司（240毫升）矿泉水

去掉柠檬的皮(只去掉黄色的部分，保留白色的部分)。去掉芒果的皮和核，将果肉切成较长的片。在一个密封性好的敞口容器中依次铺糖、柠檬皮和芒果的果肉：¼的糖，½的柠檬皮，¼的糖，½的芒果片。重复同样的操作，处理剩下的糖、柠檬皮和芒果片。静置2小时，然后用捣碎棒挤压所有原料，再静置至少1小时。当糖变成糖浆后，加入柠檬汁并搅拌，使糖完全溶解。盖紧容器的盖子，用力摇晃容器，使原料充分混合。用细网过滤器过滤混合物，同时轻轻挤压出所有液体。往容器中加矿泉水，盖上盖子后再次摇晃，使柠檬皮和芒果片里剩余的果香和糖分溶于水中。将液体滤出并与之前挤出的液体混合，丢弃柠檬皮和芒果片。将滤出的液体装入密封容器，柠檬芒果甜酒就做好了。放入冰箱冷藏，直到使用。如果不立即使用柠檬芒果甜酒，可以添加几盎司皮斯科酒来延缓其发酵。

菠萝糖浆

将等量的单糖浆和不含糖的菠萝汁混合均匀即可。

单糖浆

将白砂糖与相同体积的水混合。可以不加热，仅通过摇晃混合物使白砂糖溶解；也可以将混合物倒入平底锅加热至白砂糖溶解（注意，不要加热至沸腾，因为煮沸会使糖浆浓缩，从而改变它的酸甜比例）。

浓糖浆指的是2份白砂糖溶解在1份水中得到的混合物。在本书中，你会注意到我在制作单糖浆时相比上一版变得更加严格了，就像世界上其他地方一样，我的酸是甜和酸各占2份。行业标准为2：1：1，从强甜到甜到酸。在彩虹屋期间，我用漂亮的西班牙酒瓶装糖浆并放在吧台上作为装饰品，它们非常吸引人。我总是提前准备好几瓶。

香料单糖浆

32盎司（960毫升）

2夸脱（2.28升）水
1杯干橙子皮
12颗完整的丁香
6根锡兰肉桂棒（小卷的）
8杯白砂糖

把所有原料放入平底锅，用小火加热，混合物即将沸腾时立即将平底锅从火上移开。过滤、冷却后将香料单糖浆装瓶保存。

三重糖浆

准备单糖浆、龙舌兰糖浆和蜂蜜糖浆。将这3种糖浆按4：2：1的比例混合。

无糖手打爱尔兰咖啡奶油

为了加快打发速度，提前将一个不锈钢水罐或碗放入冰箱冷藏(或者在打发时将不锈钢容器放在装了冰块的容器中)。

1品脱（568毫升）重奶油

用打蛋器搅拌奶油，但不要让奶油硬性发泡。奶油打发至可以缓慢倒出来即可。

用打蛋器将一团奶油轻轻铺在咖啡饮品上，注意不要让奶油混入咖啡中。如果奶油混入咖啡，说明奶油没有完全打发或者搅得太快了。最完美的爱尔兰咖啡应该是这样的：从咖啡杯的侧面看时，咖啡和奶油之间的界限分明。

若要制作含糖的打发奶油，可以按以下步骤操作：根据口味加糖，在搅拌的同时一次加1汤匙糖，再加几滴香草精。制作咖啡饮品时，千万不要使用含糖的奶油，即糖只能加在咖啡里，而不要在奶油里加糖。

第三部分

附录

资源推荐

工具和书籍

鸡尾酒王国（COCKTAIL KINGDOM）

cocktailkingdom.com

出售高雅、顶级的酒吧用品，包括有签名的收藏品和鸡尾酒历史书的复制品。通过这里的藏品和书，你可以对有关鸡尾酒的一切历史知识有独特的了解。

狡猾的调酒师（THE CRAFTY BARTENDER）

thecraftybartender.com

一家线上鸡尾酒用品商店，供应现代酒吧和经典酒吧所需的一切，包括各类型的苦精和适用于杰里·托马斯的著名鸡尾酒——火焰（见第82页）的大号双层不锈钢马克杯。

EUVS 古董鸡尾酒书籍（EUVS VINTAGE COCKTAIL BOOKS）

euvs-vintage-cocktail-books.cld.bz

葡萄酒和烈酒世界博览会（The Exposition Universelle des Vins Spiritueux，EUVS）是位于法国本多的一家烈酒和鸡尾酒博物馆，其网站提供了一些稀有的及绝版的鸡尾酒书籍资源。这对任何一个鸡尾酒高手来说都是无价的资源。

现代调酒师（THE MODERN MIXOLOGIST）

themodernmixologist.com

提供塔杰公司（Tony Abou-Ganim，简称TAG）的一系列酒吧工具，包括波士顿摇酒壶、青柠榨汁器、莫吉托套装和捣碎棒。

奥秀好把手（OXO GOOD GRIPS）

oxo.com

提供符合人体工程学设计的一系列酒吧工具，包括霍桑过滤器、沟槽刀、葡萄酒起塞器、削刀和开瓶器。

菠萝酒吧工具（PINEAPPLE BAR TOOLS）

在亚马逊（Amazon.com）和Williams-Sonoma.com上可以买到其旗下全套的酒吧工具和储物箱。

培训机构和研讨会

酒吧集市（BARSMARTS）

barsmarts.com

美国保乐力加集团（Pernod Ricard USA）提供的酒吧行业教学平台，教育机构的员工均已完成相应培训。参与此平台的机构无须交纳注册费。此平台提供全面的、受欢迎的、富有成效的在线调酒指导。此外，该平台的全日制课程"酒吧集市高级进阶课程"（BarSmarts Advanced）提供关于调酒的培训和实际操作指导，学员需通过考试才能获得证书。

酒精饮料资源（BEVERAGE ALCOHOL RESOURCE，BAR）

beveragealcoholresource.com

由世界六大烈酒和鸡尾酒权威机构共同开展的关于烈酒和鸡尾酒的综合性、创新性培训课程，其"5日认证计划"（The BAR 5-Day Certification Program）可以彻底改变人们看待、理解及欣赏烈酒和鸡尾酒的方式。

帝亚吉欧调酒学院（DIAGEO BAR ACADEMY）

diageobaracademy.com

帝亚吉欧调酒学院面向全球调酒专业人士，为其提供沉浸式培训项目，培训项目包括体能培训和在线教学，教学内容涵盖调酒行业的方方面面，从服务技能、产品知识，到高水平的调酒技术和酒吧的商业运营。

烹饪教育学院（INSTITUTE OF CULINARY EDUCATION）

ice.edu/newyork/explore-ice/mixology-center

#take-a-mixology-class

烹饪教育学院的调酒中心拥有最先进的酒吧和设备，为学员提供实践操作培训。学员还可以学习如何管理产品，如何根据企业的需要对饮料产品进行成本计算，以及如何成功创办酒吧。

美国鸡尾酒博物馆（MUSEUM OF THE AMERICAN COCKTAIL）

southernfood.org/cocktail-museum

这家博物馆以展出洛杉矶和新奥尔良的永久性收藏品为特色，同时，它也为手工鸡尾酒专业人士及爱好者提供教育资源，包括系列研讨会和其他培训计划。主持研讨会和培训计划的均为来自美国（包括洛杉矶、新奥尔良、纽约、华盛顿特区）和其他国家的业界专家。

美国国家食品和饮料基金会（NATIONAL FOOD & BEVERAGE FOUNDATION，NATFAB）

Southern Food & Beverage Museum

southernfood.org

美国国家食品和饮料基金会致力于发现、了解和宣传美国及世界其他国家的食品、饮料，以及与其相关的文化和民俗，旗下机构包括南方食品和饮料博物馆（Southern Food & Beverage Museum）、美国鸡尾酒博物馆、约翰和邦妮·博伊德酒店和烹饪艺术图书馆（John & Bonnie Boyd Hospitality & Culinary Library）、太平洋食品和饮料博物馆（Pacific Food and Beverage Museum）。该基金会正成长为美国最具代表性的食品和饮料研究机构。位于新奥尔良和洛杉矶的机构均可举办相关活动和实施相关项目。

烈酒、葡萄酒和鸡尾酒比赛

国际葡萄酒与烈酒大赛（INTERNATIONAL WINE & SPIRIT COMPETITION）

iwsc.net

年度大赛——葡萄酒和烈酒大赛于1969年由英国（德或国）酒类学家安东·马塞尔创办。每年，大赛都会收到来自全球90多个国家的参赛作品。大赛所颁发的奖项被认为是行业内的最高荣誉。

旧金山世界烈酒大赛（SAN FRANCISO WORLD SPIRITS COMPETITION）

sfspiritscomp.com

旧金山世界烈酒大赛创办于2000年，是历史最悠久的烈酒赛事之一，也是世界上最受尊崇的烈酒赛事之一，这是因为该赛事邀请了大量备受尊敬的专家评委。

终极烈酒挑战赛（ULTIMATE SPIRITS CHALLENGE）

ultimate-beverage.com

该赛事为生产商、经销商、进口商、批发商和零售商提供最专业、最权威的烈酒评估。业内人士可以从中获取每件产品的细致评估，以及获得强大的营销支持和推广，以帮助自己建立品牌和进一步推广产品。

网站和博客

饮料媒体集团（BEVERAGE MEDIA GROUP）

beveragemedia.com

BevAccess与饮料媒体集团合作，创办了在美国首屈一指的饮料和酒类贸易杂志，同时为饮料网（Beverage Network）提供办公场所，每个月向48个地区的14万多家酒精饮料品牌授权经营商提供及时的信息。

露营者英语（CAMPER ENGLISH）

alcademics.com

Alcademic是"露营者英语"的博主创办的网站。"露营者英语"的博主是鸡尾酒和烈酒图书作家、演说家、顾问，有时也在某些活动中担任调酒师，他曾为《大众科学》（Popular Science）、《美味》（Saveur）、《细节》（Details）、《威士忌倡导者》（Whisky Advocate）和《国际饮料》（Drinks International）等出版物撰稿。

鸡尾酒数据库（COCKTAILDB）

cocktaildb.com

马丁·杜多罗夫（Martin Doudoroff）和特德·海（Ted Haigh，外号"鸡尾酒博士"）开发了这个应用广泛的数据库，其中包括参考书目、可查询原料的配方库，以及活跃的、定期更新的留言板。

迪福德指南（DIFFORD'S GUIDE）

diffordsguide.com

迪福德指南是世界上最早的和最权威的酒类名录，提供关于鸡尾酒、调酒师、酒吧、啤酒、葡萄酒和烈酒的信息。

传统广播网，地下酒吧播客（HERITAGE RADIO NETWORK，THE SPEAKEASY，PODCAST）

heritageradionetwork.org/author/sotherteague/

传统广播网是一个食品和饮料播客，曾邀请许多食品饮料行业的专业人士参与讨论，包括鸡尾酒界的萨瑟·蒂格。他经常与各行各业的人，如调酒师、酿酒师、化学家、大使、烘焙师，以及其他专家和狂热爱好者讨论鸡尾酒、烈酒、葡萄酒、啤酒等所有液态的物质。

家庭酒吧基础知识（HOME BAR BASICS）

homebarbasics.com

戴夫·斯托尔特（Dave Stolte）创办的网站，是鸡尾酒爱好者的好去处，上面提供了很多不那么基础的知识。

《吸收》杂志（*IMBIBE* MAGAZINE）

imbibemagazine.com

它无疑是最好、最全面的饮料行业杂志，有电子版和纸质版。

杰米·布德罗（JAMIE BOUDREAU）

spiritsandcocktails.com

杰米·布德罗的博客提供对如今的调酒师来说至关重要的诀窍和技巧，内容从简单的装饰到最复杂的分子调酒，应有尽有。

杰弗里·莫根塔勒（JEFFREY MORGENTHALER）

jeffreymorgenthaler.com

杰弗里·莫根塔勒是美国俄勒冈州波特兰市克莱德·康芒（Clyde Common）餐厅和逃犯贝贝（Pepe Le Moko）餐厅的酒吧经理，他从2004年开始在博客上提供有关调酒和鸡尾酒的个人见解，分享配方和意见。他欢迎大家去他的博客发表评论和讨论。

酒精饮料网站 LIQUOR.COM

提供与鸡尾酒和烈酒相关的全方位优质资源。

朗姆酒部门（MINISTRY OF RUM）

ministryofrum.com

埃德·汉密尔顿创办的网站，介绍有关朗姆酒的一切，尤其重视农业朗姆酒。

66度（PROOF66）

proof66.com

这个网站的烈酒名单汇总了种类数以千计的烈酒，并附有每种烈酒的评价、酒精度信息、生产信息（如果有的话）和消费者的意见。

《潘趣酒》（*PUNCH*）

punchdrink.com

获得詹姆斯·比尔德奖的线上杂志，它与拾速出版社（Ten Speed Press）合作，关注与葡萄酒、烈酒、啤酒和鸡尾酒相关的文字和图像新闻。

《烈酒杂志》（*SPIRIT JOURNAL*）

spiritjournal.com

保罗·帕科特（Paul Pacult）创办的《烈酒杂志》是专门介绍烈酒、葡萄酒和啤酒的季刊。

网络投标者（THE WEBTENDER）

webtender.com

这是一个很棒的论坛，定期更新酒精饮料信息，并且介绍调酒术语、酒吧测量工具、酒吧备货知识和很多其他知识。

烈酒、水果、搅拌机、果汁机和装饰

鉴赏家市场（CONNOISSEUR MARKET）

connoisseurmarketplace.com

食品供应商，为美国的南方城市供应主食、特色美食和鸡尾酒原料。

戴尔·德格罗夫多香果芳香苦精（DALE DEGROFF'S PIMENTO AROMATIC BITTERS）

kingcocktail.com/bitters.htm

戴尔·德格罗夫多香果芳香苦精是用多香果（又叫牙买加胡椒）、少许茴香和其他草药调味而成的苦精。

脏脏苏橄榄汁（DIRTY SUE OLIVE JUICE）

dirtysue.com/store

供应优质橄榄汁和酒类装饰物。

高档食品饮料装饰（FILTHY FOOD PREMIUM DRINK GARNISHES）

filthyfood.com

供应新奇、有创意的高档鸡尾酒装饰物。

新鲜之源（FRESH ORIGINS）

freshorigins.com

供应菜苗、食用花卉和其他特色烹饪食材。

新鲜胜利者（FRESH VICTOR）

freshvictor.com

供应一系列优质、新鲜的果汁类原料，用于高效调制质量稳定、可口的鸡尾酒。还提供5种不同的混合饮料，它们均可直接饮用，顾客可以轻松找到自己喜欢的口味并将其融入自己的鸡尾酒酒单。

豪斯·阿尔彭兹（HAUS ALPENZ）

alpenz.com

为特殊消费群体提供酒类套装，包括阿玛罗酒和利口酒套装、普通葡萄酒和起泡葡萄酒套装、味美思和其他加香型葡萄酒套装，以及烈酒套装。

马克斯食品（MARX FOODS）

marxfoods.com

销售可食用兰花和其他可食用花卉。

金发女郎血腥玛丽天然原料套装（NATURAL BLONDE BLOODY MARY MIX）

naturalblondebloodymary.com

这个原料套装由纯天然原料组成，黄色西红柿也是原料之一。味美、新鲜、健康、低钠，每份热量不足20卡路里，足以让你制作出完美的"血腥玛丽"。

大丰收（ROYAL HARVEST）

amazon.com/Royal-Harvest-Bordeaux-Maraschino-Cherries/dp/B00J9ZNJVO

销售带茎的波尔多马拉斯奇诺樱桃。

商人维克（TRADER VIC'S）

tradervics.com

商人维克的创始人也是迈泰鸡尾酒的发明者，这个连锁品牌主要销售优质提基玻璃制鸡尾酒酒杯、椰子糖浆、杏仁糖浆、石榴糖浆、冰糖糖浆、西番莲糖浆，以及热黄油朗姆酒原料套装。

称量单位换算

1 利口杯（Pony）=1 盎司
1 小高脚酒杯（Cordial Glass）=1 盎司
1 鸡尾酒酒杯（Cocktail Glass）= 2 盎司
1 葡萄酒酒杯（Wineglass）= 2 盎司
1 及耳杯（Gill）= 4 盎司

美国酒吧
标准称量单位换算

1 利口杯=1 盎司 = 30 毫升
1 盎司 = 3 厘升 = 30 毫升
1 量酒器/1 烈酒杯=1½ 盎司 = 45 毫升
1 调酒杯 = 16 盎司
少许 = ½ 盎司 = 15 毫升
6 滴 = 1 撒 = ⅙ 茶匙

其他称量单位换算

1 滴 = 0.14 毫升
1 大滴 = 0.8 毫升
3 大滴 = ½ 茶匙
1 标准吧匙 = 1 茶匙 = 4 毫升
6 茶匙 = 1 盎司 = 30 毫升
3 茶匙 = 1 汤匙
1 汤匙 = ½ 盎司 = 15 毫升
2 汤匙 = 1 盎司 = 30 毫升
¼ 量杯 = 2 盎司
½ 量杯 = 4 盎司
1 量杯 = ½ 品脱 = 8 盎司
2 量杯 = 1 品脱 = 16 盎司
4 量杯 = 2 品脱 = 1 夸脱 = 32 盎司

酒瓶容量换算

分型瓶（Split）= 187 毫升 = 6.3 盎司
半瓶（Half Bottle）= 375 毫升 = 12.7 盎司
标准瓶 = 750 毫升
第五型瓶（Fifth）=757 毫升 = 25.4 盎司 = 1.01 标准瓶
1 升瓶（Liter）= 33.8 盎司 = 1.33 标准瓶
马格南瓶（Magnum）= 1.5 升 = 2 标准瓶
以色列王瓶（Jeroboam）= 3 升 = 4 标准瓶
犹太王瓶（Rehoboam）= 6 标准瓶
玛土撒拉瓶（Methuselah）= 8 标准瓶
亚述王瓶（Salmanazar）= 12 标准瓶
珍宝王瓶（Balthazar）= 16 标准瓶
巴比伦王瓶（Nebuchadnezzar）= 20 标准瓶
君主瓶（Sovereign）= 34 标准瓶

调酒术语和技术

轻碾（BRUISE）指用捣碎棒将薄荷叶等较嫩的香草轻轻碾压。薄荷、马鞭草、琉璃苣等香草和生姜等香料被越来越多地用于给饮料调味。这些香草和香料应该先被碾压一下以使其充分释放味道，但不应该被碾压得太碎。

直调法（BUILD）指直接在盛饮料的杯子中调制饮料，通常是按照所列的顺序倒入原料，然后搅拌。

奶油类饮料（CREAM）指添加了重奶油的饮料，人们希望它有浓郁的味道。想要控制热量摄入的人可以用稀奶油或牛奶代替重奶油。

不过滤法（DIRTY DUMPING）指不过滤鸡尾酒摇酒壶中摇和好的酒，而是将其直接倒入酒杯。凯匹林纳（见第98页）就是用这种方法调制的。

丢弃（DISCARD）指扔掉用来摇和饮料的冰块并把调好的酒过滤到新的冰块上，除非配方另有说明，如凯匹林纳。

双重过滤（DOUBLE STRAIN）指同时使用茱莉普隔冰匙和霍桑过滤器过滤鸡尾酒。具体做法是将霍桑过滤器放在鸡尾酒摇酒壶上，将茱莉普隔冰匙放在玻璃杯上，将摇酒壶中的酒倒在茱莉普隔冰匙上，以防其中细小的香草碎末或水果渣进入酒杯。

干摇法（DRY SHAKE）见"摇和法"。

脂肪浸洗（FAT WASHING）指在烈酒中加黄油、培根油、鸭油或花生油等液态脂肪，然后将混合物冰镇，使脂肪在烈酒表面凝固。最后，去除脂肪，但酒液会保留脂肪的风味。脂肪和烈酒的量是4~8盎司（120~240毫升）脂肪对应一瓶（750毫升）烈酒。脂肪的密度较小时，用量应多一些［8盎司（240毫升）］，脂肪的密度较大（如培根油）时，用量应少一些［4盎司（120毫升）］。详见第220页的伊比利亚脂洗波本威士忌。

细过滤（FINE STRAIN）指用细网茶叶过滤器过滤掉鸡尾酒中的种子、冰屑和其他碎屑。

挂旗（FLAG）指用橙子片和樱桃做的标准装饰物。它常被用在酸酒、老式鸡尾酒和许多热带饮料中。有时，新鲜的菠萝也会用来挂在酒杯上作为装饰。

冰镇饮料（FRAPPÉ AND MIST DRINKS）指倒在碎冰或刨冰上饮用的饮料。

洗冰法（IN AND OUT）是马天尼的一种调制方法：将少量干味美思倒在加了冰块的调酒杯中，旋转一周然后倒掉。再将金酒或伏特加倒在沾有味美思味道的冰块上，搅拌至冰冷，最后过滤到盛酒的玻璃酒杯中。

分层法（LAYERING）指一层一层地倒入原料，从最重（密度最大）的原料开始，然后按原料密度由大到小依次倒入。白利度或含糖量决定了液体的重量（密度）。彩虹酒就是用这种方法调制的。它通常以一层石榴糖浆作为底层，因为石榴糖浆是一种不含酒精的糖浆，也是彩虹酒中最重的原料。有时，朗姆酒潘趣酒会以超烈朗姆酒作为最上层的浮酒，因为超烈朗姆酒的高酒精含量使它最轻，最容易漂浮在其他原料表面。

捣碎（MUDDLING）所用的力比轻碾大。我之所以轻碾薄荷叶，是为了释放其中的香气，但又不至于将其碾成碎片。我在制作凯匹林纳时会用非常大的力气捣碎青柠，这是为了提取果肉中的果汁和果皮中的芳香精油。这样的简单步骤就可以为这款鸡尾酒增添很多风味。

纯饮（NEAT）指饮用常温的鸡尾酒，鸡尾酒不搅拌或不加冰。

加冰饮用（ON THE ROCKS）指将调好的鸡尾酒倒入装了冰块的古典杯或洛克杯。

滚动法或颠倒法（ROLLING OR TOSSING）指将准备好的饮料原料用两个大调酒杯来回倒，目的是在不过分搅拌原料的情况下使原料混合均匀。这种方法适用于含有番茄汁的饮料，不会破坏番茄汁带给舌头的口感。在欧洲，尤其是在西班牙和意大利，用滚动法调制的马天尼和曼哈顿很受欢迎。

增香或洗杯（SEASON OR WASH）指在玻璃杯中加入少量用于增香的烈酒，然后旋转玻璃杯使烈酒覆盖内壁，最后倒出多余的烈酒。

摇和法（SHAKING A DRINK）指将原料和冰块一起放入鸡尾酒摇酒壶中摇匀，然后将酒液滤入盛酒的玻璃杯。干摇法是查德·所罗门（Chad Solomon）发明的，他是得克萨斯州达拉斯市午夜漫步者（Midnight Rambler）酒吧的老板之一，想出这种调酒方法的时候他还在纽约的佩古俱乐部工作，他的目的是在制作含鸡蛋的饮料时减轻受伤的背部的疼痛。干摇法的操作步骤是先不加冰，将蛋白和其他原料摇匀，使蛋白完全乳化且与其他原料融合；然后加冰，并进行摇和，使饮料变得冰凉即可。这种方法被许多手工调酒师采用，目的是在调制含有蛋白的酸味饮料时获得更丝滑的质地和更多、更细密的泡沫，以及在调制拉莫斯或新奥尔良菲兹时让饮料表面浮起一顶"泡沫帽"。虽然这种方法会增加调酒的时间，但我相信人们不会因此忽略它的好处。也是因为有这种方法，蛋白才越来越多地被用于调制鸡尾酒。我发现，拉莫斯或新奥尔良菲兹顶层丰富的泡沫会略微吸收下面的酒液，这正是我最感兴趣的地方！

摇和水果（SHAKING FRESH FRUIT）指将新鲜水果添加到鸡尾酒中并摇和，这样可以改善鸡尾酒的味道。例如，在用摇和法调制威士忌酸酒时，将原料放入摇酒壶后再添加一片橙子片和一颗樱桃，用捣碎棒轻轻碾压水果，然后摇和均匀；将酒液过滤到酒杯中并另取新鲜的水果装饰，除非配方另有说明。

子弹酒（SHOOTERS）是装在小小的烈酒杯中的酒。这种小杯饮料会让你的客人快乐不已，但也会为你带来一个难题：客人在点子弹酒前通常已经喝过其他饮料了，那么该提供什么样的子弹酒才不会让客人喝醉，同时又让客人获得轻松、有趣的体验呢？让我来告诉你。子弹酒的分量应控制在3/4~1盎司（22.5~30毫升），不能更多了。如果你的客人很喜欢子弹酒，就为他们专门购买容量合适的烈酒杯。合适的配方也可以在

一定程度上控制酒精含量。我的办法是选一款非常好喝的鸡尾酒，如法式火烈鸟，然后把它改造成子弹酒。这款鸡尾酒的酒精含量不高，液体原料的总量为3¾盎司（112.5毫升）。通过加冰摇匀，成品的总量增加了1½盎司（45毫升）。这样便调出了非常可口的饮料，它可以分给6个人饮用，而且2½盎司（75毫升）的酒精分散在6个小酒杯里。烈酒同样可以作为子弹酒装在3/4~1½盎司（22.5~45毫升）的烈酒杯里，这个分量的烈酒的价格不会太高，客人结账时既不会犯难，也不会酩酊大醉。

搅拌法（STIRRED）指将所有原料和冰块放到鸡尾酒摇酒壶的玻璃调酒听中，用长柄鸡尾酒匙搅拌，然后将酒液过滤到冰镇过的玻璃杯中。

直饮酒（STRAIGHT-UP）指加冰搅拌或摇和后过滤掉冰块，倒入冰镇过的玻璃杯中的一类饮料。

碎冰鸡尾酒（SWIZZLE）指具有潘趣酒风格的一类饮料，它们是通过用手掌旋转木制牙买加调酒棒搅拌而成的。如今用于搅拌碎冰鸡尾酒的调酒棒是由早期的牙买加调酒杯衍生而来的，通常会与盛在高杯中的碎冰鸡尾酒一起上桌，可放在酒杯中或酒杯旁边，供客人自己搅拌饮料。地道的牙买加调酒棒可以在网上买到。

词汇表

雅培苦精（ABBOTT'S BITTERS）

美国产的苦味酒，于禁酒令颁布后停产。

杏子酒（ABRICOTINE）

用成熟的杏子而非杏子味的香精（天然或合成）制成的利口酒或"生命之水"。

瑞士的梦莱酒厂生产杏子味利口酒和杏子味"生命之水"，玛丽莎公司只生产杏子味利口酒。

苦艾酒（ABSINTHE）

苦艾酒是一种用烈酒浸泡药草制成的利口酒，最初是以葡萄"生命之水"为基酒，但现在以高度甜菜根蒸馏酒为基酒，使用的草药包括苦艾、茴芹、甘草、牛膝草、香蜂花、芫荽、婆婆纳、甘菊和其他草本植物。苦艾是导致19世纪末全球禁售苦艾酒的罪魁祸首。如今的科学界一致认为，酒精度高达75%的苦艾酒比少量的侧柏酮这样的精神活性成分更容易引发健康问题。苦艾酒目前在美国和欧洲是合法的，被允许含有较高浓度的侧柏酮。

蛋黄酒（ADVOCAAT）

荷兰产的一种用蛋黄和白兰地制成的利口酒，用香草精和其他调味品调味。

龙舌兰（AGAVE, MAGUEY）

产于墨西哥的一种大型植物，看起来像巨型菠萝与仙人掌的杂交物种，实际上是百合科的成员。龙舌兰有数百种，有人工栽培的，也有野生的。韦伯蓝色龙舌兰专门用于酿造特其拉。Maguey是传统的泰诺语，意为"龙舌兰"。

陈年（AGED）

将葡萄酒和其他烈酒放在橡木桶或其他木桶中储存一段时间的工序，以使酒的粗糙口感变得柔和，并增添木材的特殊风味。木桶的使用年限、以前的用途和大小决定了陈化的效果。木桶的内壁通常会被烘烤甚至烤焦，以使木材中的糖分焦化，从而产生额外的风味。

葡萄牙果渣白兰地（AGUARDENTE BAGACEIRA）

葡萄牙产的由压榨过的葡萄渣蒸馏而成的白兰地，类似于意大利果渣白兰地和法国果渣白兰地（Marc）。

巴西甘蔗蒸馏酒（AGUARDIENTE DE CAÑA）

用甘蔗酿造的烈酒，如卡莎萨或朗姆酒。

哥伦比亚蒸馏酒（AGUARDIENTE DE COLOMBIA）

一种来自哥伦比亚的茴香味利口酒。

棕榈酒（AGUARDIENTE DE PALMA）

一种用棕榈糖制成的菲律宾烈酒。

酒精（ALCOHOL, ETHYL）

人们普遍认为"Alcohol"这个词来源于阿拉伯语中的"Al-Kohl"。然而，Kohl指的是阿拉伯妇女用来做眼影的一种细粉末状的化妆品。我还在寻找它们之间的联系。

麦芽啤酒（ALE）

一种用麦芽发酵过程中浮在表面的酵母制成的啤酒。麦芽啤酒是最古老的一种啤酒，通常用较少的啤酒

花酿制，可趁新鲜饮用而无须陈化。

壶式蒸馏器（ALEMBIC STILL）

早期的单批次蒸馏器，被认为起源于中国，后被摩尔人带到西方。摩尔人把它带到位于伊比利亚半岛的欧洲大陆，欧洲最早的蒸馏器可能就是在那里出现的。这个词的词根是Alinbiq，它来源于阿拉伯语，意思是"蒸馏器"。

萨龙诺意大利苦杏酒（AMARETTO DI SARONNO）

产自意大利萨龙诺的杏仁味利口酒。据说，达·芬奇画派的伯纳迪诺·卢伊尼在为感恩圣母礼拜堂画壁画时，曾经请在他居住的旅店工作的一位年轻女子做模特。这位女子用杏仁和杏子为他调制了这款甜味利口酒来表达自己的感激之情。这真是一个美妙的故事。

阿玛罗酒（AMARO）

Amaro这个词在意大利语中的意思是"苦"，也指一种甜中带苦的利口酒，它传统上是由葡萄"生命之水"和苦味草药制作的，通常作为餐后酒，有助于消食。

苦皮康（AMER PICON）

一种法国产苦味利口酒，用奎宁、橙皮、龙胆草和其他苦味药草调味，酒精度为39%。1837年，酿酒商出身的法国士兵盖坦·皮康（Gaetan Picon）为在阿尔及利亚作战的法国军队制作了这种酒。美国现在已经没有这种酒了。

陈酿朗姆酒（AÑEJO RUM）

在橡木桶中陈化的朗姆酒，不同品牌的陈化要求不同。

安高天娜苦精（ANGOSTURA BITTERS）

西格德是一名年轻的德国医生，他自愿成为西蒙·玻利瓦尔（Simón Bolívar）的私人医生，并且为了委内瑞拉的独立而战斗。1824年，他为丛林里的疲惫军队调配了安高天娜苦精作为药酒。西格德的第一家酒厂位于安高天娜镇，这款药酒就以该小镇的名称为名。后来，由于时局不稳定，他将酒厂搬到了西班牙的特立尼达。直到今天，酒厂在那里仍然蓬勃发展。安高天娜苦精的配方是严格保密的，但最主要的香味来自肉桂、多香果和丁香。安高天娜苦精被官方归入食品添加剂类，尽管它的酒精度高达40%。

茴香利口酒（ANISETTE）

在许多国家（最初是在法国）生产的一种用茴香调味的利口酒。

开胃酒（APERITIF）

在正餐前饮用的用于刺激味蕾的饮料。Aperitif这个词源自拉丁语中的Aperire，意思是"打开"。开胃酒可以是任何类型的酒，比如不同类型的葡萄酒（调味型葡萄酒、加香型葡萄酒、加强型葡萄酒）、鸡尾酒、香槟等。

苹果白兰地（APPLEJACK）

也叫"苹果杰克"，是由苹果发酵而成的醪液（浓度至少51%）蒸馏而成的威士忌。莱尔德公司（Laird & Company）创立于美国新泽西州，从殖民地时代就开始制作苹果白兰地，因此这种酒有时又被称为泽西闪电（Jersey Lightning）。苹果白兰地装瓶时的酒精度通常达到40%。

杏子白兰地/水果白兰地（APRICOT BRANDY, FRUIT BRANDIES）

一类调味的中性烈酒的错误称谓，其实是水果味的利口酒，它在大多数情况下用杏子或其他水果调味，然后添加甜味剂，装瓶时的酒精度为35%。要想了解真正的白兰地，参见后面的"白兰地"和"生命之水"，它们是用水果醪液发酵后蒸馏而成的烈酒。

杏子味利口酒（APRY）

通常指玛丽莎杏子味利口酒。

烈酒（AQUA VITAE）

Aqua Vitae在拉丁语中的字面意思是"生命之水"，指的就是蒸馏酒、烈酒。

阿夸维特酒（AQUAVIT）

产于斯堪的纳维亚半岛几个国家的一种类似于伏特加的谷物酒，用不同的香草调味，最常见的香草是葛缕子和茴香籽。

亚力酒（ARAK，ARRACK，RAKI）

最早是用海枣酿造的烈酒，现在也用甘蔗汁和大米酿造。亚力酒是17世纪第一批潘趣酒的基酒，是英国商人从印度带回英国的特产。如今，它在中东、印度和东南亚地区都有生产。要想了解更多，可参考戴维·旺德里奇在《每日野兽》上发表的一篇文章，这篇文章是关于最著名的巴达维亚亚力酒的。文章分为两部分：第一部分的标题是"重新发现世界上第一种奢华烈酒"，第二部分的标题是"一种重要鸡尾酒原料的重生"。

雅文邑白兰地（ARMAGNAC）

产于法国南部热尔省的法国白兰地。雅文邑白兰地在特殊蒸馏器中单独蒸馏，被认为是比干邑白兰地风格更强烈的白兰地。按照原产地保护法令的规定，雅文邑产区由3个地区组成：下雅文邑产区（产品品质最好）、特纳赫兹产区和上雅文邑产区。

加香型葡萄酒（AROMATIZED WINES）

用药草、香料和水果调味的葡萄酒，包括味美思和其他开胃葡萄酒。

浓缩葡萄汁（ARROPE）

由葡萄汁煮沸浓缩而成，通常作为欧洛罗索雪莉酒的甜味剂添加到浓缩葡萄酒中，制成佩德罗-希梅内斯雪莉酒。浓缩葡萄汁也被添加到威士忌中以加深酒液颜色。

雅凡娜阿玛罗酒（AVERNA AMARO）

一种苦甜参半的意大利利口酒，装瓶时的酒精度为34%。同法国和意大利的大多数苦味利口酒一样，它是用药草和提取自金鸡纳树皮中的奎宁调味的。

百加得有限公司（BACARDI LIMITED）

百加得有限公司是全球最大的私营烈酒公司，总部设在百慕大的哈密尔顿。该公司拥有全世界最大的朗姆酒生产基地，在多个国家设有酿酒厂。除朗姆酒外，百加得还出品苏格兰混合威士忌和麦芽威士忌、特其拉、味美思和开胃酒（马天尼罗西和洛里帕缇）、美国威士忌、伏特加（灰雁伏特加等）和孟买蓝宝石金酒。百加得公司最早成立于古巴，但在1960年遭遇国有化，于是百加得家族改在波多黎各和其他国家生产。

水伴（BACK）

饮酒后喝的水或软饮料。19世纪经典的酒吧服务要求每一杯酒精饮料都要配一杯水。

甘蔗渣（BAGASSE）

甘蔗榨汁后剩下的纤维，通常被朗姆酒酿酒厂用作蒸馏器的燃料。如今，它被用于制造生物燃料、纸浆，甚至绝缘材料。

百利甜酒（BAILEYS IRISH CREAM）

一种由新鲜的牛奶奶油、爱尔兰威士忌和糖制成的著名爱尔兰利口酒。百利甜酒是第一款解决了分离和凝固问题的奶油利口酒。

芭班库朗姆酒（BARBANCOURT）

海地产朗姆酒，是用甘蔗汁而非糖蜜酿制的。它之所以出名，是因为应用了法国干邑白兰地的蒸馏技术。如今的芭班库朗姆酒要蒸馏两次，第一次是在柱式蒸馏器中蒸馏的，第二次是在罐式蒸馏器中蒸馏的。所有的芭班库朗姆酒都是在橡木桶中陈化的：三星朗姆酒要陈化4年，五星朗姆酒要陈化8年，庄园典藏朗姆酒要陈化15年。

吧匙（BARSPOON）

搅拌鸡尾酒的长柄匙子。有些被制成一体式的，有一个呈螺旋状扭转的不锈钢把手，以便调酒师旋转匙子；有些则包含两部分，使用时轴在套筒内旋转。

调酒师/酒保/医生/化学家（BARTENDER, BARMAN, DOCTOR, CHEMIST）

在酒吧吧台内准备和供应酒精饮料的人。多年来，这个职业的许多绰号变得越来越流行，如化学家，这个称呼可以追溯到19世纪，当时的调酒师还负责制造他们使用的许多产品。"医生"是许多社区调酒师的另一个绰号，他们会对熟客的健康问题进行评估，甚至提出警示。在19世纪早期的美国旅馆里，前台服务员常常兼做调酒师。

浴缸金酒（BATHTUB GIN）

指禁酒令施行期间由私人在浴缸中非法制造的金酒，做法是将杜松子油添加到谷物酒中。

必富达金酒（BEEFEATER GIN）

詹姆斯·伯勒（James Burrough）于1863年在伦敦建立了这家极具代表性的酿酒厂，并开始生产金酒，产品包含一种叫伦敦干金酒的干型金酒及一种老式金酒。但伯勒最大的成就是创造出了一种名为必富达的金酒，这种金酒包含9种精选植物。伦敦干金酒最终成为这类干型风格金酒的通称。

在棍子后面（BEHIND THE STICK）

美国俚语，意思是"在酒吧工作"，"棍子"指的是啤酒桶的龙头。

狂饮（BENDER）

美国俚语，意思是"一阵狂饮"。

法国廊酒（BÉNÉDICTINE D.O.M.）

一种法国产利口酒，其历史可追溯至16世纪，最初是由本笃会的修道士酿造的。它的基酒是干邑白兰地，用药草、柑橘皮和香料调味。酒瓶标签上有"D.O.M."字样，它是拉丁词语Deo Optimo Maximo的缩写，意思是"献给最仁慈、最伟大的上帝"。它的酒精度为40%，是酒精含量较高的利口酒之一。如今，法国廊酒归百加得有限公司所有。

酒鬼（BIBBER）

英国俚语，意思是"酗酒者"。

黑莓白兰地（BLACKBERRY BRANDY）

一种调味的中性烈酒的错误称谓。它其实是用黑莓调味的利口酒，还需添加甜味剂，装瓶时的酒精度不超过35%（ABV）。要想了解真正的白兰地，参见后面的"白兰地"。

混和美国威士忌（BLENDED AMERICAN WHISKY）

由至少20%的酒精度为50%的纯威士忌与中性谷物烈酒和（或）淡质威士忌调和而成。

调和麦芽威士忌（BLENDED MALT WHISKY）

由不同的单一麦芽威士忌调和而成的苏格兰威士忌原本被称为"纯麦威士忌"（Vatted Malts），后来，苏格兰威士忌协会将其更名为"调和麦芽威士忌"（Blended Malts）。

苏格兰混合谷物威士忌（BLENDED SCOTCH）

由麦芽威士忌和其他谷物威士忌混合而成，必须在旧橡木桶中陈化3年以上。使用的单一麦芽威士忌和混合谷物威士忌必须产自苏格兰，并且蒸馏到83.2%以上。

调和型苏格兰威士忌（BLENDED SCOTCH WHISKY）

由单一麦芽苏格兰威士忌和混合谷物威士忌混合而成，产自苏格兰，通常由混合谷物酿制而成。谷物威士忌通常由发芽的大麦、玉米和小麦混合发酵并蒸馏，酒精度需达到94%。这些威士忌需分开陈化，但陈化时间相同，随后混合并在木桶中继续陈化几个月，最后降低酒精以达到装瓶的要求。调和型苏格兰威士忌过去是调制鸡尾酒的重要原料，但随着手工鸡尾酒运动的兴起，重口味的鸡尾酒成为主流，烟熏味浓郁的苏格兰麦芽威士忌也在许多鸡尾酒，如在现代经典鸡尾酒盘尼西林中有自己的用武之地。

调和型纯威士忌（BLENDED STRAIGHT WHISKEY）

由不同酿酒厂生产的或同一酿酒厂在不同季节生产的同一类型的100%纯威士忌（如黑麦威士忌、波本威士忌或玉米威士忌）混合而成的威士忌。

瞎虎/瞎猪（BLIND TIGER, BLIND PIG）

指禁酒令施行期间非法卖酒的地下酒吧，它们以向任何愿意花钱看"瞎虎"或"瞎猪"的人"免费"赠送一杯酒的方式，试图绕过法律和许可令的规定。

蓝色龙舌兰特其拉/纯特其拉（BLUE AGAVE TEQUILA, TEQUILA PURO）

100%蓝色龙舌兰特其拉是只用

发酵的韦伯蓝色龙舌兰蒸馏而成的特其拉，必须在墨西哥生产并装瓶。和所有特其拉一样，100%蓝色龙舌兰特其拉可以陈化，也可以不经过陈化。1905年，德国植物学家弗雷德里克·艾伯特·康斯坦丁·韦伯（Frédéric Albert Constantin Weber）将这种龙舌兰定名为韦伯蓝色龙舌兰（Agave Tequilana 'Weber's Blue'）。

蓝士兵美国干金酒（BLUECOAT AMERICAN DRY GIN）

蓝士兵美国干金酒产自美国费城，其基酒是谷物蒸馏酒，混合了4种有机植物：干柑橘皮、杜松子、芫荽籽和当归根。从风格上说，它属于伦敦干金酒。

波尔斯公司（BOLS COMPANY）

欧文·卢卡斯·波尔斯（Erven Lucas Bols）于1575年创立了荷兰波尔斯公司。它最初是一家专门酿造杜松子酒的酿酒厂，后来随着业务的拓展而开发出许多水果利口酒，包括著名的橙味利口酒——橙皮利口酒，它是用从新大陆带回来的柑橘的皮浸渍而成的。许多来自欧洲的早期利口酒酿酒师都在波尔斯酿酒厂学习过酿造工艺。波尔斯公司还从法国大型葡萄酒产区，如雅文邑、干邑和赫雷斯购买葡萄"生命之水"用于生产利口酒。

保税威士忌（BONDED WHISKEY）

有"保税装瓶"（Bottled in Bond）标签的威士忌。1897年，美国保税储存法案颁布。该法案规定，美国纯威士忌必须在政府监管下蒸馏至50%，并且在政府的保税仓存放至少4年。在装瓶之前酿酒商无须缴税。

布思金酒（BOOTH'S GIN）

成立于1740年，可能是伦敦第一家干金酒酿造商。如今，布思金酒已在美国获得了生产许可。

波士顿摇酒壶（BOSTON SHAKER）

由两部分组成的鸡尾酒摇酒壶，即由一个16盎司（480毫升）的玻璃调酒听和一个稍大点儿的金属调酒听组成。金属调酒听从上面盖住玻璃调酒听，合为一个密封的容器。如今的手工鸡尾酒调酒师几乎无一例外地改用上下两部分都是金属的波士顿摇酒壶。

波本威士忌（BOURBON）

美国产威士忌，用51%～79%的玉米、少量大麦及黑麦或小麦酿制而成。必须在新制的、内壁烧焦的橡木桶中陈化至少2年。蒸馏过的威士忌的酒精度不得超过80%。

泉水（BRANCH）

用来稀释波本威士忌的泉水。

白兰地（BRANDY）

用发酵的水果酿造的蒸馏酒。

卡莎萨（CACHAÇA）

一种产自巴西的甘蔗蒸馏酒，通常由刚割下的甘蔗榨汁后蒸馏而成，不经橡木桶陈化即可装瓶，不过也有一些例外。

卡尔瓦多斯苹果白兰地（CALVADOS）

卡尔瓦多斯苹果白兰地是一种陈年白兰地，由48种不同的苹果和多品种的梨酿造而成，这些水果都来自法国诺曼底地区的卡尔瓦多斯产区。用来酿造卡尔瓦多斯苹果白兰地的苹果汁至少要发酵6周，然后在罐式蒸馏器中蒸馏2次，再陈化至少2年。

加拿大威士忌（CANADIAN WHISKY）

加拿大威士忌使用混合谷物（如黑麦、玉米、小麦和大麦麦芽）酿造，在旧橡木桶中陈化至少3年。与其他国家相比，加拿大监管条例较少，加拿大威士忌的制造商可以在其中添加别的国家不允许使用的风味添加剂。

金巴利（CAMPARI）

金巴利是意大利的一种苦味开胃酒，它以烈酒为基酒，用香料调味，还添加了金鸡纳，最初是用胭脂虫染色的，由米兰的加斯帕雷·金巴利（Gaspare Campari）于19世纪60年代开始酿造。金巴利的装瓶酒精度为24%，应用于许多著名的鸡尾酒，包括高杯美国佬和目前最容易调配、最受欢迎的鸡尾酒——内格罗尼。

卡帕诺味美思/潘脱蜜味美思（CARPANO，PUNT E MES）

意大利都灵的卡帕诺家族于18世纪晚期崛起，他们率先在葡萄酒中添加香料，从而发明出味美思。潘脱蜜味美思也是卡帕诺酒厂的产品。Punt e Mes的意思是"一和一半"，指卡帕诺酒厂常用的葡萄酒和香料混合物的比例为一份葡萄酒配半份香料混合物。卡帕诺旗下的另一种产品叫卡帕诺·安提卡配方，它对美国市场来说算是新品，具有浓郁的香草味。潘脱蜜味美思很适合代替普通的味美思，用于调制内格罗尼和经典曼哈顿等鸡尾酒。

黑加仑利口酒（CASSIS OR CRÈME DE CASSIS）

黑加仑利口酒是用黑加仑酿制的，原产于法国勃艮第第戎镇，但现在在法国各地都可酿造。它是基尔鸡尾酒的经典原料之一。基尔鸡尾酒的调制方法是在一杯白葡萄餐酒中加入少量黑加仑利口酒，皇家基尔的配方与它基本类似，只是用到了香槟酒。

厘升和毫升（CENTILITER/CL，MILLILITER/ML）

欧洲鸡尾酒配方中使用的体积计量单位，1厘升等于1升的1%。1盎司约等于3厘升或30毫升。

香博利口酒（CHAMBORD）

香博利口酒是法国产的一种覆盆子利口酒，被"迪斯科一代"用作鸡尾酒原料，用来调制激情海岸、脑瘤（Brain Tumor）和紫罗兰汽笛（Purple Hooter）等。

香槟酒（CHAMPAGNE）

一种起泡葡萄酒，产于法国东北部的香槟产区，主要用黑皮诺和霞多丽葡萄酿造。经过第一次发酵后，被灌入瓶中进行第二次发酵时会添加糖和酵母以制造香槟酒特有的气泡，从而创造出香槟酒的独特品质。这个过程被称为"香槟酿造法"（Méthode Champenoise）或"香槟法"（Champagne Method），它是酿造起泡葡萄酒的基准。不过，"香槟酒"这个词受到1927年施行的原产地保护法（AOC）的保护，只有产自香槟产区的起泡葡萄酒才能叫"香槟酒"。美国是少数几个在本国生产的葡萄酒的标签上被允许使用"香槟酒"字样的国家之一。香槟酒的主要风格是由糖的含量决定的，按含糖量分为绝干、超干、干、半干，或者半甜、甜、特甜和绝甜几类。

气泡水（CHARGED WATER）

被充入二氧化碳气体的水。这是19世纪的人对苏打水的一种叫法。

查尔特勒酒（CHARTREUSE）

法国的一种用草本植物酿造的利口酒，分为两大类：酒精度为40%的黄查尔特勒酒和酒精度为55%的绿查尔特勒酒。查尔特勒酒是由位于法国小镇瓦翁的查尔特勒修会的修道士发明的。从1901年开始，法国通过了一项反对以宗教名义酿酒的法律，于是查尔特勒修会的修道士们逃到了西班牙的塔拉戈纳。如今，掌握查尔特勒酒秘方的修道士重新回到了法国。现在我们还可以买到注有"V.E.P."（Vieillissement Exceptionnellement

Prolongé的缩写，意思是超级长时间的陈酿）字样的超级陈酿查尔特勒酒。

樱桃白兰地（CHERRY BRANDY）

参见"杏子白兰地"。

寇伯乐（COBBLER）

这是一类以葡萄酒或烈酒为基酒的饮料，调制方法是将基酒、糖和水倒在装了大量刨冰的酒杯中，并以大量新鲜水果装饰。有些寇伯乐的酒液要和水果一起摇匀，比如威士忌寇伯乐。

可可·洛佩斯椰子奶油（COCO LÓPEZ）

用于调制椰林飘香的椰子奶油，在杂货店随处可见。

咖啡利口酒（COFFEE LIQUEUR）

这种酒在世界各地生产，装瓶时的酒精度为25%～30%。比较知名的两个品牌分别是甘露咖啡利口酒和添万利咖啡利口酒，前者产自墨西哥和丹麦，后者产自牙买加。

君度（COINTREAU）

这是一种产自法国的优质橙皮甜酒，用于调制许多著名的鸡尾酒，如边车、玛格丽特和白色佳人。

同源物（CONGENERS）

在蒸馏过程中由酒精蒸气分子携带的杂质。它们可能来自制作最初的醪液所使用的主要水果或谷物，或者来自在酒类生产的不同阶段遇到的其他有机化学物质。同源物能赋予烈酒独特的味道和香气。同源物与酒精蒸气分子之间的化学键可通过柱式蒸馏器的分馏而被打破。

连续式蒸馏器（CONTINUOUS OR PATENT STILL）

也叫双柱式蒸馏器，1831年由埃涅阿斯·科菲在爱尔兰获得专利。

利口杯（CORDIAL GLASS）

最初的利口杯的容量只有1盎司（30毫升），形状像一个小号的波特酒杯或甜点葡萄酒酒杯。如今，大多数酒吧供应的都是大份的酒水，利口杯很少被用作量器了。

甜香酒/利口酒（CORDIALS/LIQUEURS）

Cordial在美国指用水果、药草和香料调味的甜味利口酒。美国烟酒税和贸易管理局（TTB）要求甜香酒的含糖量至少为2%。在美国，Cordial和Liqueur是可以混用的；但在欧洲，Cordial仅指不含酒精的调味糖浆。

玉米威士忌（CORN WHISKEY）

玉米威士忌通常在新的或用过的橡木桶中陈化，有些则不需要陈化。它由玉米含量不少于80%的麦芽浆酿造而成。

拿破仑VS干邑（COURVOISIER VS COGNAC）

VS是Very Superior的缩写，意为这款干邑白兰地在橡木桶中至少陈化了2年。

香蕉利口酒（CRÈME DE BANANA）

香蕉味的利口酒，用于调制鸡尾酒，如女妖、酒贩、黄鸟。

可可利口酒（CRÈME DE CACAO）

用可可豆酿制的利口酒，分为白可可利口酒和黑可可利口酒，酒精度为25%。

草莓利口酒（CRÈME DE FRAISES）

草莓口味的利口酒。用于调制东区209号鸡尾酒。

覆盆子利口酒（CRÈME DE FRAMBOISE）

覆盆子口味的利口酒。

薄荷利口酒（CRÈME DE MENTHE）

薄荷味的利口酒，有绿色和透明（白色）两种颜色。绿色薄荷利口酒通常用在冰沙类的饮料中，比如使用了碎冰的绿蚱蜢。白色或透明的薄荷利口酒是经典鸡尾酒史丁格的原料之一。

果仁乳酒（CRÈME DE NOYAUX）

一种低度杏仁味利口酒，用于调制粉红松鼠鸡尾酒。

李子利口酒（CRÈME DE PRUNE-LLE）

一种用野生李子——黑刺李酿制的法国利口酒。

培养层（CRIADERA）

西班牙生产雪莉酒的索雷拉系统中分层的木桶。

库斯塔（CRUSTA）

这是19世纪的一款饮料，由新奥尔良的酒吧老板约瑟夫·桑蒂纳发明，其特点是酒杯边沿有糖边（硬壳），并且用长长的螺旋状柠檬皮卷装饰。这款鸡尾酒可以用任何烈酒调制，最常见的是金酒、白兰地、威士忌和朗姆酒，然后添加柠檬汁、单糖浆、苦精和一种甜味利口酒（比如黑樱桃利口酒），摇匀后倒在碎冰上即可。（我的配方参见第92页。）

杯饮类饮料（CUPS）

装在酒杯中的饮料，通常以葡萄酒为基酒，用利口酒、烈酒、水果和药草调味，加冰后在上面加气泡水。

橙皮利口酒（CURAÇAO）

荷兰波尔斯公司用又小又苦的柑橘酿造的利口酒。目前，许多国家都在生产，有白色、橙色和蓝色的，它们的唯一区别就是颜色。橙皮利口酒是早期鸡尾酒所用的一种优质原料，就像后来使用的味美思一样。橙皮利口酒很适合与朗姆酒、青柠和其他水果汁搭配。

西娜尔（CYNAR）

带朝鲜蓟味的意大利开胃酒。

戴尔·德格罗夫多香果芳香苦精（DALE DEGROFF'S PIMENTO AROMATIC BITTERS）

2009年，戴尔·德格罗夫和酿酒大师泰德·布鲁共同发明了多香果酒。这种酒最初在法国索米尔的孔比耶酒厂生产，后被转移到美国肯塔基州路易斯维尔的萨泽拉克公司。

西梅金酒（DAMSON GIN）

一种家酿金酒，将西梅浸泡在金酒和糖浆中即可。

淀粉糖化酶（DIASTASE）

大麦发芽时形成的酶。淀粉糖化酶有助于将谷物中的淀粉分子转化为单糖。

蒸馏（DISTILLATION）

通过蒸发和冷凝将液体混合物的各组成部分分离出来的过程。蒸馏用于制造浓缩的酒精，也就是乙醇。

打兰（DRACHM）

液体或药量单位，相当于苏格兰语中的Dram，表示少量。1打兰相当于1/8盎司（3.75毫升）。

杜林标酒（DRAMBUIE）

一种用苏格兰威士忌和石楠花蜜混合酿制的利口酒。

红杜宝内（DUBONNET ROUGE）

法国的一种以葡萄白兰地为基酒的加强型开胃酒，最早出现在19世纪，基酒用露喜龙区的红葡萄酒酿造，加金鸡纳调味，用于保护在热带殖民地值守的士兵免受疟疾的侵害。如今，位于美国肯塔基州产区巴兹敦的天堂山酒厂也生产这种酒，酒厂最近改变了配方，使其更符合欧洲人的口味。详情参见"杜宝内鸡尾酒"的介绍部分。

蒸馏残余物（DUNDER）

在牙买加独特的朗姆酒生产工艺中，蒸馏器里的残余物能够显著增强朗姆酒的香味，因此它们会与下一批糖浆和糖蜜混合，进行发酵和蒸馏。它可以赋予朗姆酒奔放、狂野的风格。

生命之水（EAU-DE-VIE）

一种由发酵的果浆制成的白兰地，通常未经陈化，有助消化的作用。所用水果包括核果和其他水果，如覆盆子和草莓。它也可以泛指任何烈酒。

八十六（EIGHTY-SIX）

美国俚语，指吧台后的缺货产品或被禁止进入店内的顾客。据说，这个说法源自禁酒令时期美国纽约贝德福德街86号的查姆利（Chumley's）酒吧，它是当时的一家生意兴隆的地下酒吧。

酯类物质（ESTERS）

蒸馏产生的酸性化合物，使烈酒具有香味。

酒精饮料（ETHYL ALCOHOL）

由糖溶液发酵而生成的含酒精的饮料。

法勒南（FALERNUM）

巴巴多斯岛的一种用杏仁、青柠和香料调味的糖浆，有含酒精和无酒精两种版本。含酒精版的酒精度为11%，在美国可以买到的是约翰·D.泰勒天鹅绒法勒南。

费氏兄弟（FEE BROTHERS）

位于纽约州罗彻斯特市的费氏兄弟公司共生产18种口味的苦精，口味包括桃子味、薄荷味、香草味和橙子味等。他们还生产调味糖浆、植物饮料，以及调制鸡尾酒所用的软饮料和盐水。

发酵（FERMENTATION）

指酵母菌消耗糖的过程，其副产物是二氧化碳和酒精。酵母菌在含糖的溶液中快速繁殖并持续消耗糖，直到溶液中的酒精度达到对酵母菌致命的程度。

菲诺雪莉酒（FINO SHERRY）

最干的雪利酒，是在西班牙很受欢迎的一种餐前开胃酒。

菲克斯（FIX）

一种19世纪的饮料，有点儿像酸酒，但是会用大量水果装饰。

菲兹（FIZZ）

一种搭配苏打水或其他含气泡饮料的酸味饮料。菲兹出现的时间与19世纪中期酒吧使用发出"嘶嘶"声的气泡水的时间正好吻合。

弗利普（FLIP）

弗利普最初是在殖民地时期由啤酒、雪莉酒、朗姆酒混合而成，或者由基酒、鸡蛋和糖混合而成的饮料。这种混制饮品有时用烧热的铁拨火棍加热，铁拨火棍的末端为球形。在鸡尾酒盛行的时代，弗利普的做法变得更加复杂，原料是糖、整个鸡蛋和雪莉酒（或一些烈酒），用力摇匀后盛在鸡尾酒酒杯里。

为了钞票（FOR THE MONEY）

后禁酒令时代的一种说法，表示更大的分量。侍者会对调酒师说"两杯可乐，一杯是水伴，一杯为了钞票"。他的意思是其中一杯可乐是搭配烈酒的水伴，是免费的；另一杯要多一些，是要收费的。

加强型葡萄酒（FORTIFIED WINES）

额外添加了酒精的葡萄酒，如波特酒、苏玳葡萄酒、马德拉酒和雪莉酒。不要将其与味美思这样的加香型葡萄酒混淆，后者也添加了酒精。

榛子利口酒（FRANGELICO）

一种用榛子调味的意大利利口酒。

冰沙饮料（FRAPPÉ）

倒在雪花冰或碎冰上的饮料，也被称为"迷雾"，如苏格兰迷雾。

果泥（FRUIT PURÉE）

用食品加工机处理成流体的水果。餐厅经常使用速冻果泥作为雪葩的基础。我的最爱是纳帕谷"完美果泥"。

加利安奴香草利口酒（GALLIANO）

一种用未陈化的葡萄白兰地制成的意大利香草利口酒。20世纪60年代末，哈维撞墙鸡尾酒使加利安奴香草利口酒变为美国所有酒吧的常用原料。

吉发得紫罗兰利口酒（GIFFARD CRÈME DE VIOLETTE）

这是一种具有紫罗兰花香的利口酒，主要用于调制飞行鸡尾酒。

及耳杯（GILL）

19世纪的鸡尾酒配方书提到的一种容量为4盎司（120毫升）的鸡尾酒酒杯。

金酒（GIN）

用草本植物特别是杜松子调味的谷物酒，其他用于调味的草本植物还包括芫荽、茴香、肉桂、茴芹、生姜和当归等。

姜汁啤酒（GINGER BEER）

原产于牙买加的一种辛辣的软饮料，通常含有二氧化碳气体，由生姜根制成。

酒杯架（GLASS RAIL）

吧台上方用来放置脏杯子和鸡尾酒工具的内置滑轨。滑轨大约10厘米宽，可以容纳酒瓶或调酒杯。

歌帝梵利口酒（GODIVA LIQUEURS）

美国专营的巧克力和焦糖利口酒。该品牌名称和商标均获得了比利时歌帝梵巧克力公司授权。

戈尔德施拉格（GOLDSCHLÄGER）

一种瑞士产的肉桂利口酒，装瓶时的酒精度为43.5%，瓶中含24K金箔。

中性谷物酒（GRAIN NEUTRAL SPIRITS）

由混合谷物蒸馏而成的烈酒，酒精度在95%以上，未经陈化。

谷物酒（GRAIN SPIRITS）

由混合谷物蒸馏而成的烈酒，酒精度在95%以上。蒸馏获得的酒液储存在橡木容器而非不锈钢容器中，并以不低于40%的酒精度装瓶。

柑曼怡（GRAND MARNIER）

法国独有的一种橙味白兰地利口酒，用柑橘酿成。柑曼怡有两个级别可供选择：红丝带（标准版）和百年酿（百年纪念限量版）。

意大利果渣白兰地（GRAPPA）

这是穷人喝的白兰地，至少最初是这样。果渣白兰地由用于酿造葡萄酒的葡萄被压榨后剩下的果渣（包括果皮、种子和茎干）酿成。果渣白兰地通常不需要陈化。如今，果渣白兰地已经成为高档餐厅的时尚宠儿，由单一品种的葡萄酿制而成，并装在设计师专门设计的昂贵瓶子里。

石榴糖浆（GRENADINE）

用于调制酒精饮料和非酒精饮料的红色糖浆。最初的主要原料是石榴汁，但是现在很多品牌都使用人工香精调味。自制石榴糖浆可以用白砂糖和石榴汁制作，具体方法参见第220页。

健力士世涛啤酒（GUINNESS STOUT）

应用顶部发酵工艺酿制的爱尔兰啤酒，由于使用了大量的烤麦芽，所以它的颜色几乎是黑色的，口味也相当独特。都柏林生产的健力士世涛啤酒口感干爽，余味略苦。

头酒（HEADS）

一次蒸馏工序开始时蒸馏出的酒，通常会经过再次蒸馏或被丢弃。

覆盆子白兰地（HIMBEERGEIST）

用覆盆子蒸馏而成的"生命之水"，不经陈化或不添加甜味剂。水果白兰地的传统产地是德国的阿尔萨斯和瑞士，但现在它们也在美国生产。它们主要作为餐后助消化的饮料，酒精度为40%～45%。

浸泡（INFUSION）

酿酒过程中的一道工序，类似于泡茶，但规模更大。在酿造啤酒和威士忌的过程中，谷物和发芽的谷物被多次浸泡在热水中，通常温度会越来越高，从而产生一种叫作麦芽汁的甜味液体。生产水果利口酒也要经过浸泡工序，即水果和其他调味剂浸泡在白兰地中，时长不等。浸泡完成后，过滤混合物，加水稀释直至酒精度降到适合装瓶的程度，再加糖浆增加甜度，最后装瓶。

爱尔兰奶油利口酒（IRISH CREAM）

用爱尔兰威士忌、糖和鲜奶油制成的利口酒。详情参见"百利甜酒"。

爱尔兰之雾利口酒（IRISH MIST）

爱尔兰产的威士忌利口酒，由4种威士忌混合而成，使用了2种谷物，经过了2次罐式蒸馏器的蒸馏，添加了3种蜂蜜，包括石楠花蜂蜜和三叶草蜂蜜。

爱尔兰威士忌（IRISH WHISKEY）

来自爱尔兰的3次蒸馏威士忌，被认为是最早的威士忌。爱尔兰威士忌在橡木桶中至少要陈化3年。现代的爱尔兰威士忌是用麦芽威士忌和谷物威士忌混合制成的。其中，麦芽威士忌由发芽和未发芽的大麦经过罐式蒸馏器蒸馏而成，谷物威士忌则由柱式蒸馏器蒸馏而成。爱尔兰威士忌与苏格兰威士忌完全不同，主要是因为用的麦芽没有经过泥煤烘烤，所以爱尔兰威士忌没有烟熏味。如今，酿酒师们开始采用传统的方法和原料。一些100%罐式蒸馏的爱尔兰威士忌已投入生产，许多是在都柏林的米德尔顿酿酒厂生产的，绿点和知更鸟就是其中的佼佼者。

贾德利口酒（JADE LIQUEURS）

贾德是孔比耶酒厂旗下的苦艾酒和利口酒品牌，位于法国索米尔。该酒厂的首席酿酒师特德·布鲁酿造出了埃斯普里·爱德华上等苦艾酒、1901上等苦艾酒、新奥尔良上等苦艾酒和C.F.贝尔热上等苦艾酒。

野格利口酒（JÄGERMEISTER）

一种德国甜酒，由56种药草制成，味道苦甜参半。野格利口酒从1934年开始生产，自1972年由西德尼·弗兰克进口公司（Sidney Frank Importing）开始进口并推广，其销量从每年500箱增加到2005年的200万箱。2015年，马斯特·扎格米斯特公司（Mast-Jägermeister UK）收购了西德尼·弗兰克进口公司，并且一直在重新定位这个品牌，推出了一款名为"清单"（Manifest）的超高档瓶装酒，可谓朝着这个方向迈出了一大步。

约翰·D.泰勒天鹅绒法勒南（JOHN D. TAYLOR VELVET FALERNUM）

天鹅绒法勒南最初是一种用杏仁、青柠和丁香调味的糖浆。这种含酒精的版本添加了少量酒精，以便吸引美国的利口酒经销商，提高销量。

茱莉普（JULEP）

一种流行的美国饮料，起源于18世纪末期，至今仍然很流行。它最初是用干邑白兰地和桃子白兰地调制成的，但后来演变成一种混合了新鲜薄荷和糖的波本威士忌鸡尾酒，盛在装了刨冰的磨砂银杯里。薄荷茱莉普是最早在美国以外出名的美国冰镇饮料之一。英国牛津大学有一个薄荷茱莉普社团，社团会在6月1日向学生公共休息室内的所有人提供薄荷茱莉普，以纪念1845年访问牛津大学的南卡罗来纳的威廉·海沃德·特拉皮尔（William Heyward Trapier）。当时，他震惊于大家从来没有听说过薄荷茱莉普，于是将家传配方赠送给了牛津大学。

甘露咖啡利口酒（KAHLÚA）

甘露咖啡利口酒是墨西哥特有的咖啡利口酒，可以说是最著名的咖啡利口酒。所有在美国销售的甘露咖啡利口酒都是在墨西哥酿造的，但在欧洲销售的甘露咖啡利口酒则是获得希零公司（Cherry Heering Company）的许可在丹麦酿造的。2017年，迪凯堡皇家酿酒厂（De Kuyper Royal Distillers）收购了希零公司。

科尔–德拉夫特公司（KOLD-DRAFT ICE）

美国的一家制冰机生产企业，开创了移动水库制冰技术。科尔-德拉夫特的制冰机能够制出1¼英寸（约3.2厘米）见方的大冰块，并一直垄断着制冰机市场，直到20世纪70年代末更快、更高效的日本制冰技术占据了制冰机行业的主导地位。

最后一轮（LAST CALL）

酒吧的传统用语，表示打烊前买酒的最后机会。

分层饮料（LAYERED）

有明显层次的饮料。调制方法是使酒沿着勺子背面缓慢流入玻璃杯，而且勺子要始终紧贴在玻璃杯内壁。最著名的分层饮料是彩虹酒，它通常作为餐后饮料。

利科43（LICOR 43）

一种西班牙专有的利口酒，由43种药草和葡萄"生命之水"酿造而成，但具有明显的香草味。它装瓶时的酒精度为34%。

利莱（LILLET）

利莱是一种以法国葡萄酒为基酒的开胃酒，包括3类：利莱白利口酒、利莱桃红利口酒和利莱红利口酒。白利口酒以由长相思和赛美蓉葡萄混合酿造的白兰地为基酒，用浸泡了多种水果的浓缩利口酒调配而成。红利口酒是用由赤霞珠和梅洛葡萄酿造的白兰地与类似的浓缩利口酒调配而成。利莱利口酒拥有甜美的水果味，适合调制几款著名的鸡尾酒，比如电影《皇家赌场》中詹姆斯·邦德喜爱的维斯珀。在古老的鸡尾酒类图书中，利莱利口酒的前身通常被称为"基纳利莱"（Kina Lillet），它含有更多的金鸡纳。

浸渍（MACERATION）

将调味品浸泡在水或酒精中，然后将过滤出的液体蒸馏两次，或将其添加到更大分量的酒液中来调味的工序。同一种调味品在水和酒精中的提取效果是不同的，在酒精中往往会提取出更多的苦味。

马德拉酒（MADEIRA）

产自葡萄牙马德拉岛的加强型甜红葡萄酒，它和西班牙的白兰地一样，是在索雷拉系统中陈化的。马德拉酒被认为是世界上最长寿的葡萄酒之一，在某些情况下可以保存100年以上。以前，马德拉岛通常是往新世界航行的船只的最后一站，装在酒桶里的葡萄酒既是压舱物也是货物。闷热的船舱仿若给了这种葡萄酒两次成长的机会，葡萄酒的味道在长途航行结束时变得更好了。如今，马德拉酒的生产商们用暖房法（Estufagem）重新模拟以前船舱里"高温烹饪"的效果，也就是提高了用于陈化马德拉酒的酒窖的温度——提高至37.7℃以上。

麦芽威士忌（MALT SCOTCH）

产于苏格兰，在用过的橡木桶中的陈化时间不少于3年，但实际上几乎不少于5年，通常为8～18年。由100%大麦麦芽浆蒸馏而成，有些会在用泥煤做燃料的窑中烘干以增加风味。

发芽谷物（MALTING）

发芽的谷物，通常是大麦或黑麦。参见"淀粉糖化酶"。

黑樱桃利口酒（MARASCHINO LIQUEUR）

一种用黑樱桃和樱桃核酿成的清澈的甜味利口酒。黑樱桃利口酒是早期的潘趣酒和鸡尾酒中很受欢迎的原料，当时人们几乎从不直接饮用它。20世纪20年代，才华横溢的古巴调酒师们用黑樱桃利口酒来调制大吉利，使其流行起来。

法国果渣白兰地（MARC）

在法国，用于酿酒的酿酒葡萄被压榨后会剩下葡萄皮和种子，这些果渣经过发酵和蒸馏就可以制成一种未陈化的白兰地——果渣白兰地。它类似于意大利果渣白兰地。

马尔萨拉酒（MARSALA）

这是一种来自意大利西西里岛马尔萨拉的加强型葡萄酒，它比来自葡萄牙、西班牙和马德拉群岛的其他著名加强型葡萄酒的酿造工序更复杂。作为基酒的葡萄酒酿好后，将加热浓缩的葡萄酒和浓缩葡萄汁与烈酒混合，再添加到基酒中。然后，葡萄酒开始了它的陈化之旅——通过索雷拉系统。

梅斯卡尔酒（MEZCAL）

梅斯卡尔酒是用龙舌兰酿的酒的总称，特其拉就是其中的一种，即所有的特其拉都是梅斯卡尔酒。但梅斯卡尔酒不都是特其拉。梅斯卡尔酒主要产自墨西哥的瓦哈卡，由埃斯帕迪龙舌兰和其他几种龙舌兰酿成。如今的梅斯卡尔酒里已经没有蝴蝶幼虫了，包括德尔玛盖在内的几家生产商都推出了高档梅斯卡尔酒。传统的梅斯卡尔酒有烟熏的味道，这是因为龙舌兰"心"在土坑中缓慢烘烤时吸收了木炭产生的烟熏味。

蜜多丽（MIDORI）

这是日本三得利酿酒厂的专利产品——蜜瓜利口酒，它因为能为鸡尾酒带来绿色而广受欢迎，是蜜多丽玛格丽特（Midori Margarita）的核心原料。

迷雾（MIST）

指代任何倒在碎冰上饮用的烈酒。

混成葡萄酒（MISTELLE）

未发酵的葡萄汁和烈酒的混合物。有的作为开胃酒，用加强型葡萄酒做基酒，如味美思；有的作为独立产品装瓶，如皮诺酒。

混合特其拉（MIXTO TEQUILA）

混合特其拉是特其拉中的一类，由不少于51%的蓝色龙舌兰汁液酿造而成，在发酵过程中会加入蔗糖或其他来源的糖。100%使用龙舌兰的特其拉被称为纯特其拉。

凯珊朗姆酒（MOUNT GAY RUM）

凯珊被誉为最古老的朗姆酒品牌（始创于1703年），由巴巴多斯岛基利波山庄园的约翰·索伯和约翰·盖伊·阿莱恩爵士创立。凯珊朗姆酒是用糖蜜和一种配方严格保密的酵母发酵酿造的。成品由罐式蒸馏朗姆酒和连续蒸馏朗姆酒混合而成，用小橡木桶进行陈化。橡木桶最多使用3次，以免橡木的香气耗尽。陈化持续2～10年，然后由兑酒师完成后面的工序：运用其技艺将陈年朗姆酒和年轻的朗姆酒混合起来。凯珊酒厂的产品有4种：禧年巴巴多斯朗姆酒（标准朗姆酒）和优质白朗姆酒，它们都是2年陈酿；凯珊特级陈年朗姆酒，它含有更大比例的10年陈年朗姆酒；还有非常稀有的甘蔗白兰地，这种酒很少大范围销售。

捣碎棒（MUDDLER OR TODDY STICK）

一种木制工具，形状像与研钵配套的杵（15～23厘米长），用来捣碎水果和草药。具体做法是将水果和（或）草药放在调酒杯中，加入糖或利口酒，用捣碎棒捣碎。这是调制老式鸡尾酒和凯匹林纳必备工具。

热红酒（MULLED WINE）

加香料和糖烹煮的葡萄酒。

奥亨利口酒（OJEN）

西班牙产的茴香味利口酒。

古典杯（OLD-FASHIONED GLASS）

容量为8～10盎司（240～300毫升），酒杯又短又粗，常被称为加冰饮用杯或岩石杯。双层古典杯又被称为水桶，因迈泰等鸡尾酒而流行起来。

老波特罗18世纪风格威士忌（OLD POTRERO 18TH CENTURY STYLE WHISKEY）

这是一种不同寻常的美国黑麦芽威士忌，由铁锚酿酒厂（Anchor Distillery）酿造。它由黑麦麦芽发酵而成，在烘烤过的新橡木桶或旧橡木桶中陈化2～5年。由于没有在炭化的橡木桶中陈化，这款威士忌不能叫"黑麦威士忌"。它装瓶时的酒精度为51.2%。

老汤姆金酒（OLD TOM GIN）

一种加糖的伦敦干金酒，在19世纪非常流行，最近又重新流行起来。并没有规定要求老汤姆金酒一定要加糖，因此一些现代品牌开始不加糖了。戴维·旺德里奇在发表于《每日野兽》（2017年3月17日刊）的一篇文章中对这个非正式的类别进行了更广泛的解释，文章的标题很简单——"解开老汤姆金酒之谜"。

即饮渠道（ON PREMISE）

指可以按杯供应烈酒、葡萄酒和啤酒的有执照的酒类企业，即酒吧和餐馆。获得营业执照的非即饮渠道可以出售零售包装的酒精饮料。

橙味苦精（ORANGE BITTERS）

橙味苦精是以烈酒为基酒、用橙子皮和其他植物调味的苦酒。在美国，比较有名的橙味苦精是纽约州罗彻斯特市费氏兄弟公司生产的橙味苦精和肯塔基州萨泽拉克酿酒厂生产的里根橙味苦精。德国比特储斯公司也生产橙味苦精，但主要销往美国。橙味苦精是早期干马天尼的原料之一，但在后来的配方中被舍弃了。橙味苦精在传统鸡尾酒和现代新潮鸡尾酒中应用广泛。

橙花水（ORANGE-FLOWER WATER）

用橙子花调味的水，用于烘焙和烹饪。它是著名的拉莫斯菲兹/新奥尔良菲兹的关键原料。

杏仁糖浆（ORGEAT SYRUP）

一种乳白色的甜杏仁糖浆，广泛用于烘焙。维克托·贝热龙的经典鸡尾酒迈泰就添加了杏仁糖浆。

茴香烈酒（OUZO）

希腊产的一种茴香味利口酒。

百香果果泥（PASSION FRUIT PURÉE）

由糖水和百香果制成的甜而稠的液体状混合物。新鲜的百香果是热带鸡尾酒的绝佳原料，但使用它时还需要添加大量的甜味剂。

桃子味苦精（PEACH BITTERS）

参见"费氏兄弟"。

水蜜桃利口酒（PEACHTREE SCHNAPPS）

正是这种烈酒引发了人们对水果利口酒的狂热追捧，它的制造商是美国肯塔基州路易斯维尔的迪凯堡公司，酒精度为15%。禁酒令废除后，迪凯堡荷兰公司是第一家在美国肯塔基州建造酒厂的公司。

辣椒伏特加（PEPPER VODKA）

将辣椒或辣椒油浸泡在伏特加中制成的调味伏特加。

潘诺茴香酒（PERNOD）

它是作为苦艾酒的替代品被制作出来的。参见"苦艾酒"。

梨酒（PERRY）

用梨或梨和苹果的混合物制成的酒。

希零樱桃利口酒（PETER HEERING CHERRY LIQUEUR）

一种优质的樱桃利口酒，用丹麦本土的史提芬酸樱桃酿造而成，具有浓郁的苦甜味。希零公司酿造的樱桃利口酒是调制地道的新加坡司令的原料。

北秀德苦精（PEYCHAUD'S BITTERS）

19世纪30年代，美国新奥尔良一家药店的店主安东尼·佩绍用香草和产自加勒比的香料制作了一种万能调料和保健品。据说，他把苦精与从法国进口的、萨泽拉克父子酒厂（Sazerac de Forge et Fils）生产的一款干邑混合在一起，这就是萨泽拉克鸡尾酒的灵感来源。不过，戴维·旺德里奇对两者之间的联系持怀疑态度。

葡萄根瘤蚜（PHYLLOXERA VASTATRIX）

源自美洲的蚜虫科害虫，通过出口的树苗传到欧洲，造成许多国家的葡萄大量减产。这种害虫会啃食葡萄树的根部，美洲的葡萄树已对它们产生抗性。在欧洲南部的白兰地制造商纷纷因葡萄根瘤蚜虫害破产后，北欧和美国的威士忌制造商及苦艾酒制造商却意外地成了这场灾难的受益者。

多香果利口酒（PIMENTO DRAM LIQUEUR）

牙买加产的、用多香果酿制的利口酒。在美国偶尔有售。

皮姆酒（PIMM'S CUPS）

皮姆酒是19世纪40年代伦敦一家酒吧的老板詹姆斯·皮姆调制的鸡尾酒。19世纪70年代，他的合伙人和顾客用他的配方制造了一系列瓶装鸡尾酒，并将其分别命名为"皮姆1号"（以金酒为基酒）、"皮姆2号"（以威士忌为基酒）、"皮姆3号"（以白兰地为基酒）、"皮姆4号"（以朗姆酒为基酒）、"皮姆5号"（以黑麦威士忌为基酒）和"皮姆6号"（以伏特加为基酒）。在美国只能买到"皮姆1号"，但在英国可以买到"皮姆1号"和"皮姆6号"。

皮诺酒（PINEAU DES CHARENTES）

由未发酵的葡萄汁和干邑白兰地混合而成，陈酿后装瓶。常作为开胃酒或鸡尾酒的原料，参见彩虹酸酒。

皮斯科（PISCO）

皮斯科是秘鲁和智利产的葡萄白兰地（秘鲁人坚持认为是自己最早酿造出了皮斯科）。在16世纪，古麝香葡萄和其他甜葡萄品种被西班牙航海探险队从旧世界带到名为"秘鲁总督区"的西班牙殖民地。

石榴糖蜜（POMEGRANATE MOLASSES）

由加热浓缩的石榴汁制成的浓稠糖浆，可在中东杂货店里买到。POM奇妙出品新鲜的石榴汁使调酒师有了新的创作灵感。

利口杯（PONY GLASS）

小巧、有杯柄、容量为1盎司（30毫升）的玻璃杯。

波特酒（PORT）

产自葡萄牙杜罗河谷的加强型葡萄酒，它有几种类型，包括年份波特酒、年份特色波特酒、红宝石波特酒、茶色波特酒和白色波特酒。用于酿造波特酒的葡萄品种繁多，包括葡萄牙产多瑞加、弗兰克多瑞加、巴斯塔都、卡奥、卡奥和莫里缇托等。

潘趣酒（PUNCH）

Punch来自波斯语中的Panj或印度语中的Panch，意思是"5种"（原料），即烈酒、糖、青柠汁、香料和水。同样，一种叫作Pentaploa（意思是"5倍"）的古希腊饮料也是由5种原料——葡萄酒、蜂蜜、奶酪、面粉和油制成的。在从雅典的狄俄尼索斯神庙到法勒伦海岸的赛跑比赛中，只有获胜者可以喝到这种饮料。潘趣酒起源于印度，并在17—18世纪的欧洲成为上流社会聚会的助兴法宝。灌木潘趣酒混合了辣味、甜味和酸味，兼具浓烈和淡雅的风格，是美国冰镇饮料——鸡尾酒的前身。

潘脱蜜味美思（PUNT E MES）

参见"卡帕诺味美思"。

阿玛卓利口酒（RAMAZZOTTI）

它有时也被称为苦毛毡（Amaro Felsina Ramazzotti），由33种香草和香料制成，味道苦甜参半。自1815年以来一直由米兰的一家公司生产。

真麦考伊（REAL MCCOY）

在禁酒令施行期间，威廉·J.麦考伊船长将他的豪华游艇"阿瑞塞萨号"变成一艘走私船，将产自海外的非法烈酒运到美国东海岸，再卸载到小船上。他走私的烈酒品质一向高，因此被称为真麦考伊。麦考伊1925年被捕，被关在新泽西的一所监狱里几个月，出狱后他宣布退休并去了佛罗里达，在那里建造帆船。真麦考伊朗姆酒是在巴巴多斯酿造的。

精馏（RECTIFYING）

这是一个经常被误解的词，因为它可以描述许多不同的操作。它的意思基本上是在蒸馏后以某种方式改变烈酒，如再次蒸馏、添加味道或颜色，以及加水以降低装瓶时的酒精度。

玫瑰水（ROSE WATER）

食品和饮料的调味剂，做法是将玫瑰花瓣浸泡在酒精中。它在中东使用广泛，适合制作柠檬水饮料。

红宝石波特酒（RUBY PORT）

参见"波特酒"。

朗姆酒（RUM）

由糖蜜、甘蔗汁或甘蔗糖浆制成，被认为是新大陆的第一款烈酒。最早在巴巴多斯和牙买加生产，传统上采用二次蒸馏的蒸馏方式。农业朗姆酒是由甘蔗汁而不是糖蜜制成的。

朗姆碎冰鸡尾酒（RUM SWIZZLE）

这种鸡尾酒是英属圭亚那的乔治城俱乐部发明的，调制方法是将朗姆酒、苦精、青柠和冰块放在一个大玻璃杯中，然后用一根长长的调酒棒搅拌，直到玻璃杯的外壁凝结了一层霜。

黑麦威士忌（RYE WHISKEY）

在经过碳化的新橡木桶中陈化2年的威士忌。酿造黑麦威士忌的麦芽浆含有51%～100%的黑麦。

圣拉斐尔（ST RAPHAËL）

一种加香型葡萄酒，用奎宁、香草和香料调味。被法国政府用来保护在阿尔及利亚的法国军队免受疟疾侵害。

清酒（SAKE）

用发酵的大米制成的日本酒。发酵所用的是一种叫作酒曲的特殊酵母，它赋予清酒特殊的风味。

珊布卡茴香酒（SAMBUCA）

以茴香为基础、用甘草调味的意大利餐后利口酒，常与咖啡搭配饮用。黑珊布卡茴香酒于近年进入了美国市场。

桑格里（SANGAREE）

早期殖民地流行的一种酒精饮料，由葡萄酒（通常是马德拉酒）、水和香料制成，人们在夏天用它来提神。热红酒是桑格里的冬季版本，上桌时是热的。

桑格利亚汽酒（SANGRIA）

一种源自西班牙的酒精饮料，用红葡萄酒或白葡萄酒、糖和水果制成，并用新鲜水果做装饰。

桑格丽塔（SANGRITA）

一种由酸橙汁、美极酱油、塔巴斯科辣椒酱、伍斯特郡酱和其他调料混合而成的辣味酱汁，用于与小杯特其拉搭配。

萨泽拉克（SAZERAC）

参见"北秀德苦精"。

荷兰杜松子酒（SCHNAPPS）

Schnapps原本指荷兰产的一种杜松子酒，后来在斯堪的纳维亚半岛国家和德国指代浓烈而无色的烈酒。它也被称为Snaps，可以添加调味剂，也可以不添加调味剂。Schnapps也可以指代任何烈酒。如今在美国，Schnapps指的是价格不高的一类水果味调味利口酒，迪凯堡水蜜桃利口酒就是其中的代表。

苏格兰威士忌（SCOTCH）

苏格兰产的用大麦麦芽蒸馏而成的威士忌。

雪莉酒（SHERRY）

产自西班牙加的斯的加强型葡萄酒。雪莉酒需要进行很长时间的第二次发酵，在此过程中，葡萄酒与空气接触，在表面形成一种被称为酒花的物质。酒花最厚的雪莉酒被称为菲诺雪莉酒，它会继续进行生物陈化。菲诺雪莉酒酒体较干，酒精度较低。如果酒花过早消失，产生的酒就被称为阿蒙提亚多雪莉酒或欧洛罗索雪莉酒，它的酒体更饱满，酒精度更高。所有雪莉酒都是干型的，一些欧洛罗索雪莉酒使用佩德罗-希梅内斯雪莉酒来增加甜味，这是一种用煮沸的葡萄酒和煮沸的葡萄汁制成的甜味浓缩葡萄酒。雪莉酒是一类通过索雷拉系统进行陈化的混合葡萄酒，并且用当地生产的葡萄白兰地来提高酒精度以便保存。雪莉酒分为两大类：干型雪莉酒（菲诺雪莉酒）和酒体更厚、有时更甜的雪莉酒（欧洛罗索雪莉酒）。

果汁甜酒（SHRUB）

由柠檬皮、糖和柠檬汁混合而成，通常用于调制潘趣酒。

单一麦芽苏格兰威士忌（SINGLE-MALT SCOTCH）

以大麦为原料酿造的苏格兰威士忌，由同一家酿酒厂在同一个季节生产。直接装瓶或与其他威士忌混合制成调和型威士忌。

斯金（SKIN）

19世纪用柠檬汁、烈酒和热水制成的一类饮料。

司令（SLING）

19世纪初，"司令"用来指托蒂，一种用烈酒、糖和水混合的饮料，表面还要撒上肉豆蔻粉。它是穷人喝的潘趣酒。关于鸡尾酒定义的第一篇文章于1806年发表时，鸡尾酒被形容为一种"苦味的司令"。

黑刺李金酒（SLOE GIN）

一种用野生李子——黑刺李调味的金酒。

索雷拉系统（SOLERA AGING）

西班牙白兰地和雪莉酒都是在这个由许多木桶组成的陈化系统中进行陈化的。系统底层的木桶叫索雷拉，其他层的木桶叫培养层。在索雷拉系统中进行陈化时，葡萄酒或烈酒在培养层中自上而下流动，新酿的酒得以逐渐与较老的酒混合。通过这种方式，葡萄酒或白兰地呈现出一种超越其年份的陈年特征，或者像西班牙人所说的，"陈年白兰地教导年轻的白兰地"。

高粱（SORGHUM）

高粱是禾本科草本植物，可以用于熬制糖浆。它是一些白酒的原料，尤其是中国具有代表性的烈酒——贵州产的茅台。

酸酒（SOURS）

用高酒精度、甜的及酸的原料调制成的鸡尾酒。不同酸酒的原料会有很大的差别，但其比例应该保持一致。为了吸引更多客人，我调制的酸酒所采用的酸味原料、甜味原料和烈酒的比例是3：4：8。参见"菲克斯"。

西班牙白兰地（SPANISH BRANDY）

参见"索雷拉系统"。

葡萄酒汽酒（SPRITZER）

加冰的白葡萄酒和苏打水的混合物。

苏连红柑橘伏特加（STOLICHNAYA OHRANJ）

来自俄罗斯的柑橘味伏特加。俄罗斯的伏特加和斯堪的纳维亚的阿夸维特酒是最早的调味伏特加。

女巫利口酒（STREGA）

由70种不同的药草和树皮混合而成的意大利利口酒。适合倒在冰激凌上享用。

宾三得利（SUNTORY, BEAM SUNTORY）

三得利是日本最畅销的威士忌品牌，三得利公司也是日本最大的酒精饮料生产商，拥有白州和山崎两家主要的酒厂。宾（Beam Inc.）原是美国一家烈酒制造商，2014年被日本三得利控股公司收购。

尾酒（TAILS）

蒸馏过程的最后得到的烈酒，通常含有高浓度的酸性杂醇油，酿酒厂通常会将其再蒸馏一次以去除杂质。

茶色波特酒（TAWNY PORT）

一种木桶陈酿波特酒，由几种年份的波特酒混合而成，要在橡木桶中陈化5～40年。茶色波特酒一开始呈深红色，就像红宝石葡萄酒或年份波特酒一样，陈化时间最长的茶色波特酒则呈浅金色，这也是名称中"茶色"的由来。

田纳西威士忌（TENNESSEE WHISKEY）

田纳西威士忌与波本威士忌的酿造方法相似，只不过酿造田纳西威士忌多了一道叫"林肯郡过滤法"的工序，即酿造田纳西威士忌的酸麦芽浆需要用糖枫木炭来过滤。田纳西威士忌需要在内壁烧焦的橡木桶中至少陈化2年，不过装瓶后会继续陈化4～6年。由于田纳西威士忌使用了木炭来过滤，因此其酒瓶的标签上不得有"波本威士忌"的字样。

特其拉（TEQUILA）

产自墨西哥，由韦伯蓝色龙舌兰酿造而成。韦伯蓝色龙舌兰是百合花科400多种龙舌兰中的一种。特其拉分为两大类：混合特其拉和纯特其拉（100%由蓝色龙舌兰酿造）。混合特其拉的酿酒原料中，蓝色龙舌兰至少为51%，其余为其他来源的糖（通常来自甘蔗），这些糖是在发酵过程中添加的。

添万利咖啡利口酒（TIA MARIA）

产自牙买加的咖啡味利口酒。

托蒂（TODDY）

Toddy原指棕榈汁——来自棕榈树和野生椰枣树的树干的汁液。在印度，这种棕榈汁是一种不含酒精的甜饮料及一种含少量酒精的发酵饮料的主要原料。后来，托蒂指代一种由烈酒、糖或蜂蜜和水制成的冷饮或热饮。我的祖母有意大利人血统，我们很小的时候，她就会在蜂蜜、柠檬和热水的混合物中添加某种烈酒给我们喝。

汤力水（TONIC WATER）

含有奎宁和糖的碳酸水。从汤力水对在热带殖民地服役的英国军人的健康产生积极影响，到现代西班牙人对金汤力的狂热追捧，我们都可以找到丰富的历史资料对其加以研究。

橙皮甜酒（TRIPLE SEC）

一种用柑橘酿成的利口酒，最初在荷兰生产，但现在许多国家都生产。除了君度，橙皮甜酒是主要的调味利口酒，几乎没有人直接饮用它。

达卡（TUACA）

一种意大利甜味利口酒，用柑橘调味，并且以香草味为前调。

"生命之水"（UISGE BEATHA/USQUEBAUGH）

Uisge Beatha和Usquebaugh是凯尔特语中的说法，从字面上理解都是指"生命之水"。这是不列颠群岛民众对威士忌的古老叫法。有人认为，英语单词whisky便来源于此。

翁德贝格苦味酒（UNDERBERG BITTERS）

广泛销售的治疗胃痛的苦味酒，曾经被贴上了"翁德伯格·博南坎普苦味酒"（Underberg Boonekamp Bitters）的商标。

唯一苦精（UNICUM BITTERS）

匈牙利兹瓦克家族生产的苦味酒精饮料，酿造方法是将40种药草浸泡在酒精中，并且酒液经过了橡木桶陈化。

味美思（VERMOUTH）

加香加强型葡萄酒，分为甜的和干的两大类，用于调制鸡尾酒，或者单独作为开胃酒。Vermouth来自德语中的Wermut，意为"助消化的苦艾酒"。

伏特加（VODKA）

Vodka在俄语中是"水"的意思。在加勒比地区，伏特加是由谷物、土豆、葡萄甚至甘蔗蒸馏而成的。酒被蒸馏到95%以上，装瓶时的酒精度至少为40%。除了水和百万分之一的柠檬酸和甘油外，伏特加不允许添加任何添加剂或调味品。

干邑白兰地标识（VS, VSOP, XO COGNAC）

VS、VSOP和XO都是干邑白兰地酒标上用来表示其最短陈酿时间的标识。VS（意为"非常特别"）指在法国橡木桶中最少陈化2年；VSOP（意为"非常高级的陈酿"）指在法国橡木桶中最少陈化4年；XO（意为"特级陈酿"）指在法国橡木中最少陈化10年。

威士忌（WHISKEY/ WHISKY）

Whiskey或Whisky来自凯尔特语中的Usquebaugh，意思是"生命之水"。威士忌的原料是谷物。碾碎的谷物用水煮以释放淀粉分子，然后加入麦芽，将淀粉转化为糖，再加入酵母，使原料开始发酵。发酵后的低度液体就是啤酒，啤酒经过蒸馏就成为威士忌。

白薄荷利口酒（WHITE CRÈME DE MENTHE）

参见"薄荷利口酒"。

苦艾〔WORMWOOD〕

苦艾酒中最重要的草药成分。艾草的拉丁学名是*Artemisia absinthium*。

黄查尔特勒酒〔YELLOW CHARTREUSE〕

参见"查尔特勒酒"。

育空杰克〔YUKON JACK〕

加了少许蜂蜜做甜味剂的加拿大威士忌。

野牛草伏特加〔ŻUBRÓWKA〕

用波兰特有的野牛草调味的伏特加。

参考文献

Arnold, Dave. *Liquid Intelligence*. New York: W. W. Norton & Company, Inc. Publishing, 2014.

Barr, Andrew. *Drink: A Social History of America*. New York: Carroll & Graf Publishing, 1999.

Barty-King, Anton, and Hugh Massel. *Rum: Yesterday and Today*. London: Heidelberg Publishing, 1983.

Bergeron, Victor J. *Trader Vic's Rum Cookery & Drinkery*. New York: Doubleday, 1974.

Boothby, William T. *Cocktail Boothby's American Bartender*. San Francisco: H. S. Crocker Company,1891.

Buzza, George. *Hollywood's Favorite Cocktail Book*. Hollywood, CA: Buzza-Cardoza of Hollywood, 1933.

Byron, H. O. *Modern Bartenders' Guide, or Fancy Drinks and How to Mix Them*. New York: Excelsior Publishing House, 1884.

Carson, Gerald. *The Social History of Bourbon*. New York: Dodd, Mead & Company, 1963.

Christian, Paul, and Donald G. Kyle. *A Companion to Sport and Spectacle in Greek and Roman Antiquity*. Malden, MA: Wiley Blackwell, 2014.

Craddock, Harry. *The Savoy Cocktail Book*. London: Constable and Company, 1930.

Crockett, Albert Stevens. *Old Waldorf Bar Days*. New York: Aventine Press, 1931.

Cunningham, Stephen Kittredge. *The Bartender's Black Book*. Self-published, 1994.

David, Elizabeth. *Harvest of the Cold Months: The Social History of Ice and Ices*. New York: Viking Press, 1994.

de Fleury, R. *1800 and All That: Drinks Ancient and Modern*. London: St. Catherine Press, 1937.

Edmunds, Lowell. *Martini, Straight Up: The Classic American Cocktail*. Baltimore: Johns Hopkins University Press, 1998.

Embury, David A. *The Fine Art of Mixing Drinks*. New York: Doubleday, 1948.

Foley, Raymond, and Jaclyn Foley. *The Williams-Sonoma Bar Guide*. New York: Williams-Sonoma/Time Life, 1999.

Funderburg, J. Anne. *Rumrunners: Liquor Smugglers on America's Coasts, 1920–1933*. Jefferson, NC: McFarland & Company, 2016.

Gale, Hyman, and Gerald F. Marco. *The How and When*. Chicago: Marco Importing Company, 1940.

Goodwin, Betty. *Hollywood du Jour*. Santa Monica, CA: Angel City Press, 1993.

Grimes, William. *Straight Up or On the Rocks*. New York: Simon & Schuster, 1993.

Haas, Irvin. *Inns and Taverns*. New York: Arco Publishing, 1972.

Haimo, Oscar. *Cocktail and Wine Digest*. New York: Cocktail, Wine, Beer and Spirit Digest, Inc., 1945.

Hamilton, Edward. *The Complete Guide to Rum*. Chicago: Triumph Books, 1997.

Haney, Jesse. *Haney's Steward & Barkeeper's Manual*. New York: Jesse Haney & Co., Publishers, 1869.

Hills, Phillip. *Appreciating Whisky: The Connoisseur's Guide to Nosing, Tasting and Enjoying Scotch*. New York: HarperCollins, 2000.

Jeffs, Julian. *Little Dictionary of Drink*. London: Pelham Books, 1973.

Johnson, Harry. *New and Improved Bartender's Manual*. New York: Harry Johnson, Publisher, 1882.

Jones, Andrew. *The Aperitif Companion*. New York: Knickerbocker Press, 1998.

Kaplan, David, Fauchald, Nick, Day, Alex. *Death & Co: Modern Classic Cocktails*. Berkeley California: Ten Speed Press, 2014

Kappeler, George J. *Modern American Drinks*. New York: The Merriam Company, 1895.

Mahoney, Charles S. *Hoffman House Bartender's Guide*. New York: Richard K. Fox Publisher, 1905.

Mason, Dexter. *The Art of Drinking*. New York: Farrar & Rinehart, Inc., 1930.

Meier, Frank. *The Artistry of Mixing Drinks*. Paris: Fryam Press, 1936.

Mendelsohn, Oscar A. *The Dictionary of Drink and Drinking*. New York: Hawthorn Books, Inc., 1965.

Muckensturm, H. M. Louis. *Louis' Mixed Drinks*. Boston: Caldwell Co., 1906.

Nowak, Barbara. *Cook It Right: The Comprehensive Source for Substitutions, Equivalents, and Cooking Tips*. South Dennis, MA: Sandcastle Publishing, 1995.

Pacult, F. Paul. *Kindred Spirits*. New York: Hyperion, 1997.

Page, David, and Barbara Shinn. *Recipes from Home*. New York: Artisan, 2001.

Paul, Charlie. *Recipes of American and Other Iced Drinks*. London: Farrow & Jackson Ltd., 1902.

Poister, John. *The New American Bartender's Guide*. New York: Signet, 1999.

Pokhlebkin, William. *A History of Vodka*. London: Versoo, 1991.

The Practical Housewife: A Complete Encyclopedia of Domestic Economy and Family Medical Guide. Philadelphia: J. B. Lippincott and Company, 1860.

Price, Pamela Vandyke. *Dictionary of Wine and Spirits*. London: Northwood Books, 1980.

Ricket, Edward. *The Gentleman's Table Guide*. Published by the author, 1873.

Schmidt, William. *The Flowing Bowl*. New York: Charles L. Webster Co., 1891.

Schumann, Charles. *The Tropical Bar Book*. New York: Stewart, Tabori & Chang, 1989.

Spalding, Jill. *Blithe Spirits: A Toast to the Cocktail*. Washington, DC: Alvin Rosenbaum Projects, Inc., 1988.

Spencer, Edward. *The Flowing Bowl*. London: Grant Richards, 1903.

Stearns, Samuel. *The American Herbal, or Materia Medica*. Walpole, MA: Thomas & Thomas, 1801.

Tartling, W. J. *Café Royal Cocktail Book*. London: Pall Mall Ltd., 1937.

Taussig, Charles. *Rum, Romance and Rebellion*. London: William Jarrolds Publishers, 1928.

Thomas, Jerry. *Bar-Tender's Guide: How to Mix Drinks or the Bon Vivant's Companion*. New York: Dick & Fitzgerald Publishing, 1862.

Vermeire, Robert. *Cocktails: How to Mix Them*. London: Herbert Jenkins, 1930.

Visakay, Stephen. *Vintage Bar Ware*. Paducah, KY: Schroeder Publishing Co., 1997.

Werner, M. R., *Tammany Hall*. New York: Doubleday, Doran & Company, 1928.

致谢

感谢我的妻子吉尔，你让我们周围充满了美好。感谢你的耐心、你的想法和你的建议，它们陪伴我度过了漫长而艰难的写作时光。

非常感谢奥德丽·桑德斯提供了佩古俱乐部古典风格的休息室作为拍摄场地。我们充分利用了每张桌子和极具吸引力的酒吧，让它们成为书中一些漂亮照片的背景。感谢鸡尾酒王国提供的玻璃器皿和制作火焰咖啡的器具。很荣幸能与柑橘摄影师丹尼尔·克里格（Daniel Krieger）合作。我每天都惊叹于你的从容自若，你让我们有条不紊，一天能安排12 ~ 15个镜头，最终拍出令人惊叹的照片。感谢我的老朋友、佩古俱乐部的总经理罗伯特·奥本海默（Robert Oppenheimer），感谢你在拍摄期间对我的支持。还要感谢佩古俱乐部的多才多艺的专业调酒师劳尔·弗洛里斯（Raul Flores）精心准备的饮料和有创意的装饰建议，和你一起工作是一件愉快的事。感谢健太后藤（Kenta Goto）的盛情款待，并允许我们在你的酒吧拍摄最后几张照片。

感谢兰登书屋的团队和克拉克森·波特（Clarkson Potter），尤其要感谢安杰琳·博尔奇（Angelin Borsics）在出版方面给予我的指引，尽管我已经是第三次出书了，可出版对我来说依然是个陌生的领域。感谢伊恩·丁曼（Ian Dingman）设计的舞蹈字体，它让本书的页面显得生动活泼。鸡尾酒已经慢慢成为饮食的一部分，但对疲惫不堪的工薪族来说，喝鸡尾酒仍然是一种消遣。感谢乔伊斯·王（Joyce Wong）对本书进行了专业的编辑工作，感谢杰西卡·海姆（Jessica Heim）校对图片并设计出这本漂亮的书。感谢安东尼·吉里奥（Anthony Giglio）提供的无价帮助，让我得以将手稿凝炼成一本书。

感谢罗恩·霍兰德（Ron Holland）为我介绍纽约的酒吧和烤肉店。感谢格里·霍兰德（Gerry Holland），你的记忆力太棒了！感谢艾比·席勒（Abbie Schiller）帮我想出本书的书名。感谢辛西娅·费根（Cynthia Fagan），是你给我起了"鸡尾酒国王"的外号，它已经成为我的商标了。感谢布莱恩·雷亚向我敞开了藏书室，感谢你多年来的支持。我还要感谢哈里、赞恩（Zane）和阿诺德（Arnold），我在贝尔艾尔酒店的酒吧工作时，你们给我讲了许多精彩的故事。多年之后，这些故事仍是我在外面吃饭时的谈资！感谢我的家人，感谢你们的爱和你们做的肉丸！还要感谢彩虹屋酒吧的员工们。感谢这么多年来光顾的所有顾客，感谢你们的热情和快乐。

最后要特别感谢乔·鲍姆，是你带我进入了鸡尾酒世界，在这里，所有的烦恼都会像柠檬汁一样尽归尘土，消于无形。